やさしく学べる基礎数学

線形代数・微分積分

石村園子 [著]

共立出版株式会社

まえがき

とうとう 21 世紀に突入しました。

コンピュータがこれだけ普及する中，理・工学部以外に所属する学生にとっても数学は重要な科目になってきています。数学は論理的思考の訓練にも欠かせません。

本書は，理・工学部ほどではないが，ある程度の基礎的な数学を必要とする学部学科の学生のために書かれた数学の教科書です。内容は拙著『やさしく学べる線形代数』と『やさしく学べる微分積分』から順序や内容を一部変えて引用しています。"第 1 部　線形代数"を学ぶにあたっては，ほとんど何の知識もいりません。ここでは，行列，連立 1 次方程式，行列式を勉強します。また，1 次変換の概念にも少し触れてあります。

"第 2 部　微分積分"では主に 1 変数関数の微分と積分を勉強します。直線，放物線などの簡単な関数から復習するので，数学が苦手でも無理なく学べます。また，偏微分の極値問題にも言及しました。

輝かしい新世紀になってほしいと誰もが願っている 21 世紀ですが，20 世紀に追求し続けた豊かさへのつけをまず支払わなければなりません。このような社会の大きなうねりの中で自分を見失わないよう，大学生の皆さん，今しっかり自分を磨いておいてください。

最後に，本書を書く機会を与えてくださいました共立出版株式会社の寿日出男室長と，いつもながら編集の細かい作業で大変お世話になりました吉村修司さんに心よりお礼を申し上げます。また，解答のチェックとイラストでは石村光資郎と石村多賀子にも手伝ってもらいました。二人にも礼をいいます。

2001 年　大暑
石村園子

目　　次

第1部　線形代数

第1章　ベクトルと行列
§1　平面と空間のベクトル ……………………………………………… 2
 1 スカラーとベクトル　2／**2** ベクトルの演算　4／
 3 ベクトルの成分表示　7／**4** ベクトルの内積　13
§2　行　　列 …………………………………………………………… 16
 1 行列の定義　16／**2** 行列の演算　18／**3** 正方行列と逆行列　24

第2章　連立1次方程式
§1　行列の基本変形 …………………………………………………… 26
 1 連立1次方程式と行列　26／**2** 行基本変形　28／**3** 行列の階数　34
§2　連立1次方程式の解 ……………………………………………… 38
§3　逆行列の求め方(掃き出し法) …………………………………… 46

第3章　行　列　式
§1　行列式の定義 ……………………………………………………… 50
 1 1次, 2次の行列式　51／**2** 3次の行列式　52／**3** n 次の行列式　54
§2　行列式の性質 ……………………………………………………… 62
§3　クラメールの公式 ………………………………………………… 70

第4章　固有値と固有ベクトル
§1　ベクトル空間と1次変換 ………………………………………… 74
§2　固有値と固有ベクトル …………………………………………… 78

第2部　微分積分

第1章　関　数

§0　関　数 …………………………………………………………… 92

§1　直線と2次曲線 …………………………………………………… 95

　1 直線　95／**2** 放物線　96／**3** 円とだ円　98／**4** 双曲線　98

§2　三角関数 …………………………………………………………… 100

　1 角の単位　100／**2** 一般角　101／**3** 三角関数　102／
　4 三角関数のグラフ　105／**5** 三角関数の公式　106

§3　指数関数と対数関数 ……………………………………………… 108

　1 指数　108／**2** 指数関数　110／**3** 特別な底 e　111／
　4 対数　112／**5** 対数関数　115／**6** 自然対数　116

§4　平　面 ……………………………………………………………… 117

第2章　微　分

§1　導関数 ……………………………………………………………… 118

　1 微分係数　118／**2** 導関数　121／**3** 微分公式　123

§2　初等関数の導関数 ………………………………………………… 128

　1 整式，有理式の微分　128／**2** 三角関数の微分　130／
　3 指数関数，対数関数の微分　133／**4** 無理関数の微分　136

§3　平均値の定理とマクローリン展開 ……………………………… 138

　1 平均値の定理　138／**2** n 次導関数　140／**3** マクローリン展開　144

§4　関数の増減とグラフの凸凹 ……………………………………… 150

§5　偏微分と極値 ……………………………………………………… 155

　1 偏導関数　155／**2** 2次偏導関数　158／**3** 2変数関数の極値　160

第3章　積　分

§1　不定積分 …………………………………………………………… 164

§2　初等関数の不定積分 ……………………………………………… 166

§3　置換積分と部分積分 …………………………………………*170*
　　❶置換積分　*170*／❷部分積分　*174*
§4　定積分と面積 …………………………………………………*176*
　　❶定積分　*176*／❷面積　*183*

解答の部 ………………………………………………………………*185*

索　　引 ………………………………………………………………*233*

第1部
線形代数

基礎知識は
何もいらないよ！

第1章 ベクトルと行列

§1 平面と空間のベクトル

1 スカラーとベクトル

我々がいる空間内で考えてみよう。

空間の中で，線分の長さ，図形の面積，立体の体積などのように，1つの数で完全に決まる量を<u>スカラー</u>という。数学ではスカラーを実数（または複素数）そのものと解釈してよい。

これに対し，1つの数では表わせない量がある。それらの中の1つがベクトルである。

定義

"向き"と"大きさ"の2つをもった量を<u>ベクトル</u>という。

《**説明**》 空間内で色々な矢印を描いてみよう。

これらの矢印は<u>有向線分</u>とよばれ，"向きと大きさと位置"をもっている。有向線分において位置を無視し

向き と 大きさ

だけに注目するのがベクトルの考え方である。つまり，向きと大きさが同じ有向線分は同じベクトルとみなすのである。

ベクトルは通常 $\boldsymbol{a}, \boldsymbol{b}, \boldsymbol{c}, \cdots$ または $\vec{a}, \vec{b}, \vec{c}, \cdots$ などで表わすが，有向線分の<u>始点</u> A と<u>終点</u> B を使って，$\overrightarrow{AB}$ と表わすことも多い。

ベクトル $\boldsymbol{a}$ の<u>大きさ</u>を $|\boldsymbol{a}|$ で表わす。特に大きさが1であるベクトルを<u>単位ベクトル</u>，大きさが0であるベクトルを<u>ゼロベクトル</u>という。ゼロベクトルは $\boldsymbol{0}$ または $\vec{0}$ などで表わす。　　　　（説明終）

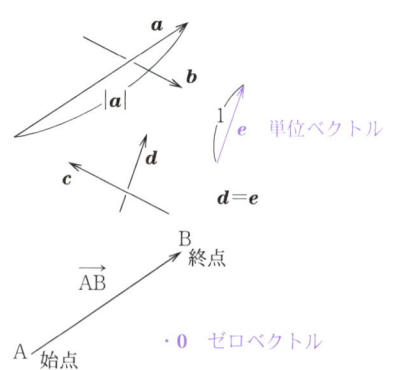

例題 1.1

一辺の長さが 1 の右下図の正六角形において

(1) $\overrightarrow{AB}$ と同じベクトルをすべて取り出してみよう。

(2) $\overrightarrow{OA}$ と同じベクトルをすべて取り出してみよう。

(3) $|\overrightarrow{FE}|$, $|\overrightarrow{CF}|$ を求めてみよう。

解 (1) $\overrightarrow{AB}$ と同じベクトルは $\overrightarrow{AB}$ と同じ

　　　　向き と 大きさ

をもつベクトルなので

$$\overrightarrow{FO}, \quad \overrightarrow{OC}, \quad \overrightarrow{ED}$$

の 3 つ。

(2) $\overrightarrow{OA}$ と同じ "向き" と "大きさ" をもつベクトルをさがすと

$$\overrightarrow{DO}, \quad \overrightarrow{CB}, \quad \overrightarrow{EF}$$

の 3 つ。

(3) 図形は正六角形で，点 O はその中心なので

$$|\overrightarrow{FE}| = 1, \quad |\overrightarrow{CF}| = 2 \qquad (\text{解終})$$

練習問題 1.1　　　　　　　　　　　　　　　解答は p. 186

一辺の長さ 1 の右図の立方体において

(1) $\overrightarrow{AB}$ と同じベクトルをすべて取り出しなさい。

(2) $|\overrightarrow{EH}|$, $|\overrightarrow{BG}|$ を求めなさい。

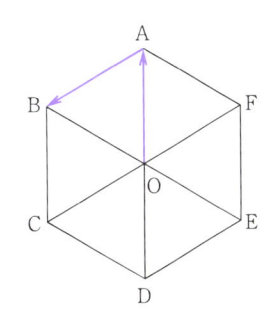

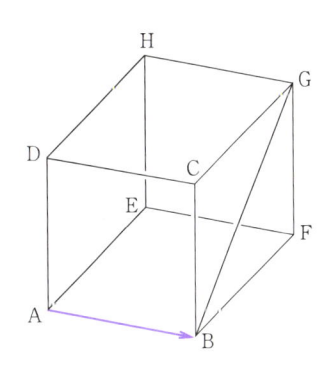

2 ベクトルの演算

定義

(1) 2つのベクトル a, b に対して，a の終点と b の始点を一致させ，
$$a = \overrightarrow{AB}, \quad b = \overrightarrow{BC}$$
とする。このとき，$\overrightarrow{AC}$ で定まるベクトルを a と b の和といい
$$a + b$$
とかく。

(2) ベクトル a に対して，大きさが同じで向きが反対であるベクトルを a の逆ベクトルといい
$$-a$$
で表わす。

定義

ベクトル $a (\neq 0)$ と実数 k に対して，a のスカラー倍 ka を次のように定義する。

(i) $k \geqq 0$ のとき ka は a と向きが同じで大きさは $|a|$ の k 倍のベクトル

(ii) $k < 0$ のとき ka は a と向きが反対で大きさは $|a|$ の $|k|$ 倍のベクトル

《説明》 ベクトル $2a$ は a と同じ向きで大きさが 2 倍。ベクトル $-2a$ は a と逆向きで大きさは 2 倍。$|k|<1$ のときは ka の大きさは a の大きさより小さくなる。また，スカラー倍の定義より

$$-a = (-1)a \qquad 0a = 0$$
$$-(ka) = (-k)a \qquad k0 = 0$$

という性質が成立する。　　　　　　（説明終）

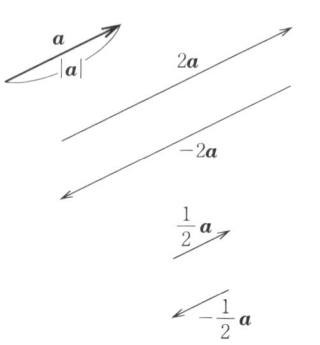

§1 平面と空間のベクトル　5

定理1.1

ベクトルの和とスカラー倍に関して次のことが成立する。

（i）　和　　　　　　　　　　　　（ii）　スカラー倍

$$a+b=b+a \qquad\qquad k(a+b)=ka+kb$$
$$(a+b)+c=a+(b+c) \qquad (k+l)a=ka+la$$
$$0+a=a+0=a \qquad\qquad k(la)=(kl)a$$
$$a+(-a)=(-a)+a=0 \qquad 1a=a$$

《説明》　ベクトルは数よりも情報量を多く含んでいるが，上記のように数と同じように計算できるので便利である。これらの性質は一見あたりまえに見えるが，実際にベクトルを描いて確認しておこう。　　　　　　　　　　（説明終）

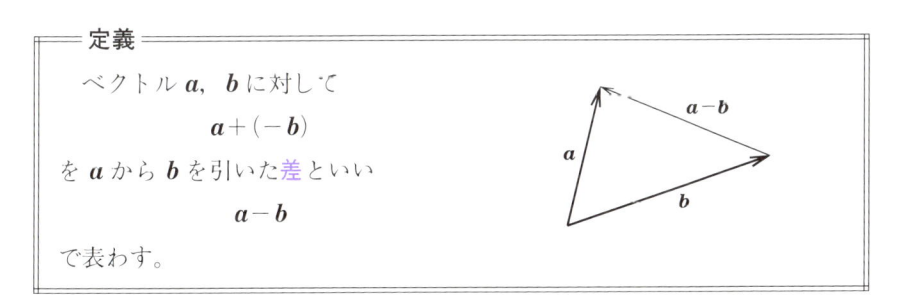

定義

ベクトル a, b に対して
$$a+(-b)$$
を a から b を引いた差といい
$$a-b$$
で表わす。

《説明》　$a+(-b)$ を作るには，まず b の矢印を逆にして $-b$ を作り，a の終点につなげるように平行移動すればよい。　　　　　　　　　　　　（説明終）

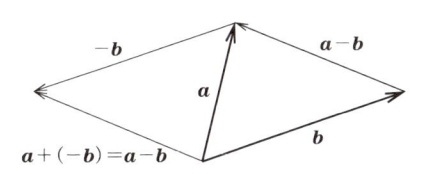

> どこに $a-b$ が描けていても，向きと大きさが同じなら同一のベクトルだよ。

例題 1.2

右に与えられたベクトル a, b に対して次のベクトルを作図してみよう。

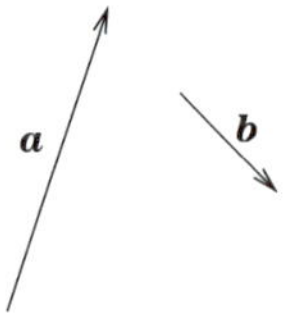

(1) $a+b$ (2) $a-b$ (3) $3b$

(4) $a+2b$ (5) $a-2b$ (6) $\dfrac{1}{3}a$

(7) $-\dfrac{1}{2}b$

[解] 作図しやすいようにベクトルを平行移動しておこう。

(1) (2) $a-b = a+(-b)$ より (3)

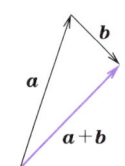

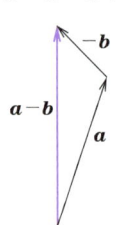

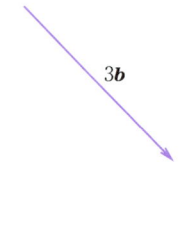

(4) 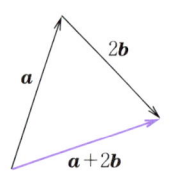 (5) 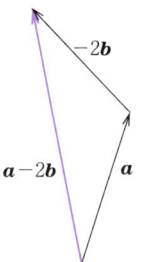 (6)

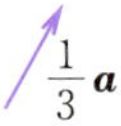

(7)

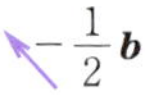

作図の方法によって異なった位置にできても，向きと大きさが同じであればよい。 (解終)

練習問題 1.2   解答は p.186

右に与えられたベクトル p, q に対して次のベクトルを作図しなさい。

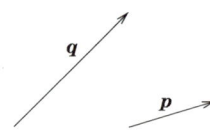

(1) $p+q$ (2) $2p-q$ (3) $p-\dfrac{1}{2}q$

3 ベクトルの成分表示

(1) 平面ベクトル

平面上の直交座標系 O-xy でベクトルを考えてみよう。原点 O を始点として,x 軸,y 軸上に単位ベクトル

$$e_1, \quad e_2$$

を定める。これらを平面上での基本ベクトルという。

平面内の任意のベクトル a に対し,それを平行移動して始点が原点 O になるようにとり

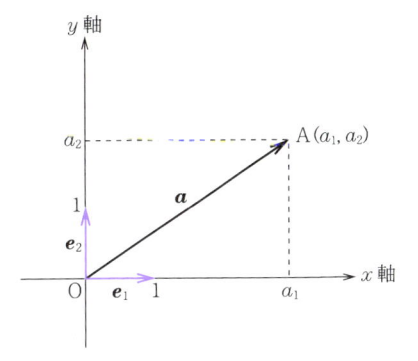

$$a = \overrightarrow{OA}$$

とするとき $\overrightarrow{OA}$ を a の位置ベクトルという。

定義

ベクトル a の位置ベクトルを $\overrightarrow{OA}$ とし,点 A の座標を (a_1, a_2) とするとき,

$$a = (a_1, a_2)$$

を a の成分表示といい,a_1, a_2 をそれぞれ x 成分,y 成分という。

《説明》 ベクトル a の成分表示が $a = (a_1, a_2)$ のとき,a を基本ベクトル e_1, e_2 を使って

$$a = a_1 e_1 + a_2 e_2$$

と表わすことができる。平面上のどんなベクトルもこの形に必ず一通りに書き表わすことができる。この意味で e_1, e_2 を平面上の基本ベクトルという。基本ベクトルの成分表示は次の通り。

$$e_1 = (1, 0), \quad e_2 = (0, 1) \qquad \text{(説明終)}$$

定理 1.2

$\boldsymbol{a} = (a_1, a_2)$, $\boldsymbol{b} = (b_1, b_2)$ のとき
$$\boldsymbol{a} = \boldsymbol{b} \iff a_1 = b_1, \ a_2 = b_2$$

> 成分を導入することでベクトルを代数的な計算で扱えるんだ。

定理 1.3

2 点 P, Q の座標を
$$P(p_1, p_2), \quad Q(q_1, q_2)$$
とするとき, $\overrightarrow{PQ}$ の成分表示は
$$\overrightarrow{PQ} = (q_1 - p_1, \ q_2 - p_2)$$
である。

《説明》 ベクトル $\overrightarrow{PQ}$ を平行移動させ, 点 P が原点 O に一致したときの点 Q の移動先の座標が $\overrightarrow{PQ}$ の成分表示となる。平行移動により点 P と点 Q の x, y 座標の差は変らないので, $\overrightarrow{PQ}$ の成分表示は P と Q の各座標の差となる。

(説明終)

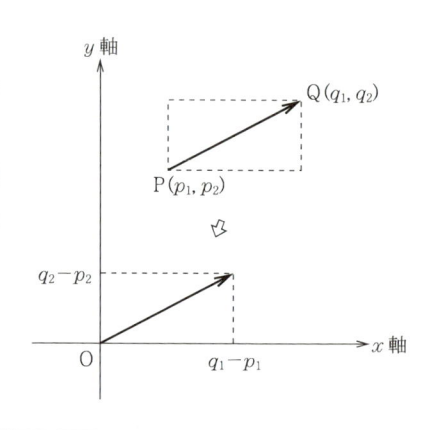

例題 1.3

$P(2, 1)$, $Q(-5, 3)$ のとき, $\overrightarrow{PQ}$ の成分表示を求めてみよう。

解 どちらが始点で, どちらが終点か気をつけて計算しよう。
$$\overrightarrow{PQ} = (-5 - 2, \ 3 - 1) = \boxed{(-7, 2)} \qquad \text{(解終)}$$

練習問題 1.3 　　　　　　　　　　　　　　　　解答は p. 186

$A(-3, 2)$, $B(-1, 4)$ のとき $\overrightarrow{AB}$ の成分表示を求めなさい。

=定理 1.4=

$\boldsymbol{a} = (a_1, a_2)$, $\boldsymbol{b} = (b_1, b_2)$ のとき，次のことが成立する．

(1) $|\boldsymbol{a}| = \sqrt{a_1{}^2 + a_2{}^2}$

(2) $\boldsymbol{a} \pm \boldsymbol{b} = (a_1 \pm b_1, a_2 \pm b_2)$ （複号同順）

(3) $k\boldsymbol{a} = (ka_1, ka_2)$

《説明》 ベクトルの始点，終点を座標と対応させることにより示すことができる． (説明終)

=例題 1.4=

$\boldsymbol{a} = (2, -5)$, $\boldsymbol{b} = (-3, 1)$ について

(1) $|\boldsymbol{a}|$, $|\boldsymbol{b}|$ を求めてみよう．

(2) $\boldsymbol{a} + \boldsymbol{b}$, $\boldsymbol{a} - \boldsymbol{b}$ の成分表示を求めてみよう．

(3) $2\boldsymbol{a}$ と $2\boldsymbol{a} + \boldsymbol{b}$ の成分表示を求めてみよう．

解 上の定理を見ながら計算すると

(1) $|\boldsymbol{a}| = \sqrt{2^2 + (-5)^2} = \sqrt{29}$, $|\boldsymbol{b}| = \sqrt{(-3)^2 + 1^2} = \sqrt{10}$

(2) $\boldsymbol{a} + \boldsymbol{b} = (2-3, -5+1) = (-1, -4)$

$\boldsymbol{a} - \boldsymbol{b} = (2-(-3), -5-1) = (5, -6)$

(3) $2\boldsymbol{a} = (2 \cdot 2, 2 \cdot (-5)) = (4, -10)$

$2\boldsymbol{a} + \boldsymbol{b} = (4, -10) + (-3, 1) = (4-3, -10+1) = (1, -9)$ (解終)

練習問題 1.4 解答は p.186

P$(-8, 5)$, Q$(3, -4)$, R$(0, 3)$ について

(1) $\overrightarrow{PQ}$, $\overrightarrow{QR}$ の成分表示を求めなさい．

(2) $|\overrightarrow{PQ}|$, $|\overrightarrow{QR}|$ を求めなさい．

(3) $\overrightarrow{PQ} - 2\overrightarrow{QR}$ を成分を使って表わしなさい．

（2）空間ベクトル

空間内の直交座標系 O-xyz を使って，平面の場合と全く同様に，空間内のベクトルを成分表示することができる。

原点 O を始点とした x 軸，y 軸，z 軸上の単位ベクトル

$$e_1, \ e_2, \ e_3$$

を空間内の**基本ベクトル**という。

空間内の任意のベクトル a に対し，それを平行移動して始点が原点 O になるようにとり

$$a = \overrightarrow{OA}$$

とする。この $\overrightarrow{OA}$ を a の**位置ベクトル**という。

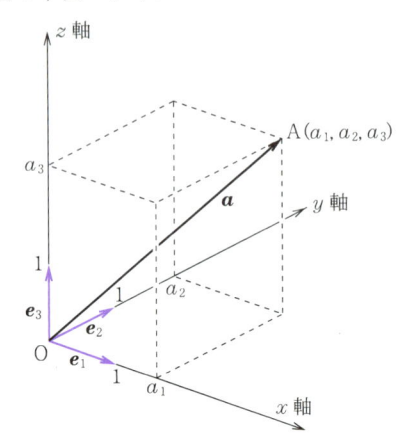

定義

ベクトル a の位置ベクトルを $\overrightarrow{OA}$ とし，点 A の座標を (a_1, a_2, a_3) とするとき，

$$a = (a_1, a_2, a_3)$$

を a の**成分表示**といい，a_1, a_2, a_3 をそれぞれ **x 成分**，**y 成分**，**z 成分**という。

《説明》 基本ベクトル e_1, e_2, e_3 の成分表示は

$$e_1 = (1, 0, 0), \quad e_2 = (0, 1, 0), \quad e_3 = (0, 0, 1)$$

であり，空間内のどんなベクトル $a = (a_1, a_2, a_3)$ も基本ベクトルを使って

$$a = a_1 e_1 + a_2 e_2 + a_3 e_3$$

と必ず一通りに書き表わすことができる。

また，平面ベクトルと同様に各定理が成立する。　　　　　　　　（説明終）

§1 平面と空間のベクトル **11**

定理 1.5

$\boldsymbol{a}=(a_1, a_2, a_3)$, $\boldsymbol{b}=(b_1, b_2, b_3)$ のとき
$\boldsymbol{a}=\boldsymbol{b} \iff a_1=b_1,\ a_2=b_2,\ a_3=b_3$

定理 1.6

2点 P, Q の座標を
$$P(p_1, p_2, p_3),\quad Q(q_1, q_2, q_3)$$
とするとき，$\overrightarrow{PQ}$ の成分表示は
$$\overrightarrow{PQ}=(q_1-p_1,\ q_2-p_2,\ q_3-p_3)$$
である。

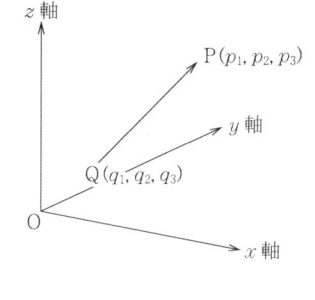

例題 1.5

$P(1, 2, 3)$, $Q(-3, 2, 0)$, $R(4, -1, -1)$ について，$\overrightarrow{PQ}$ と $\overrightarrow{RP}$ の成分表示を求めてみよう。

解 空間内にある3点は必ず1つの平面上にあるので，平面ベクトルと同様に図を描くことができる。始点と終点に注意して計算すると

$$\overrightarrow{PQ}=(-3-1,\ 2-2,\ 0-3)$$
$$=(-4, 0, -3)$$
$$\overrightarrow{RP}=(1-4,\ 2-(-1),\ 3-(-1))$$
$$=(-3, 3, 4) \qquad \text{（解終）}$$

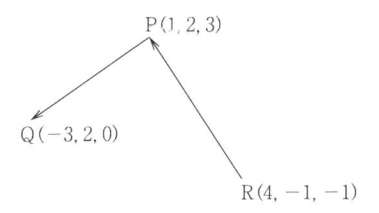

終点から始点の各成分を引けばいいのさ。

練習問題 1.5 　　　　　　　　　　　　　　解答は p.187

$A(-2, 3, 1)$, $B(0, -2, 5)$, $C(7, 8, -2)$, のとき $\overrightarrow{BA}$ と $\overrightarrow{BC}$ の成分表示を求めなさい。

定理 1.7

$\boldsymbol{a}=(a_1, a_2, a_3)$, $\boldsymbol{b}=(b_1, b_2, b_3)$ のとき,次のことが成り立つ.

(1) $|\boldsymbol{a}|=\sqrt{a_1{}^2+a_2{}^2+a_3{}^2}$

(2) $\boldsymbol{a}\pm\boldsymbol{b}=(a_1\pm b_1, a_2\pm b_2, a_3\pm b_3)$ (複号同順)

(3) $k\boldsymbol{a}=(ka_1, ka_2, ka_3)$

例題 1.6

$\boldsymbol{a}=(1,-2,4)$, $\boldsymbol{b}=(-3,1,2)$ のとき

(1) $|\boldsymbol{a}|$, $|\boldsymbol{b}|$ を求めてみよう.

(2) $2\boldsymbol{b}$ と $\boldsymbol{a}+2\boldsymbol{b}$ を成分で表わしてみよう.

(3) $|\boldsymbol{b}-\boldsymbol{a}|$ を求めてみよう.

解 (1), $|\boldsymbol{a}|=\sqrt{1^2+(-2)^2+4^2}=\sqrt{21}$,

$|\boldsymbol{b}|=\sqrt{(-3)^2+1^2+2^2}=\sqrt{14}$

(2) $2\boldsymbol{b}=(2\cdot(-3), 2\cdot 1, 2\cdot 2)=(-6,2,4)$

$\boldsymbol{a}+2\boldsymbol{b}=(1,-2,4)+(-6,2,4)=(1-6,-2+2,4+4)=(-5,0,8)$

(3) $|\boldsymbol{b}-\boldsymbol{a}|=|(-3,1,2)-(1,-2,4)|$

$=|(-3-1,1-(-2),2-4)|=|(-4,3,-2)|$

$=\sqrt{(-4)^2+3^2+(-2)^2}=\sqrt{29}$ (解終)

練習問題 1.6 解答は p.187

$P(2,-2,1)$, $Q(-1,4,0)$, $R(-2,5,-1)$ のとき

(1) $\overrightarrow{PQ}$, $\overrightarrow{QR}$ の成分表示を求めなさい.

(2) $|\overrightarrow{PQ}|$, $|\overrightarrow{QR}|$ を求めなさい.

(3) $3\overrightarrow{PQ}-5\overrightarrow{QR}$ の成分表示を求めなさい.

(4) $|3\overrightarrow{PQ}-5\overrightarrow{QR}|$ を求めなさい.

5 ベクトルの内積

平面上のベクトルは空間内のベクトルの一部とみなせるので，ここでは空間内のベクトルについて内積を定義しておこう。

=== 定義 ===

0 でない 2 つのベクトル $\boldsymbol{a}$ と $\boldsymbol{b}$ のなす角が $\theta\ (0°\leq\theta\leq 180°)$ のとき
$$|\boldsymbol{a}||\boldsymbol{b}|\cos\theta$$
を $\boldsymbol{a}$ と $\boldsymbol{b}$ の**内積**といい $\boldsymbol{a}\cdot\boldsymbol{b}$ で表わす。

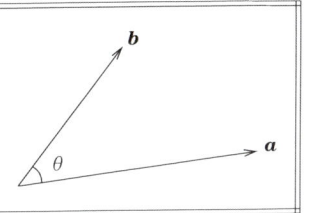

《説明》 $\boldsymbol{a}$ と $\boldsymbol{b}$ の内積
$$\boldsymbol{a}\cdot\boldsymbol{b}=|\boldsymbol{a}||\boldsymbol{b}|\cos\theta$$
は，この定義の式からスカラーである。そのため，**スカラー積**とも呼ばれる。

内積は，ベクトル $\boldsymbol{b}$ のベクトル $\boldsymbol{a}$ への正射影
$$|\boldsymbol{b}|\cos\theta$$
と $|\boldsymbol{a}|$ の積となっている。 （説明終）

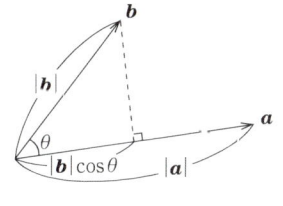

=== 例題 1.7 ===

右の一辺の長さ 2 の正三角形 ABC において内積 $\overrightarrow{AB}\cdot\overrightarrow{AC}$ を求めてみよう。

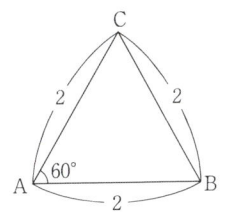

解 $\overrightarrow{AB},\ \overrightarrow{AC}$ のなす角は $60°$ なので，内積の定義より
$$\overrightarrow{AB}\cdot\overrightarrow{AC}=|\overrightarrow{AB}||\overrightarrow{AC}|\cos 60°=2\cdot 2\cdot\frac{1}{2}=2$$

（三角比については p.102 参照） （解終）

=== 練習問題 1.7 === 解答は p.188

右の一辺の長さ 1 の正方形 ABCD において，内積 $\overrightarrow{AB}\cdot\overrightarrow{AC}$ を求めなさい。

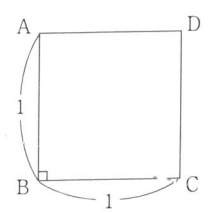

> **定理 1.8**
>
> 内積について次のことが成立する。
> (1) $\boldsymbol{a}\cdot\boldsymbol{a}=|\boldsymbol{a}|^2$
> (2) $\boldsymbol{a}\neq\boldsymbol{0}$, $\boldsymbol{b}\neq\boldsymbol{0}$ のとき, $\boldsymbol{a}$ と $\boldsymbol{b}$ が垂直 $(\boldsymbol{a}\perp\boldsymbol{b})\iff \boldsymbol{a}\cdot\boldsymbol{b}=0$

《説明》 (1)は $\theta=0°$, (2)は $\theta=90°$ とすることにより導かれる。
(2)はベクトルの垂直条件としてよく使われる。　　　　　　　　　　（説明終）

> **定理 1.9**
>
> $\boldsymbol{a}=(a_1, a_2, a_3)$, $\boldsymbol{b}=(b_1, b_2, b_3)$ のとき
> $$\boldsymbol{a}\cdot\boldsymbol{b}=a_1 b_1+a_2 b_2+a_3 b_3$$

《説明》 $\boldsymbol{a}=\overrightarrow{OA}$, $\boldsymbol{b}=\overrightarrow{OB}$, $\angle AOB=\theta$ として, 内積の定義と $\triangle OAB$ における角 θ と辺の長さの関係（余弦定理）より導かれる。　　（説明終）

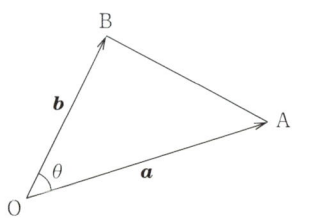

> **定理 1.10**
>
> ベクトルの内積とスカラーについて次のことが成立する。
> (1) $\boldsymbol{a}\cdot\boldsymbol{b}=\boldsymbol{b}\cdot\boldsymbol{a}$ 　　　　　　　　　　（交換法則）
> (2) $\boldsymbol{a}\cdot(\boldsymbol{b}\pm\boldsymbol{c})=\boldsymbol{a}\cdot\boldsymbol{b}\pm\boldsymbol{a}\cdot\boldsymbol{c}$　（複号同順）　　（分配法則）
> (3) $(k\boldsymbol{a})\cdot\boldsymbol{b}=\boldsymbol{a}\cdot(k\boldsymbol{b})=k(\boldsymbol{a}\cdot\boldsymbol{b})$

《説明》 内積の成分を使った式によって示される。数と同じような性質だが, 商の考え方はない。　　　　　　　　　　　　　　　　　　　　　（説明終）

> 内積はベクトルどうしのかけ算だけど割り算は考えないよ。

例題 1.8

$\boldsymbol{a}=(2,3,-5)$, $\boldsymbol{b}=(-3,2,1)$, $\boldsymbol{c}=(k,1,k)$ について

(1) $\boldsymbol{a}\cdot\boldsymbol{b}$ を求めてみよう。

(2) $\boldsymbol{b}\perp\boldsymbol{c}$ となるように実数 k を定めてみよう。

(3) $|\boldsymbol{c}|=5$ となるように実数 k を定めてみよう。

解 (1) 定理 1.9(左頁)の式に代入すると

$$\boldsymbol{a}\cdot\boldsymbol{b}=2\cdot(-3)+3\cdot 2+(-5)\cdot 1=\boxed{-5}$$

(2) 定理 1.8(左頁)より

$\boldsymbol{b}\perp\boldsymbol{c} \iff \boldsymbol{b}\cdot\boldsymbol{c}=0$ なので

$\boldsymbol{b}\cdot\boldsymbol{c}=-3\cdot k+2\cdot 1+1\cdot k=0$ より $\boxed{k=1}$

――― 内積 ―――
$\boldsymbol{a}\cdot\boldsymbol{b}=|\boldsymbol{a}||\boldsymbol{b}|\cos\theta$
$\quad = a_1b_1+a_2b_2+a_3b_3$

――― 垂直条件 ―――
$\boldsymbol{a}\perp\boldsymbol{b} \iff \boldsymbol{a}\cdot\boldsymbol{b}=0$
$(\boldsymbol{a}\neq\boldsymbol{0},\ \boldsymbol{b}\neq\boldsymbol{0})$

(3) $|\boldsymbol{c}|=\sqrt{k^2+1^2+k^2}=5$ となるように k を定める。

両辺を2乗して計算すると

$$\sqrt{2k^2+1}=5 \longrightarrow 2k^2+1=5^2 \longrightarrow 2k^2=24$$

これより $k^2=12$,

$$k=\pm\sqrt{12}=\pm 2\sqrt{3} \qquad \therefore\quad k=\boxed{\pm 2\sqrt{3}} \hspace{3em} \text{(解終)}$$

――――――
$\boldsymbol{a}=(a_1,a_2,a_3)$
$|\boldsymbol{a}|=\sqrt{a_1{}^2+a_2{}^2+a_3{}^2}$

――――――
$\boldsymbol{e}$：単位ベクトル
$\iff |\boldsymbol{e}|=1$

練習問題 1.8　　　　　　　　　　解答は p.188

$\boldsymbol{a}=(1,2,1)$, $\boldsymbol{b}=(-2,2,4)$ のとき

(1) $\boldsymbol{a}\cdot\boldsymbol{b}$ を求めなさい。

(2) $\boldsymbol{a}$ と $\boldsymbol{b}$ のなす角 $\theta\ (0°\leqq\theta\leqq 180°)$ を求めなさい。

(3) $k\boldsymbol{a}$ が単位ベクトルとなるように定数 k を定めなさい。

§2 行　　列

1 行列の定義

> **定義**
>
> $m \times n$ 個の実数を長方形に並べた
>
> $$\begin{bmatrix} a_{11} & a_{12} & \cdots & a_{1n} \\ a_{21} & a_{22} & \cdots & a_{2n} \\ \vdots & \vdots & & \vdots \\ a_{m1} & a_{m2} & \cdots & a_{mn} \end{bmatrix}$$
>
> を
>
> $\qquad\qquad m \times n$ 行列，　(m, n)型行列，　m 行 n 列の行列
>
> または単に
>
> $\qquad\qquad\qquad\qquad\qquad$ 行列
>
> という。

《説明》　いくつかの数を並べて，ひとかたまりとしたものが行列である。たとえば

$\begin{bmatrix} 1 & 0 & -1 \\ -2 & 4 & 1 \end{bmatrix}$ は　2×3 行列，$(2,3)$型行列，2 行 3 列の行列

$\begin{bmatrix} -2 & 0 \\ 1 & -1 \\ 0 & 2 \end{bmatrix}$ は　3×2 行列，$(3,2)$型行列，3 行 2 列の行列

となる。行列は通常 $A, B, C, \cdots$ などの記号で表わす。

一般に，上から i 番目の行を第 i 行，左から j 番目の列を第 j 列といい，行列の各数字をその行列の成分という。また第 i 行目かつ第 j 列目にある成分を (i, j)成分といい，a_{ij} など成分を下に小さく添えて表わす。

本書では行列の成分はすべて実数とする。(説明終)

> つまり行列とは数の配列のことだね。

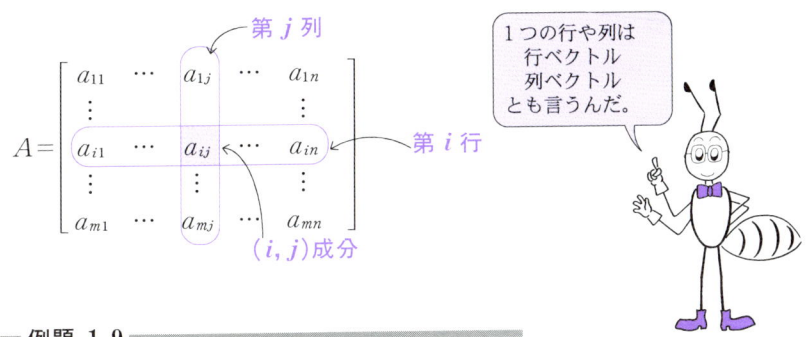

§2 行　　列

$$A = \begin{bmatrix} a_{11} & \cdots & a_{1j} & \cdots & a_{1n} \\ \vdots & & \vdots & & \vdots \\ a_{i1} & \cdots & a_{ij} & \cdots & a_{in} \\ \vdots & & \vdots & & \vdots \\ a_{m1} & \cdots & a_{mj} & \cdots & a_{mn} \end{bmatrix}$$

第 j 列／第 i 行／(i,j) 成分

1つの行や列は行ベクトル列ベクトルとも言うんだ。

=== 例題 1.9 ===

右の行列 A について

(1) 何行何列の行列だろう。

(2) 第3行と第2列を囲ってみよう。

(3) $(1,3)$成分と$(3,2)$成分は何だろう。

(4) 「5」は何成分だろう。

$$A = \begin{bmatrix} 1 & -4 & 6 & -3 \\ 2 & -5 & 5 & -2 \\ 3 & -6 & 4 & -1 \end{bmatrix}$$

解 (1) 行の数は3, 列の数は4なので **3行4列の行列**。

(2) 第3行＝上から3行目なので右の通り。
第2列＝左から2列目なので右の通り。

(3) $(1,3)$成分＝第1行かつ第3列の成分＝**6**。
$(3,2)$成分＝第3行かつ第2列の成分＝**−6**。

(4) 「5」＝第2行かつ第3列の成分＝**$(2,3)$成分**。

(解終)

$$A = \begin{bmatrix} 1 & -4 & 6 & -3 \\ 2 & -5 & 5 & -2 \\ 3 & -6 & 4 & -1 \end{bmatrix}$$

第2列／第3行

=== 練習問題 1.9 ===　　解答は p.188

右の行列 B について次の問に答えなさい。

(1) 何行何列の行列か。

(2) $(2,3)$成分はどれか。

(3) 「6」は何成分か。

$$B = \begin{bmatrix} 0 & -1 & 2 \\ -5 & 4 & -3 \\ 6 & -7 & 8 \\ -2 & 0 & -9 \end{bmatrix}$$

2 行列の演算

行列どうしにも次のように演算を定義することができる。

定義

2つの (m, n) 型行列

$$A = \begin{bmatrix} a_{11} & \cdots & a_{1j} & \cdots & a_{1n} \\ \vdots & & \vdots & & \vdots \\ a_{i1} & \cdots & a_{ij} & \cdots & a_{in} \\ \vdots & & \vdots & & \vdots \\ a_{m1} & \cdots & a_{mj} & \cdots & a_{mn} \end{bmatrix}, \quad B = \begin{bmatrix} b_{11} & \cdots & b_{1j} & \cdots & b_{1n} \\ \vdots & & \vdots & & \vdots \\ b_{i1} & \cdots & b_{ij} & \cdots & b_{in} \\ \vdots & & \vdots & & \vdots \\ b_{m1} & \cdots & b_{mj} & \cdots & b_{mn} \end{bmatrix}$$

に対して，行列の相等，和と差，スカラー倍を次のように定義する。

（１）行列の相等

$$A = B \overset{\text{定義}}{\iff} a_{ij} = b_{ij} \quad (i = 1, 2, \cdots, m\,;\, j = 1, 2, \cdots, n)$$

（２）行列の和と差

$$A \pm B \overset{\text{定義}}{=} \begin{bmatrix} a_{11} \pm b_{11} & \cdots & a_{1j} \pm b_{1j} & \cdots & a_{1n} \pm b_{1n} \\ \vdots & & \vdots & & \vdots \\ a_{i1} \pm b_{i1} & \cdots & a_{ij} \pm b_{ij} & \cdots & a_{in} \pm b_{in} \\ \vdots & & \vdots & & \vdots \\ a_{m1} \pm b_{m1} & \cdots & a_{mj} \pm b_{mj} & \cdots & a_{mn} \pm b_{mn} \end{bmatrix} \quad \text{(複号同順)}$$

（３）行列のスカラー倍

$$kA \overset{\text{定義}}{=} \begin{bmatrix} ka_{11} & \cdots & ka_{1j} & \cdots & ka_{1n} \\ \vdots & & \vdots & & \vdots \\ ka_{i1} & \cdots & ka_{ij} & \cdots & ka_{in} \\ \vdots & & \vdots & & \vdots \\ ka_{m1} & \cdots & ka_{mj} & \cdots & ka_{mn} \end{bmatrix} \quad (k \text{ は実数})$$

《説明》 このような演算を定義することにより，行列をある程度まで普通の数と同じように取り扱うことができるし，また数よりもっと広い世界を考えることもできるようになる。

(3)におけるスカラーとは数(本書では実数)と思ってよい。　　　(説明終)

例題 1.10

行列 $A = \begin{bmatrix} 0 & -1 & 4 \\ 5 & 2 & -3 \end{bmatrix}$, $B = \begin{bmatrix} -2 & 0 & -5 \\ 1 & -3 & 2 \end{bmatrix}$ について次の計算をしてみよう。

(1) $A+B$ (2) $2B$ (3) $A-B$

解 (1) 行列の和は対応する成分どうしを加えればよいので

$$A+B = \begin{bmatrix} 0 & -1 & 4 \\ 5 & 2 & -3 \end{bmatrix} + \begin{bmatrix} -2 & 0 & -5 \\ 1 & -3 & 2 \end{bmatrix}$$

$$= \begin{bmatrix} 0+(-2) & -1+0 & 4+(-5) \\ 5+1 & 2+(-3) & -3+2 \end{bmatrix} = \begin{bmatrix} -2 & -1 & -1 \\ 6 & -1 & -1 \end{bmatrix}$$

(2) 行列のスカラー倍は，各成分を全部スカラー倍すればよいので

$$2B = 2\begin{bmatrix} -2 & 0 & -5 \\ 1 & -3 & 2 \end{bmatrix} = \begin{bmatrix} 2\cdot(-2) & 2\cdot 0 & 2\cdot(-5) \\ 2\cdot 1 & 2\cdot(-3) & 2\cdot 2 \end{bmatrix}$$

$$= \begin{bmatrix} -4 & 0 & -10 \\ 2 & -6 & 4 \end{bmatrix}$$

(3) 行列の差は対応する成分どうしを引けばよいので

$$A-B = \begin{bmatrix} 0 & -1 & 4 \\ 5 & 2 & -3 \end{bmatrix} - \begin{bmatrix} -2 & 0 & -5 \\ 1 & -3 & 2 \end{bmatrix}$$

$$= \begin{bmatrix} 0-(-2) & -1-0 & 4-(-5) \\ 5-1 & 2-(-3) & -3-2 \end{bmatrix} = \begin{bmatrix} 2 & -1 & 9 \\ 4 & 5 & -5 \end{bmatrix}$$ (解終)

練習問題 1.10　　　　　　　　　　　解答は p.188

$\begin{bmatrix} 1 & 6 \\ -4 & 5 \end{bmatrix} - 5\begin{bmatrix} 1 & 3 \\ -2 & 0 \end{bmatrix}$ を計算しなさい。

定義

(l, m)型行列 A と (m, n)型行列 B

$$A = \begin{bmatrix} a_{11} & \cdots & a_{1m} \\ \vdots & & \vdots \\ a_{l1} & \cdots & a_{lm} \end{bmatrix}, \quad B = \begin{bmatrix} b_{11} & \cdots & b_{1n} \\ \vdots & & \vdots \\ b_{m1} & \cdots & b_{mn} \end{bmatrix}$$

に対して，積 AB を次のように定義する。

積 AB は (l, n)型行列で

$$AB = \begin{bmatrix} c_{11} & \cdots & c_{1n} \\ \vdots & & \vdots \\ c_{l1} & \cdots & c_{ln} \end{bmatrix}$$

ここで $c_{ij} = a_{i1}b_{1j} + a_{i2}b_{2j} + \cdots + a_{im}b_{mj}$ $(i=1, 2, \cdots, l \,;\, j=1, 2, \cdots, n)$

《説明》 行列の積は少しむずかしい。まず，行列の型からみてみよう。

A は (l, m)型, B は (m, n)型, AB は (l, n)型なので

$$\begin{array}{ccc} A & B & AB \\ (l, m)型 \times (m, n)型 & = & (l, n)型 \end{array}$$

となっている。したがって，行列 A の列の数（＝1つの行に含まれる成分の個数）と行列 B の行の数（＝1つの列に含まれる成分の個数）が一致していないと積を定義することはできない。そして，積 AB の (i, j) 成分 c_{ij} は A の第 i 行と B の第 j 列の成分をはじめから順に

$$積 \quad 和 \quad 積 \quad 和 \quad \cdots \cdots \quad 和 \quad 積$$

することにより求められる。

$$\begin{bmatrix} a_{11} & \cdots & \cdots & a_{1m} \\ \vdots & & & \vdots \\ a_{i1} & a_{i2} & \cdots & a_{im} \\ \vdots & & & \vdots \\ a_{l1} & \cdots & \cdots & a_{lm} \end{bmatrix} \begin{bmatrix} b_{11} & \cdots & b_{1j} & \cdots & b_{1n} \\ \vdots & & b_{2j} & & \vdots \\ \vdots & & \vdots & & \vdots \\ b_{m1} & \cdots & b_{mj} & \cdots & b_{mn} \end{bmatrix} = \begin{bmatrix} c_{11} & \cdots & c_{1j} & \cdots & c_{1n} \\ \vdots & & \vdots & & \vdots \\ c_{i1} & \cdots & c_{ij} & \cdots & c_{in} \\ \vdots & & \vdots & & \vdots \\ c_{l1} & \cdots & c_{lj} & \cdots & c_{ln} \end{bmatrix}$$

A の第 i 行 　　B の第 j 列 　　AB の (i, j) 成分

$$c_{ij} = a_{i1}b_{1j} + a_{i2}b_{2j} + \cdots + a_{im}b_{mj}$$
$$積 \quad 和 \quad 積 \quad 和 \cdots 和 \quad 積$$

次の例題と練習問題で計算の仕方を身につけよう。　　　　　　　　（説明終）

例題 1.11

$A = \begin{bmatrix} -1 & -2 \\ 2 & 1 \\ 1 & -1 \end{bmatrix}$, $B = \begin{bmatrix} 4 & 0 \\ -3 & 1 \end{bmatrix}$ のとき，積 AB を求めてみよう．

解 まず型を調べて，積が定義されるかどうかを確認しよう．

$$\begin{array}{cc} A & B \\ (3, \boxed{2})\text{型} \times (\boxed{2}, 2)\text{型} = (3, 2)\text{型} \end{array}$$

これより積 AB は定義され，結果は $(3,2)$ 型となる．そこで

$$AB = \begin{bmatrix} -1 & -2 \\ 2 & 1 \\ 1 & -1 \end{bmatrix} \begin{bmatrix} 4 & 0 \\ -3 & 1 \end{bmatrix} = \begin{bmatrix} (1,1)\text{成分} & (1,2)\text{成分} \\ (2,1)\text{成分} & (2,2)\text{成分} \\ (3,1)\text{成分} & (3,2)\text{成分} \end{bmatrix}$$

とおく．

$$(i,j)\text{成分} = (A \text{の第} i \text{行}) \text{と} (B \text{の第} j \text{列}) \text{との積和}$$

なので各成分を計算すると

$(1,1)$ 成分 $= -1 \cdot 4 + (-2) \cdot (-3) = 2$　　　$(1,2)$ 成分 $= -1 \cdot 0 + (-2) \cdot 1 = -2$

$(2,1)$ 成分 $= 2 \cdot 4 + 1 \cdot (-3) = 5$　　　$(2,2)$ 成分 $= 2 \cdot 0 + 1 \cdot 1 = 1$

$(3,1)$ 成分 $= 1 \cdot 4 + (-1) \cdot (-3) = 7$　　　$(3,2)$ 成分 $= 1 \cdot 0 + (-1) \cdot 1 = -1$

> 行列の積の計算はベクトルの内積に似ているね．

$$\therefore\; AB = \begin{bmatrix} 2 & -2 \\ 5 & 1 \\ 7 & -1 \end{bmatrix}$$

（解終）

練習問題 1.11　　　　　　　　　　　　　　　　　解答は p.189

次の行列 C と D について積 CD と DC について，定義されれば求めなさい．

$$C = \begin{bmatrix} 6 & 4 \\ 0 & -5 \end{bmatrix}, \quad D = \begin{bmatrix} 8 & -2 & 5 \\ -7 & 3 & 0 \end{bmatrix}$$

行列の演算には，数に似た次の性質が成立する．

定理 1.11

A, B, C をすべて同じ型の行列とするとき，次の式が成立する．
（ⅰ）和に関する性質
$$(A+B)+C=A+(B+C) \quad \text{（結合法則）}$$
$$A+B=B+A \quad \text{（交換法則）}$$
（ⅱ）スカラー倍に関する性質
$$(a+b)A=aA+bA \quad \text{（分配法則）}$$
$$a(A+B)=aA+aB \quad \text{（分配法則）}$$
$$(ab)A=a(bA) \quad \text{（結合法則）}$$

定義

特に成分がすべて 0 の $m\times n$ 行列
$$O=\begin{bmatrix} 0 & \cdots & 0 \\ \vdots & & \vdots \\ 0 & \cdots & 0 \end{bmatrix}$$
を (m,n) 型ゼロ行列または単にゼロ行列という．

定理 1.12

(m,n) 型行列 A と (m,n) 型ゼロ行列 O について次の式が成立する．
$$A+O=O+A=A$$
$$A+(-A)=(-A)+A=O$$

《説明》 $-A$ は $(-1)A$ のことである．

この定理よりゼロ行列 O は，和について，数の 0 と同じ働きをもっていることがわかる． 　　　　　　　　　　　　　　　　　　　　（説明終）

定理 1.13

積が定義されている行列について，次の式が成立する。

(ⅰ) 積に関する性質

$$(AB)C = A(BC) \quad \text{(結合法則)}$$
$$A(B+C) = AB + AC \quad \text{(分配法則)}$$
$$(A+B)C = AC + BC \quad \text{(分配法則)}$$

(ⅱ) スカラー倍に関する性質

$$(aA)B = A(aB) = a(AB)$$

《説明》 行列の積については，次のような数と異なる性質があるので注意しよう。

- $AB = BA$（交換法則）は成立しない。
- $X \neq O,\ Y \neq O$ でも $XY = O$ となることがある。

たとえば，$A = \begin{bmatrix} 0 & 1 \\ 0 & 1 \end{bmatrix}$, $B = \begin{bmatrix} 1 & 0 \\ 1 & 0 \end{bmatrix}$ とすると

$$AB = \begin{bmatrix} 0 & 1 \\ 0 & 1 \end{bmatrix}\begin{bmatrix} 1 & 0 \\ 1 & 0 \end{bmatrix} = \begin{bmatrix} 0\cdot1+1\cdot1 & 0\cdot0+1\cdot0 \\ 0\cdot1+1\cdot1 & 0\cdot0+1\cdot0 \end{bmatrix} = \begin{bmatrix} 1 & 0 \\ 1 & 0 \end{bmatrix}$$

$$BA = \begin{bmatrix} 1 & 0 \\ 1 & 0 \end{bmatrix}\begin{bmatrix} 0 & 1 \\ 0 & 1 \end{bmatrix} = \begin{bmatrix} 1\cdot0+0\cdot0 & 1\cdot1+0\cdot1 \\ 1\cdot0+0\cdot0 & 1\cdot1+0\cdot1 \end{bmatrix} = \begin{bmatrix} 0 & 1 \\ 0 & 1 \end{bmatrix}$$

$$\therefore\ AB \neq BA$$

また，$X = \begin{bmatrix} 0 & 1 \\ 0 & 1 \end{bmatrix}$, $Y = \begin{bmatrix} 1 & 1 \\ 0 & 0 \end{bmatrix}$ とすると

$X \neq O,\ Y \neq O$ だが

$$XY = \begin{bmatrix} 0\cdot1+1\cdot0 & 0\cdot1+1\cdot0 \\ 0\cdot1+1\cdot0 & 0\cdot1+1\cdot0 \end{bmatrix}$$
$$= \begin{bmatrix} 0 & 0 \\ 0 & 0 \end{bmatrix} = O$$

となってしまう。　　　　　　　　　　（説明終）

> 行列の計算は数と似ているようだけど，違う所もあるから気をつけて。

3 正方行列と逆行列

――― 定義 ―――
(n, n) 型の行列を n 次の正方行列という。

《説明》 行の数と列の数が同じで，数が正方形に並んでいる行列を正方行列という。たとえば

$$[3] \quad : \quad 1 \text{ 次の正方行列}$$

$$\begin{bmatrix} 1 & 2 \\ 3 & 4 \end{bmatrix} \quad : \quad 2 \text{ 次の正方行列}$$

$$\begin{bmatrix} 1 & 2 & 3 \\ 4 & 5 & 6 \\ 7 & 8 & 9 \end{bmatrix} \quad : \quad 3 \text{ 次の正方行列}$$

などとなる。 (説明終)

――― 定義 ―――
n 次の行列で，対角線上の成分が 1，それ以外の成分は 0 の行列
$$E = \begin{bmatrix} 1 & 0 & \cdots & 0 \\ 0 & 1 & & \vdots \\ \vdots & & \ddots & 0 \\ 0 & \cdots & 0 & 1 \end{bmatrix}$$
を n 次の単位行列という。

――― 定理 1.14 ―――
n 次の単位行列 E と正方行列 A について
$$AE = EA = A$$
が成立する。

《説明》 単位行列 E は，積について数の「1」と同じ働きをする。
　単位行列の次数をはっきりさせたいときは E_n とかく。 (説明終)

> **定義**
>
> n 次正方行列 A に対して
> $$AX = XA = E$$
> となる n 次正方行列 X が存在するとき，行列 A は正則であるという。
> また A が正則のとき，上の式をみたす X を A の逆行列といい
> $$A^{-1} \quad (\text{エー・インヴァースと読む})$$
> で表わす。

《説明》 実数の場合と比較してみるとわかりやすい。

- 5 に対して $5 \times x = x \times 5 = 1$ となる x は存在するので，5 は正則である。
- 0 に対して $0 \times x = x \times 0 = 1$ となる x は存在しないので，0 は正則でない。

この数字を行列に置き換えたのが上の定義である。

実数の場合は正則でない数は「0 だけ」だが，行列の場合は正則でないものはたくさんある。

A が正則の場合，A の逆行列 A^{-1} も実数と対比させてみよう。

- $5 \times x = x \times 5 = 1$ をみたす x を 5^{-1} とかく。
- $AX = XA = E$ をみたす X を A^{-1} とかく。

数の場合，指数については
$$5^{-1} = \frac{1}{5}$$
と決めてあった。しかし，この分数の表わし方は数だけに通用する記号で，行列には使えないので注意しよう。

A が正則な場合，逆行列 A^{-1} はただ一つしか存在しない。A^{-1} の求め方は後で勉強する。

（説明終）

第2章　連立1次方程式

§1　行列の基本変形

1 連立1次方程式と行列

次の3種類の連立1次方程式をみてみよう。

$$\text{(i)}\begin{cases} x+y=2 \\ 3x-2y=1 \end{cases} \quad \text{(ii)}\begin{cases} x+y=2 \\ 2x+2y=4 \end{cases} \quad \text{(iii)}\begin{cases} x+y=2 \\ 2x+2y=0 \end{cases}$$

（i）はすぐ計算できる通り，ただ1組の解 $x=y=1$ をもつ。

（ii）は2つの式が同じ内容なので，解となる x,y の組は無数に存在する。

（iii）は第1式と第2式は矛盾した式なので，解となる x,y は存在しない。

このように，連立1次方程式の解にはいろいろなタイプがある。

一般に，n 個の未知数と m 本の式からなる次の連立1次方程式

$$\bigstar \begin{cases} a_{11}x_1+a_{12}x_2+\cdots+a_{1n}x_n=b_1 \\ a_{21}x_1+a_{22}x_2+\cdots+a_{2n}x_n=b_2 \\ \quad\cdots\cdots \qquad\qquad\qquad\vdots \\ a_{m1}x_1+a_{m2}x_2+\cdots+a_{mn}x_n=b_m \end{cases}$$

を考えよう。これは行列を使って次のように書き直すことができる。

$$\begin{bmatrix} a_{11} & a_{12} & \cdots & a_{1n} \\ a_{21} & a_{22} & \cdots & a_{2n} \\ \vdots & \vdots & & \vdots \\ a_{m1} & a_{m2} & \cdots & a_{mn} \end{bmatrix} \begin{bmatrix} x_1 \\ x_2 \\ \vdots \\ x_n \end{bmatrix} = \begin{bmatrix} b_1 \\ b_2 \\ \vdots \\ b_m \end{bmatrix}$$

ここで $A=\begin{bmatrix} a_{11} & \cdots & a_{1n} \\ \vdots & & \vdots \\ a_{m1} & \cdots & a_{mn} \end{bmatrix}$, $X=\begin{bmatrix} x_1 \\ \vdots \\ x_n \end{bmatrix}$, $B=\begin{bmatrix} b_1 \\ \vdots \\ b_m \end{bmatrix}$

とおけば上の連立1次方程式 $\bigstar$ は

$$AX=B$$

と表わせる。A を係数行列，$[A \vdots B]$ を拡大係数行列という。

=== 例題 1.12 ===

次の連立1次方程式を行列を使って表わし，係数行列と拡大係数行列を求めてみよう。

(1) $\begin{cases} x + y = 2 \\ 3x - 5y = 4 \end{cases}$ (2) $\begin{cases} 8x - y + 2z = -9 \\ -x + 6y - 5z = 3 \end{cases}$

解 (1) 未知数は x, y の2つ，式の数は2本の連立1次方程式。行列を使って表わすと

$$\begin{bmatrix} 1 & 1 \\ 3 & -5 \end{bmatrix} \begin{bmatrix} x \\ y \end{bmatrix} = \begin{bmatrix} 2 \\ 4 \end{bmatrix}$$

したがって，係数行列と拡大係数行列は次の通り。

$$\begin{bmatrix} 1 & 1 \\ 3 & -5 \end{bmatrix}, \quad \left[\begin{array}{cc|c} 1 & 1 & 2 \\ 3 & -5 & 4 \end{array}\right]$$

(2) 未知数は x, y, z の3つ，式の数は2本の連立1次方程式。行列を使って表わすと

$$\begin{bmatrix} 8 & -1 & 2 \\ -1 & 6 & -5 \end{bmatrix} \begin{bmatrix} x \\ y \\ z \end{bmatrix} = \begin{bmatrix} -9 \\ 3 \end{bmatrix}$$

> 左辺の行列の積を計算して，もとの式になることを確認するといいね。

係数行列と拡大係数行列は次の通り。

$$\begin{bmatrix} 8 & -1 & 2 \\ -1 & 6 & -5 \end{bmatrix}, \quad \left[\begin{array}{ccc|c} 8 & -1 & 2 & -9 \\ -1 & 6 & -5 & 3 \end{array}\right]$$

(解終)

練習問題 1.12

解答は p.189

次の連立1次方程式を行列を使って表わし，係数行列と拡大係数行列を求めなさい。

(1) $\begin{cases} 5x + 3y = -3 \\ x - y = 0 \end{cases}$ (2) $\begin{cases} 4x + y = 5 \\ -3x + 2y = -7 \\ 6x - 5y = -2 \end{cases}$

2 行基本変形

連立1次方程式を普通に解く場合，各式の係数を見ながら式を変形し，試行錯誤で未知数を消去して解を求めていた。この過程をもう少し系統立てて考えてみよう。

解を求める過程を，一組の連立1次方程式の<u>同値な式の変形</u>ととらえてみる。ここで"同値な変形"とは<u>可逆な変形</u>のことである。

たとえば次の連立1次方程式を考えてみよう。

$$\begin{cases} 2x+y=3 \\ 3x-y=7 \end{cases}$$

この2つの式を加えると次のように y を消去することができる。

$$\begin{cases} 2x+y=3 & \cdots ① \\ 3x-y=7 & \cdots ② \end{cases} \quad \xrightarrow[\times]{①+②} \quad 5x=10$$

しかし，右の式から左の2つの式①と②は導けない。つまりこの変形は"同値な変形ではない"。

同値な変形にするには①+②を行った後も①か②を残しておかなければいけない。たとえば①を残しておくと

$$\begin{cases} 2x+y=3 & \cdots ① \\ 3x-y=7 & \cdots ② \end{cases} \quad \xrightarrow[②'-①]{①+②} \quad \begin{cases} 2x+y=3 & \cdots ① \\ 5x=10 & \cdots ①+②=②' \end{cases}$$

となり，左の2本の式から右の2本の式への変形は"同値な変形"となる。

それではどんな変形が同値な変形になるのだろう。上の連立1次方程式を"代入"という方法を使わずに"同値な変形"（⇌で示す）によって解いてみよう。

方程式の同値な変形？

ⓐ $\begin{cases} 2x+y=3 \\ 3x-y=7 \end{cases}$ ⇌ ⓑ $\begin{cases} 2x+y=3 \\ 5x=10 \end{cases}$ ⇌ ⓒ $\begin{cases} 2x+y=3 \\ x=2 \end{cases}$

⇌ ⓓ $\begin{cases} 2x+y=3 \\ 2x=4 \end{cases}$ ⇌ ⓔ $\begin{cases} y=-1 \\ 2x=4 \end{cases}$

⇌ ⓕ $\begin{cases} y=-1 \\ x=2 \end{cases}$ ⇌ ⓖ $\begin{cases} x=2 \\ y=-1 \end{cases}$

ここで使われている変形は

  Ⅰ．ある式を k 倍 ($k \neq 0$) する．
  Ⅱ′．ある式に他の式を加えたり引いたりする．
  Ⅲ．2つの式を入れかえる．

の3つである．しかし，ⓒでせっかく x の値が出ているのに $2x$ を消去するためにⓓ，ⓔではそれを2倍した式が書かれてしまっている．そこで，Ⅱ′の代わりにⅠとⅡ′をいっぺんに行う変形を

  Ⅱ．ある式に他の式を k 倍して加える．

としておくと，同値な変形

ⓒ $\begin{cases} 2x+y=3 &\cdots① \\ x=2 &\cdots② \end{cases}$ $\xrightleftharpoons[①'+②\times 2]{①+②\times(-2)}$ ⓕ $\begin{cases} y=-1 &\cdots①' \\ x=2 &\cdots② \end{cases}$

が得られる．

 これで連立1次方程式の"同値な変形"が得られた．

連立1次方程式の同値変形

 Ⅰ．ある式を k 倍 ($k \neq 0$) する．
 Ⅱ．ある式に他の式を k 倍して加える．
 Ⅲ．2つの式を入れかえる．

今度は，この同値変形を各方程式の拡大係数行列の変形としてみてみよう。すると

ⓐ $\begin{bmatrix} 2 & 1 & | & 3 \\ 3 & -1 & | & 7 \end{bmatrix}$ ⇌ ⓑ $\begin{bmatrix} 2 & 1 & | & 3 \\ 5 & 0 & | & 10 \end{bmatrix}$ ⇌ ⓒ $\begin{bmatrix} 2 & 1 & | & 3 \\ 1 & 0 & | & 2 \end{bmatrix}$
⇌ ⓕ $\begin{bmatrix} 0 & 1 & | & -1 \\ 1 & 0 & | & 2 \end{bmatrix}$ ⇌ ⓖ $\begin{bmatrix} 1 & 0 & | & 2 \\ 0 & 1 & | & -1 \end{bmatrix}$

となる。ここでは式の変形が行列の"行"の変形となっている。

そこで前頁の"式の同値変形"を行列の言葉で書き直してみると

I．ある行を k 倍 ($k \neq 0$) する。
II．ある行に他の行を k 倍して加える。
III．2つの行を入れかえる。

となる。これを行列の**行基本変形**という。

行列の行基本変形

I．ある行を k 倍 ($k \neq 0$) する。
II．ある行に他の行を k 倍して加える。
III．2つの行を入れかえる。

今度は行列の行基本変形だ。

例題 1.13

次の行列に (1)(2)(3) の行基本変形を順に行ってみよう。

$$\begin{bmatrix} -2 & 1 & -1 \\ 4 & -8 & 0 \end{bmatrix}$$

(1) 第2行を $\frac{1}{4}$ 倍する（変形 I）。
(2) 第2行に第1行を2倍して加える（変形 II）。
(3) 第1行と第2行を入れかえる（変形 III）。

解 これからたびたび行基本変形が出てくるので、本書では各変形を次のようにかくことにする。

I. 第 i 行を k 倍 $(k \neq 0)$ する。 $\iff \text{\textcircled{\tiny i}} \times k$
II. 第 i 行に第 j 行を k 倍して加える。 $\iff \text{\textcircled{\tiny i}} + \text{\textcircled{\tiny j}} \times k$
III. 第 i 行と第 j 行を入れかえる。 $\iff \text{\textcircled{\tiny i}} \leftrightarrow \text{\textcircled{\tiny j}}$

さらに、変形前の行列と変形後の行列は異なった行列なので「→」を使って変形してゆく。「=」の箇所は行列の成分の計算で、行列として等しいことを示している。

$$\begin{bmatrix} -2 & 1 & -1 \\ 4 & -8 & 0 \end{bmatrix}$$

$\xrightarrow{(1)\ \text{\textcircled{\tiny 2}} \times \frac{1}{4}} \begin{bmatrix} -2 & 1 & -1 \\ 4 \times \frac{1}{4} & -8 \times \frac{1}{4} & 0 \times \frac{1}{4} \end{bmatrix} = \begin{bmatrix} -2 & 1 & -1 \\ 1 & -2 & 0 \end{bmatrix}$

$\xrightarrow{(2)\ \text{\textcircled{\tiny 2}} + \text{\textcircled{\tiny 1}} \times 2} \begin{bmatrix} -2 & 1 & -1 \\ 1+(-2)\times 2 & -2+1\times 2 & 0+(-1)\times 2 \end{bmatrix} = \begin{bmatrix} -2 & 1 & -1 \\ -3 & 0 & -2 \end{bmatrix}$

$\xrightarrow{(3)\ \text{\textcircled{\tiny 1}} \leftrightarrow \text{\textcircled{\tiny 2}}} \begin{bmatrix} -3 & 0 & -2 \\ -2 & 1 & -1 \end{bmatrix}$

（解終）

練習問題 1.13 解答は p.190

次の行列に (1)(2)(3) の行基本変形を順に行いなさい。

$$\begin{bmatrix} -3 & -9 & 3 \\ -5 & -7 & 1 \\ 2 & 4 & 0 \end{bmatrix}$$

(1) 第1行を $\left(-\frac{1}{3}\right)$ 倍する（変形 I）。
(2) 第2行に第1行を5倍して加える（変形 II）。
(3) 第1行と第3行を入れかえる（変形 III）。

例題 1.14

拡大係数行列に(1)〜(4)の行基本変形を行うことにより，次の連立1次方程式を解いてみよう。

$$\begin{cases} 2x - y = 3 \\ x + 2y = 4 \end{cases}$$

(1) 第1行に第2行を(-2)倍して加える(変形II)。
(2) 第1行を$\left(-\dfrac{1}{5}\right)$倍する(変形I)。
(3) 第2行に第1行を(-2)倍して加える(変形II)。
(4) 第1行と第2行を入れかえる(変形III)。

解 連立1次方程式の係数の数字だけを取り出せば，次の拡大係数行列が求まる。

$$\begin{bmatrix} 2 & -1 & \vdots & 3 \\ 1 & 2 & \vdots & 4 \end{bmatrix}$$

この行列に(1)〜(4)の変形を順次行ってゆくと

$$\begin{bmatrix} 2 & -1 & \vdots & 3 \\ 1 & 2 & \vdots & 4 \end{bmatrix} \xrightarrow{(1)\ ①+②\times(-2)} \begin{bmatrix} 2+1\times(-2) & -1+2\times(-2) & \vdots & 3+4\times(-2) \\ 1 & 2 & \vdots & 4 \end{bmatrix}$$

$$= \begin{bmatrix} 0 & -5 & \vdots & -5 \\ 1 & 2 & \vdots & 4 \end{bmatrix}$$

$$\xrightarrow{(2)\ ①\times\left(-\frac{1}{5}\right)} \begin{bmatrix} 0\times\left(-\dfrac{1}{5}\right) & -5\times\left(-\dfrac{1}{5}\right) & \vdots & -5\times\left(-\dfrac{1}{5}\right) \\ 1 & 2 & \vdots & 4 \end{bmatrix}$$

$$= \begin{bmatrix} 0 & 1 & \vdots & 1 \\ 1 & 2 & \vdots & 4 \end{bmatrix}$$

$$\xrightarrow{(3)\ ②+①\times(-2)} \begin{bmatrix} 0 & 1 & \vdots & 1 \\ 1+0\times(-2) & 2+1\times(-2) & \vdots & 4+1\times(-2) \end{bmatrix}$$

$$= \begin{bmatrix} 0 & 1 & \vdots & 1 \\ 1 & 0 & \vdots & 2 \end{bmatrix}$$

$$\xrightarrow{(4)\ ①\leftrightarrow②} \begin{bmatrix} 1 & 0 & \vdots & 2 \\ 0 & 1 & \vdots & 1 \end{bmatrix}$$

"→" と "=" をちゃんと区別できてる？

変形の最後に得られた行列を再び連立1次方程式にもどすと解が求まる。

$$\begin{cases} 1x+0y=2 \\ 0x+1y=1 \end{cases} \quad \text{つまり} \quad \begin{cases} x=2 \\ y=1 \end{cases} \quad \text{(解終)}$$

3つの変形の中で一番計算しずらいのは"変形II"である。この変形が暗算でできるようになったら，行基本変形を次のように表でかくとすっきりする。

拡大係数行列			行基本変形
2	−1	3	
1	2	4	
0	−5	−5	①+②×(−2)
1	2	4	
0	1	1	①×$\left(-\dfrac{1}{5}\right)$
1	2	4	
0	1	1	
1	0	2	②+①×(−2)
1	0	2	①↔②
0	1	1	

最後の結果より解が求まる。

$$\begin{cases} x=2 \\ y=1 \end{cases}$$

練習問題 1.14
解答は p.190

拡大係数行列に(1)～(4)の変形を行って，次の連立1次方程式を解きなさい。

$\begin{cases} 3x+5y=0 \\ x+2y=1 \end{cases}$

(1) 第1行に第2行を(−3)倍して加える(変形II)。
(2) 第1行を(−1)倍する(変形I)。
(3) 第2行に第1行を(−2)倍して加える(変形II)。
(4) 第1行と第2行を入れかえる(変形III)。

3 行列の階数

ここでは，連立 1 次方程式の中から本質的な式だけを取り出すために必要な "行列の階数" について勉強しよう。階数は行列の特性を表わす重要な考え方である。

> **定義**
>
> 行列の中で，ある行までは行番号が増すに従い左端から連続して並ぶ 0 の数が増え，その行より下は成分がすべて 0 である行列を 階段行列 という。

《説明》 つまり，次のような行列が階段行列である。

$$\begin{bmatrix} 1 & 2 & 3 \\ 0 & 4 & 5 \\ 0 & 0 & 6 \end{bmatrix} \quad \begin{bmatrix} 0 & 1 & 2 & 3 \\ 0 & 0 & 4 & 5 \\ 0 & 0 & 0 & 0 \end{bmatrix} \quad \begin{bmatrix} 0 & 0 & 2 \\ 0 & 0 & 0 \\ 0 & 0 & 0 \end{bmatrix}$$

（説明終）

==== 例題 1.15 ====

次の行列の中から階段行列であるものを選んでみよう。

$$A = \begin{bmatrix} 3 & 4 \\ 2 & 1 \end{bmatrix}, \quad B = \begin{bmatrix} 3 & 2 & 1 \\ 0 & 0 & 4 \end{bmatrix}, \quad C = \begin{bmatrix} 0 & 2 & 1 \\ 0 & 4 & 3 \\ 0 & 0 & 5 \end{bmatrix}$$

解 左端から並ぶ 0 の数に注目。行が増えるごとに 0 が増えているのは B だけ。したがって B は階段行列，A, C は階段行列ではない。 （解終）

練習問題 1.15　　　　　　　　　　　　　　解答は p. 191

次の行列の中から階段行列であるものを選びなさい。

$$X = \begin{bmatrix} 5 & 4 & 3 \\ 2 & 0 & 1 \\ 0 & 0 & 6 \end{bmatrix}, \quad Y = \begin{bmatrix} 5 & 8 \\ 0 & 0 \end{bmatrix}, \quad Z = \begin{bmatrix} 0 & 2 \\ 0 & 0 \\ 0 & 3 \end{bmatrix}$$

§1 行列の基本変形　**35**

> **定義**
>
> 　行列 A を行基本変形により階段行列へと変形したとき，0 でない成分が残っている行の数を行列 A の階数といい $\text{rank}\,A$ で表わす。

行基本変形
Ⅰ．$⟨i⟩ \times k \quad (k \neq 0)$
Ⅱ．$⟨i⟩ + ⟨j⟩ \times k$
Ⅲ．$⟨i⟩ \leftrightarrow ⟨j⟩$

《説明》　どの行列も行基本変形で変形することにより，必ず階段行列に直すことができる。また，変形の仕方により異なった階段行列が求まっても，0 でない成分が残っている行の数は行列により，ただ 1 つに定まることがわかっている。

　行列を階段行列に変形するとき，試行錯誤で行変形を行うとせっかく作った 0 が次の変形で 0 でなくなってしまったりする。そこで，掃き出し法と呼ばれる系統だった方法を下に紹介しておこう。掃き出し法は，第 1 列から順に 0 を作って階段行列に変形する方法である。

(説明終)

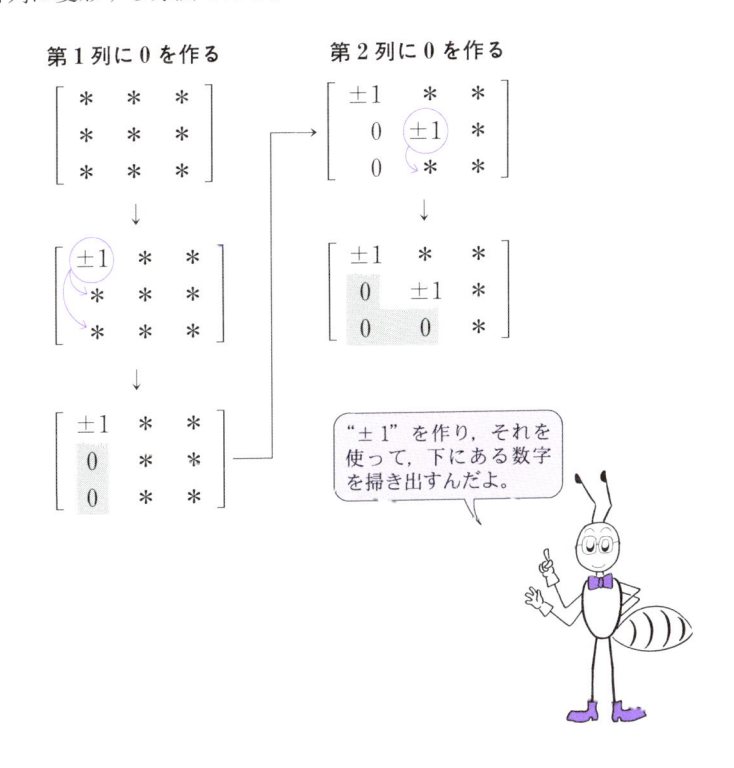

第 1 列に 0 を作る

$$\begin{bmatrix} * & * & * \\ * & * & * \\ * & * & * \end{bmatrix} \downarrow \begin{bmatrix} \pm 1 & * & * \\ * & * & * \\ * & * & * \end{bmatrix} \downarrow \begin{bmatrix} \pm 1 & * & * \\ 0 & * & * \\ 0 & * & * \end{bmatrix}$$

第 2 列に 0 を作る

$$\begin{bmatrix} \pm 1 & * & * \\ 0 & \pm 1 & * \\ 0 & * & * \end{bmatrix} \downarrow \begin{bmatrix} \pm 1 & * & * \\ 0 & \pm 1 & * \\ 0 & 0 & * \end{bmatrix}$$

"± 1" を作り，それを使って，下にある数字を掃き出すんだよ。

例題 1.16

$$A = \begin{bmatrix} 0 & -2 & 4 \\ 1 & 0 & -1 \\ -2 & 1 & 1 \end{bmatrix}$$

左の行列 A に行基本変形を行い，階段行列に直してみよう。
また A の階数 rank A も求めよう。

解 前頁の"掃き出し法"に従って変形してゆく。

A			行基本変形	
0	-2	4		数字の並びをよく見る。
1	0	-1		(1,1)成分に「± 1」をもってくるか，または作る。
-2	1	1		
1	0	-1	①↔②	「1」を使って下の数字を掃き出す。
0	-2	4		(3,1)成分だけ掃き出せばよい。
-2	1	1		
1	0	-1		(2,2)成分に「± 1」をもってくるか，または作る。その際，1行目はもう使わない。
0	-2	4		
0	1	-1	③+①×2	
1	0	-1		「1」を使って下の数字を掃き出す。
0	1	-1	②↔③	
0	-2	4		
1	0	-1		階段行列の出来上がり。
0	1	-1		
0	0	2	③+②×2	

行基本変形もう覚えたかな？

行基本変形
Ⅰ．ⓘ×k ($k \neq 0$)
Ⅱ．ⓘ+ⓙ×k
Ⅲ．ⓘ↔ⓙ

左頁の変形により

$$A \xrightarrow{\text{行基本変形}} \begin{bmatrix} 1 & 0 & -1 \\ 0 & 1 & -1 \\ 0 & 0 & 2 \end{bmatrix}$$

> **階数**
> rank A = rank (階段行列)
> = 0 でない成分が
> 残っている行の数

と階段行列に変形された。

すべての行で 0 でない成分が残っているので

$$\text{rank } A = 0 \text{ でない成分が残っている行の数} = 3$$

つまり

$$\text{rank } A = 3$$

である。（異なる行基本変形を行えば異なる階段行列が得られるが，0 でない成分が残っている行の数は必ず同じとなる。） （解終）

> この先ずっと使う "掃き出し法" に慣れておこう。

練習問題 1.16 解答は p.191

次の各行列に行基本変形を行い，階段行列に直しなさい。また，それぞれの階数も求めなさい。

(1) $B = \begin{bmatrix} 2 & 7 & -1 \\ -1 & -2 & 1 \\ 1 & 5 & 2 \end{bmatrix}$ (2) $C = \begin{bmatrix} 3 & 6 & -9 \\ -2 & 1 & 1 \\ -2 & 4 & -2 \end{bmatrix}$

§2 連立1次方程式の解

連立1次方程式の解の種類は，係数行列と拡大係数行列の階数を調べることによりわかる．このことをこれから調べてゆこう．

未知数の数 n 個，式の数 m 本の連立1次方程式

$$\bigstar \begin{cases} a_{11}x_1 + a_{12}x_2 + \cdots + a_{1n}x_n = b_1 \\ a_{21}x_1 + a_{22}x_2 + \cdots + a_{2n}x_n = b_2 \\ \quad \cdots \cdots \\ a_{m1}x_1 + a_{m2}x_2 + \cdots + a_{mn}x_n = b_m \end{cases}$$

において，x_1 の係数 $a_{11}, a_{21}, \cdots, a_{m1}$ のうち少なくとも1つは0でないとしておく．この連立1次方程式は

$$A = \begin{bmatrix} a_{11} & \cdots & a_{1n} \\ \vdots & & \vdots \\ a_{m1} & \cdots & a_{mn} \end{bmatrix}, \quad X = \begin{bmatrix} x_1 \\ \vdots \\ x_n \end{bmatrix}, \quad B = \begin{bmatrix} b_1 \\ \vdots \\ b_m \end{bmatrix}$$

とおくと

$$AX = B$$

と表わされ，$\bigstar$ の同値な変形は $\bigstar$ の拡大係数行列 $[A \vdots B]$ の行基本変形と対応していた（p.29～30）．

そこで，$[A \vdots B]$ が行基本変形により，次のような階段行列 $[C \vdots D]$ に変形できたとしよう．

$$[A \vdots B] \longrightarrow \begin{bmatrix} c_{11} & & & \cdots \cdots & & c_{1n} & \vdots & d_1 \\ 0 & \cdots & 0 & c_{2l_2} & \cdots \cdots & & c_{2n} & \vdots & d_2 \\ \vdots & & & & \ddots & & \vdots & \vdots & \vdots \\ 0 & & & \cdots \cdots & 0 & c_{rl_r} & \cdots & c_{rn} & \vdots & d_r \\ 0 & & & \cdots \cdots & & \ddots & & 0 & \vdots & d_{r+1} \\ \vdots & & & \cdots \cdots & & & \ddots & \vdots & \vdots & \vdots \\ 0 & & & \cdots \cdots & & & & 0 & \vdots & d_m \end{bmatrix} = [C \vdots D]$$

係数行列だけをみると，
$$A \longrightarrow C$$
と変形され，C は階段行列なので
$$\mathrm{rank}\, A = r$$
となる。

> ── 階 数 ──
> $A \longrightarrow$ [階段行列]
> $\mathrm{rank}\, A =$ 階段行列の 0 でない
> 　　　　成分が残っている行の数

階段行列 $[C \vdots D]$ を再び連立方程式にもどしてみよう。

❀ $\begin{cases} c_{11}x_1 + \cdots\cdots \qquad\qquad \cdots\cdots + c_{1n}x_n = d_1 \\ \qquad\quad c_{2l_2}x_{l_2} + \cdots\cdots \quad \cdots\cdots + c_{2n}x_n = d_2 \\ \qquad\qquad\qquad \cdots\cdots \quad \cdots\cdots \quad \vdots \\ \qquad\qquad\qquad\qquad c_{rl_r}x_{l_r} + \cdots + c_{rn}x_n = d_r \\ \qquad\qquad\qquad\qquad\qquad\qquad\qquad 0 = d_{r+1} \\ \qquad\qquad\qquad\qquad\qquad\qquad\qquad \vdots \\ \qquad\qquad\qquad\qquad\qquad\qquad\qquad 0 = d_m \end{cases}$ ✽

連立方程式 ❀ の右辺の定数項において，もし
$$d_{r+1} \neq 0, \ d_{r+2} \neq 0, \cdots, \ d_{r+s} \neq 0, \ d_{r+s+1} = 0, \cdots, \ d_m = 0$$
だったらどうなるだろう。このとき
$$\mathrm{rank}[A \vdots B] \geq r+1 > r = \mathrm{rank}\, A$$
である。そして ❀ は矛盾を含んだ式となり，❀ と同時に ✽ をみたす $x_1, x_2, \cdots, x_n$ は存在しないことになる。つまり ★ は
$$\text{解なし}$$
となる。

それでは
$$d_{r+1} = 0, \ d_{r+2} = 0, \ \cdots, \ d_m = 0$$
のときはどうだろう。このときは
$$\mathrm{rank}[A \vdots B] = \mathrm{rank}\, A = r$$
である。

✿ の自明となる式 ∗ を省略して

$$✿ \begin{cases} c_{11}x_1 + \cdots\cdots \quad\quad\quad + c_{1n}x_n = d_1 \\ \quad\quad c_{2l_2}x_{l_2} + \cdots\cdots \quad + c_{2n}x_n = d_2 \\ \quad\quad\quad\quad\quad \cdots\cdots \quad\quad \cdots\cdots \\ \quad\quad\quad\quad c_{rl_r}x_{l_r} + \cdots + c_{rn}x_n = d_r \end{cases}$$

としておくと，$[C \mid D]$ は階段行列なので ✿ にどんな同値変形を行っても，もうこれ以上方程式の本数を減らすことはできない．つまり，はじめの方程式 ★ の m 本の式の中で本質的な式は ✿ の r 本で，あとの $(m-r)$ 本は ✿ の r 本から導ける式である．

連立1次方程式 ✿ は未知数 x_1, x_2, $\cdots$, x_n を含むので

$$\text{未知数の数 } n \text{ 個,} \quad \text{式の数 } r \text{ 本}$$

となる．したがって，n 個の未知数のうち

$$(n-r) \text{ 個}$$

の未知数に値を与えれば，

$$\text{未知数の数 } r \text{ 個,} \quad \text{式の数 } r \text{ 本}$$

となり，r 本の式はこれ以上減らすことはできないので，残りの r 個の未知数は方程式 ✿ から連立方程式の同値な変形 (p.29) によって全部求まってしまう．$(n-r)$ 個の未知数にはどんな数を与えてもよい．それらを仮に

$$x_1, \cdots, x_{n-r}$$

とすると，残りの

$$x_{n-r+1}, x_{n-r+2}, \cdots, x_n$$

は方程式 ✿ より，自動的に決定されてしまう．

$$\underbrace{\underbrace{x_1, x_2, \cdots, x_{n-r}}_{\text{任意の数でよい}}, \underbrace{x_{n-r+1}, x_{n-r+2}, \cdots, x_n}_{\text{自動的に決定される}}}_{\text{✿ の未知数}}$$

これで $\operatorname{rank}[A \mid B] = \operatorname{rank} A$ のとき，方程式 ★ に解が存在することがわかった．

以上のことより，次のことが導けた．

§2 連立1次方程式の解

定理 1.15

連立1次方程式 $AX=B$ について
　（1）　$\mathrm{rank}\, A = \mathrm{rank}\,[A \vdots B]$ ならば，解が存在する。
　（2）　$\mathrm{rank}\, A \neq \mathrm{rank}\,[A \vdots B]$ ならば，解は存在しない。

定義

未知数の数が n 個の連立1次方程式 $AX=B$ において
$$\mathrm{rank}\, A = \mathrm{rank}\,[A \vdots B] = r$$
とする。このとき，任意に決める未知数の数
$$n-r$$
を方程式の<u>自由度</u>という。

《説明》　今までみてきたように，連立1次方程式の解の種類はその係数行列と拡大係数行列の階数ですべて決まってしまうことになる。

方程式の解が存在して
$$\text{自由度} = n-r > 0$$
のとき，どの未知数を任意の定数にするかは方程式※を見て決めることになる。

$$\text{自由度} = n-r = 0$$
のときは任意に決める未知数は存在せず，自動的にただ1組の解が求まる。

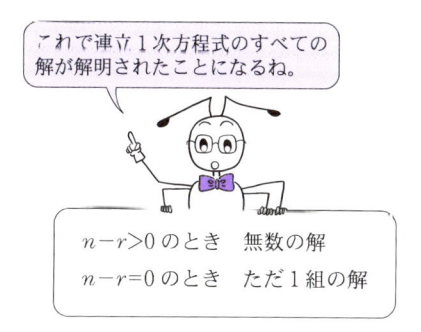

（説明終）

これで連立1次方程式のすべての解が解明されたことになるね。

$n-r>0$ のとき　無数の解
$n-r=0$ のとき　ただ1組の解

例題 1.17

次の連立1次方程式を解いてみよう。

(1) $\begin{cases} x - 2y = 0 \\ 3x - 6y = 0 \end{cases}$ (2) $\begin{cases} 3x - 6y = 0 \\ 2x - 4y = 3 \end{cases}$

―― $AX = B$ の解 ――
rank A = rank$[A \vdots B]$
$\iff$ 解有り

《説明》 (1)のように右辺の定数がすべて0である連立1次方程式を<u>同次連立1次方程式</u>という。同次連立1次方程式は,すべての解が0であるような解(<u>自明な解</u>)を必ずもつ。これに対し,(2)のように右辺の定数に1つでも0でないものがある連立1次方程式を<u>非同次連立1次方程式</u>という。この方程式は自明な解はもたない。 (説明終)

解 (1) まず方程式の拡大係数行列を行基本変形により階段行列に直そう。

右の計算より

$$\text{rank } A = \text{rank}[A \vdots B] = 1$$

なので,この方程式には解が存在する。

次に自由度を調べる。

自由度 = 未知数の数 − rank A
   $= 2 - 1 = 1$

なので,2つの未知数 x, y のうち1つは自由における。

A		B	行基本変形
1	−2	0	
3	−6	0	
1	−2	0	
0	0	0	②+①×(−3)

―― 自由度 ――
自由度 = 自由に決める未知数の数
   = 未知数の数 − rank A

―― 行基本変形 ――
I. ⓘ×k ($k \neq 0$)
II. ⓘ+ⓙ×k
III. ⓘ↔ⓙ

§2 連立1次方程式の解　43

得られた階段行列を方程式に直すと（第2の式は自明なので省略）
$$❋ \quad x-2y=0$$
ここで，y の方を自由に
$$y=k \quad (k は任意の実数)$$
とおいて❋に代入すると
$$x=2k$$
となる。以上より，解は無数に存在し

$$\begin{cases} x=2k \\ y=k \end{cases} \quad (k は任意の実数)$$

とかける。

（2）拡大係数行列を階段行列に変形すると，右のようになる。これより
$$\mathrm{rank}\, A = 1$$
$$\mathrm{rank}[A \mid B] = 2$$
なので
$$\mathrm{rank}\, A \neq \mathrm{rank}[A \mid B]$$
となり，

　　　解なし

（解終）

> $x=k$ とおくと解は
> $\begin{cases} x=k \\ y=\dfrac{1}{2}k \end{cases}$ （k は任意の実数）
> となるよ。

A		B	行基本変形
3	-6	0	
2	-4	3	
1	-2	0	①$\times\dfrac{1}{3}$
2	-4	3	
1	-2	0	
0	0	3	②$+$①$\times(-2)$

練習問題 1.17　　　　　　　　　　　　解答は p.192

次の連立1次方程式を解きなさい。

(1) $\begin{cases} 2x-6y=1 \\ -x+3y=1 \end{cases}$　　(2) $\begin{cases} 6x-4y=0 \\ 9x-6y=0 \end{cases}$

例題 1.18

次の連立1次方程式を解いてみよう。

(1) $\begin{cases} x-y-3z=0 \\ 2x-2y-6z=0 \end{cases}$ (2) $\begin{cases} x+2y+z=2 \\ -3x-4y+5z=6 \\ 2x+3y+5z=5 \end{cases}$

解 まず拡大係数行列を階段行列に直そう。

得られた階段行列から再び連立方程式を作るので，行基本変形でなるべく簡単な階段行列に変形しておいたほうが後の計算が楽である。また以下の変形は一例にすぎない。

(1) 右の行基本変形の結果

$$\text{rank}\,A = \text{rank}\,[A \mid B] = 1$$

なので，解が存在する。
階段行列を方程式に直すと

$$\ast \quad x - y - 3z = 0$$

自由度を求めると

$$\text{自由度} = 3 - 1 = 2$$

なので，

$$y = k_1, \quad z = k_2$$

とおいて $\ast$ に代入すると

$$x = k_1 + 3k_2$$

以上より

	A	B	行基本変形
	1 −1 −3	0	
	2 −2 −6	0	
	1 −1 −3	0	
	0 0 0	0	②+①×(−2)

―― $Ax = B$ の解 ――
$\text{rank}\,A = \text{rank}\,[A \mid B]$
$\iff$ 解有り

自由度 = 未知数の数 − rank A

$$\begin{cases} x = k_1 + 3k_2 \\ y = k_1 \\ z = k_2 \end{cases} \quad (k_1,\ k_2 \text{ は任意の実数})$$

(x, y, z のうち，どの 2 つを k_1 または k_2 とおいてもよい。)

（2） 行列の階数だけを求めるときは階段行列になったら変形をやめてよいが，方程式を解くときはなるべく数字が簡単になるまで変形しておこう．

右の変形結果より
$$\mathrm{rank}\,A = \mathrm{rank}\,[A \mid B] = 3$$
なので，解が存在する．

階段行列を方程式に直すと
$$\begin{cases} x & = -3 \\ y & = 2 \\ z & = 1 \end{cases}$$

これで解は求まっているが，自由度を調べると

$$\text{自由度} = 3 - 3 = 0$$

つまり自由に決められる未知数はなく，上の解だけとなる．

以上より解はただ1組で
$$\begin{cases} x = -3 \\ y = 2 \\ z = 1 \end{cases}$$
（解終）

A			B	行基本変形
1	2	1	2	
−3	−4	5	6	
2	3	5	5	
1	2	1	2	
0	2	8	12	②+①×3
0	−1	3	1	③+①×(−2)
1	2	1	2	
0	1	4	6	②×$\frac{1}{2}$
0	−1	3	1	
1	0	−7	−10	①+②×(−2)
0	1	4	6	
0	0	7	7	③+②×1
1	0	−7	−10	
0	1	4	6	
0	0	1	1	③×$\frac{1}{7}$
1	0	0	−3	①+③×7
0	1	0	2	②+③×(−4)
0	0	1	1	

練習問題 1.18
解答は p.192

次の連立1次方程式を解きなさい．

(1) $\begin{cases} 3x+2y-4z=7 \\ x+2y=5 \\ 2x+y-5z=8 \end{cases}$

(2) $\begin{cases} 2x+y=0 \\ 5x-2y=3 \\ 4x-y=1 \end{cases}$

(3) $\begin{cases} 2a-b-3c+d=-2 \\ -2a+4c=2 \\ 3a-b-5c+d=-3 \end{cases}$

§3 逆行列の求め方（掃き出し法）

前に逆行列について勉強した。つまり

　　n 次正方行列 A に対し，$AX=XA=E$ となる n 次正方行列 X
　　が存在するとき，行列 A を正則といい，X を A^{-1} とかく

ということであった。

ここでは正則行列の逆行列を"掃き出し法"によって求める方法を紹介しよう。簡単のために 3 次の正方行列を用いて説明するが，一般の n 次正方行列にもそのまま拡張して考えることができる。

3 次の正則な正方行列 A とその逆行列 A^{-1} について
$$AA^{-1}=A^{-1}A=E$$
が成立する。そこで

$$A=\begin{bmatrix} a_{11} & a_{12} & a_{13} \\ a_{21} & a_{22} & a_{23} \\ a_{31} & a_{32} & a_{33} \end{bmatrix}, \quad A^{-1}=\begin{bmatrix} x_1 & x_2 & x_3 \\ y_1 & y_2 & y_3 \\ z_1 & z_2 & z_3 \end{bmatrix}$$

とおくと，$AA^{-1}=E$ より次の式が成立する。

$$\begin{bmatrix} a_{11} & a_{12} & a_{13} \\ a_{21} & a_{22} & a_{23} \\ a_{31} & a_{32} & a_{33} \end{bmatrix}\begin{bmatrix} x_1 & x_2 & x_3 \\ y_1 & y_2 & y_3 \\ z_1 & z_2 & z_3 \end{bmatrix}=\begin{bmatrix} 1 & 0 & 0 \\ 0 & 1 & 0 \\ 0 & 0 & 1 \end{bmatrix}$$

左辺の行列の積を計算して左辺と右辺の成分を比較すると，次の 3 組の連立 1 次方程式が得られる。

$$\begin{cases} a_{11}x_1+a_{12}y_1+a_{13}z_1=1 \\ a_{21}x_1+a_{22}y_1+a_{23}z_1=0 \\ a_{31}x_1+a_{32}y_1+a_{33}z_1=0 \end{cases}$$

$$\begin{cases} a_{11}x_2+a_{12}y_2+a_{13}z_2=0 \\ a_{21}x_2+a_{22}y_2+a_{23}z_2=1 \\ a_{31}x_2+a_{32}y_2+a_{33}z_2=0 \end{cases}$$

$$\begin{cases} a_{11}x_3+a_{12}y_3+a_{13}z_3=0 \\ a_{21}x_3+a_{22}y_3+a_{23}z_3=0 \\ a_{31}x_3+a_{32}y_3+a_{33}z_3=1 \end{cases}$$

A^{-1} は
"エー・インヴァース"
と読むのだったね。

これらをよく見ると，左辺の係数は3つの組とも同じで右辺の定数のみ異なっている．したがって，係数を次のように並べて，"掃き出し法"によりいっぺんに解くことができる．

	A		B_1	B_2	B_3
a_{11}	a_{12}	a_{13}	1	0	0
a_{21}	a_{22}	a_{23}	0	1	0
a_{31}	a_{32}	a_{33}	0	0	1

ここで定数項を並べた B_1, B_2, B_3 の箇所は単位行列 E になっていることに注意しよう．正則行列 A の逆行列はただ1つ存在するので，左頁の3組の連立1次方程式は必ず1組ずつの解をもつ．

このことは，上の行列全体を行基本変形した結果が次の形になることを意味している．

1	0	0	p_1	p_2	p_3
0	1	0	q_1	q_2	q_3
0	0	1	r_1	r_2	r_3

ここでは左側の係数行列 A が単位行列 E に変形されていることに注意しよう．これで3組の方程式がいっぺんに解け，解はそれぞれ

$$\begin{cases} x_1 = p_1 \\ y_1 = q_1 \\ z_1 = r_1 \end{cases} \quad \begin{cases} x_2 = p_2 \\ y_2 = q_2 \\ z_2 = r_2 \end{cases} \quad \begin{cases} x_3 = p_3 \\ y_3 = q_3 \\ z_3 = r_3 \end{cases}$$

となった．

もう一方の条件 $A^{-1}A = E$ からも同じ結果を得ることができる．
これらの解より A^{-1} が次のように求まる．

$$A^{-1} = \begin{bmatrix} p_1 & p_2 & p_3 \\ q_1 & q_2 & q_3 \\ r_1 & r_2 & r_3 \end{bmatrix}$$

以上のことより，正則行列 A の逆行列 A^{-1} は次の行基本変形で求まることがわかった。

$$[A \vdots E] \xrightarrow{\text{行基本変形}} [E \vdots A^{-1}]$$

=== 例題 1.19 ===

正則行列 $A = \begin{bmatrix} 1 & -3 \\ -2 & 5 \end{bmatrix}$ の逆行列 A^{-1} を掃き出し法で求めてみよう。

解 まず A と単位行列 E を並べてかき，A の方が単位行列 E となるよう変形していく。

右の結果より

$$A^{-1} = \begin{bmatrix} -5 & -3 \\ -2 & -1 \end{bmatrix}$$

$$= -\begin{bmatrix} 5 & 3 \\ 2 & 1 \end{bmatrix} \quad (解終)$$

A		E		行基本変形
①	-3	1	0	
-2	5	0	1	
1	-3	1	0	
0	-1	2	1	②+①×2
1	-3	1	0	
0	①	-2	-1	②×(−1)
1	0	-5	-3	①+②×3
0	1	-2	-1	
E		A^{-1}		

> 目標をもって変形することが大切だよ。

練習問題 1.19　　　　　　　　　　　　　　　　解答は p.194

次の正則行列の逆行列を掃き出し法で求めなさい。

(1) $B = \begin{bmatrix} 2 & -5 \\ 1 & -3 \end{bmatrix}$　　(2) $C = \begin{bmatrix} 3 & 2 \\ 2 & 2 \end{bmatrix}$

例題 1.20

正則行列 $A = \begin{bmatrix} 1 & 2 & 1 \\ 2 & 7 & 4 \\ 2 & 2 & 1 \end{bmatrix}$ の逆行列 A^{-1} を求めてみよう。

[解] 目標

$[A \vdots E] \longrightarrow [E \vdots A^{-1}]$

をしっかりもって変形しよう。

右の結果より

$A^{-1} = \begin{bmatrix} -1 & 0 & 1 \\ 6 & -1 & -2 \\ -10 & 2 & 3 \end{bmatrix}$

(解終)

A			E			行基本変形
1	2	1	1	0	0	
2	7	4	0	1	0	
2	2	1	0	0	1	
1	2	1	1	0	0	
0	3	2	-2	1	0	②+①×(-2)
0	-2	-1	-2	0	1	③+①×(-2)
1	2	1	1	0	0	
0	1	1	-4	1	1	②+③×1
0	-2	-1	-2	0	1	
1	0	-1	9	-2	-2	①+②×(-2)
0	1	1	-4	1	1	
0	0	1	-10	2	3	③+②×2
1	0	0	-1	0	1	①+③×1
0	1	0	6	-1	-2	②+③×(-1)
0	0	1	-10	2	3	
E			A^{-1}			

練習問題 1.20

解答は p.194

次の行列の逆行列を求めなさい。

(1) $B = \begin{bmatrix} 2 & -1 & 5 \\ 1 & 0 & 2 \\ 0 & 5 & -6 \end{bmatrix}$ 　　(2) $C = \begin{bmatrix} 2 & -1 & 3 \\ 3 & 3 & 2 \\ 1 & 0 & 2 \end{bmatrix}$

第3章 行 列 式

§1 行列式の定義

行列式の定義はなかなか難しい。n 次の正方行列は $n \times n$ 個の数字の配列であった。この n 次正方行列の数字を"ある規則"に従って計算した結果をその行列の

行列式 または 行列式の値

という。つまり行列式とは"数"である。

正方行列 A に対し，A の行列式を

$$|A|, \quad \det A$$

などで表わす。また A が n 次の正方行列で

$$A = \begin{bmatrix} a_{11} & \cdots & a_{1n} \\ \vdots & & \vdots \\ a_{n1} & \cdots & a_{nn} \end{bmatrix}$$

のとき

$$|A| = \begin{vmatrix} a_{11} & \cdots & a_{1n} \\ \vdots & & \vdots \\ a_{n1} & \cdots & a_{nn} \end{vmatrix}$$

とかき，n 次の行列式という。

それでは行列式の値を求める"ある規則"を定義しよう。本書では次数の小さい方から帰納的に行列式の定義を行う。

> 絶対値と間違わないように。

1 1次，2次の行列式

定義

$$|a| = a$$

$$\begin{vmatrix} a & b \\ c & d \end{vmatrix} = ad - bc$$

面積 = $\begin{vmatrix} a & b \\ c & d \end{vmatrix}$ の絶対値

ベクトル(c, d)
ベクトル(a, b)

平行四辺形の面積を表しているよ。

《説明》 1次の行列式の値は，式の中の数字そのものである。
2次の行列式の値は

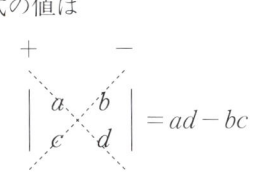

$$\begin{vmatrix} a & b \\ c & d \end{vmatrix} = ad - bc$$

と"たすきがけ"で覚えよう。 (解説終)

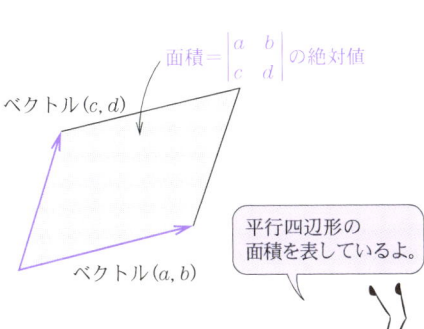

=== 例題 1.21 ===

次の行列式の値を求めてみよう。

(1) $|8|$ (2) $|-2|$ (3) $\begin{vmatrix} 1 & 2 \\ 3 & 4 \end{vmatrix}$ (4) $\begin{vmatrix} 5 & -6 \\ 7 & -8 \end{vmatrix}$

解 定義通り計算すればよい。特に(2)に注意。

(1) $|8| = 8$ (2) $|-2| = -2$

(3) $\begin{vmatrix} 1 & 2 \\ 3 & 4 \end{vmatrix} = 1 \cdot 4 - 2 \cdot 3 = -2$ (4) $\begin{vmatrix} 5 & -6 \\ 7 & -8 \end{vmatrix} = 5 \cdot (-8) - (-6) \cdot 7 = 2$

(解終)

練習問題 1.21 解答は p.196

次の行列式の値を求めなさい。

(1) $|-5|$ (2) $\begin{vmatrix} 3 & 2 \\ 4 & 1 \end{vmatrix}$ (3) $\begin{vmatrix} -2 & 0 \\ 7 & 5 \end{vmatrix}$

2 3次の行列式

定義

$$\begin{vmatrix} a_{11} & a_{12} & a_{13} \\ a_{21} & a_{22} & a_{23} \\ a_{31} & a_{32} & a_{33} \end{vmatrix} = a_{11}a_{22}a_{33} + a_{12}a_{23}a_{31} + a_{13}a_{21}a_{32} \\ - a_{13}a_{22}a_{31} - a_{12}a_{21}a_{33} - a_{11}a_{23}a_{32}$$

《説明》 この式はサラスの公式とよばれる。下のようにして覚えよう。

(説明終)

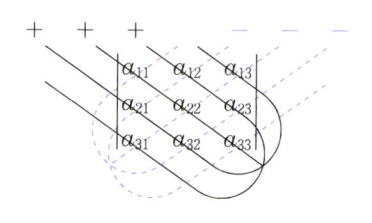

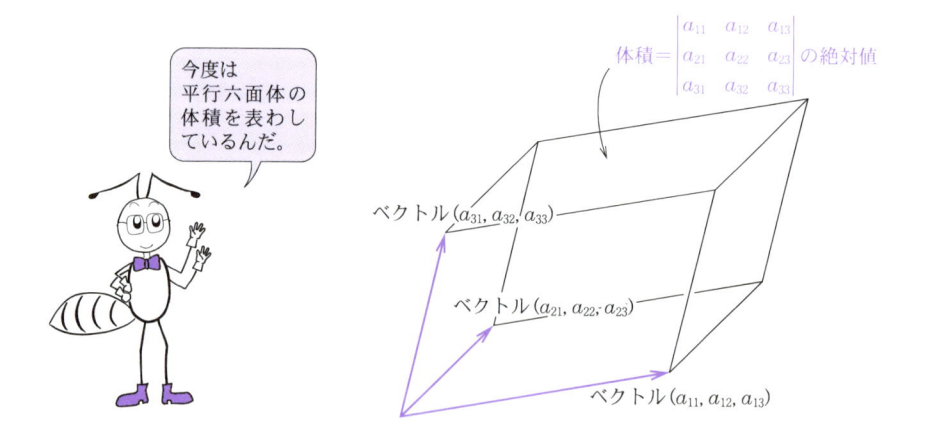

今度は平行六面体の体積を表わしているんだ。

体積 $= \begin{vmatrix} a_{11} & a_{12} & a_{13} \\ a_{21} & a_{22} & a_{23} \\ a_{31} & a_{32} & a_{33} \end{vmatrix}$ の絶対値

ベクトル (a_{31}, a_{32}, a_{33})
ベクトル (a_{21}, a_{22}, a_{23})
ベクトル (a_{11}, a_{12}, a_{13})

=== 例題 1.22 ===

次の行列の行列式の値をサラスの公式を使って求めてみよう。

(1) $A = \begin{bmatrix} 2 & -3 & 2 \\ -1 & 0 & 1 \\ 3 & -2 & 3 \end{bmatrix}$ (2) $B = \begin{bmatrix} -3 & -1 & 5 \\ 4 & 2 & -3 \\ 0 & -4 & 1 \end{bmatrix}$

解 規則性を覚えよう。まず+の方，次に-の方を作る。

(1) $|A| = 2 \cdot 0 \cdot 3 + (-3) \cdot 1 \cdot 3 + 2 \cdot (-1) \cdot (-2)$
$\qquad -2 \cdot 0 \cdot 3 - (-3) \cdot (-1) \cdot 3 - 2 \cdot 1 \cdot (-2) = \boxed{-10}$

(2) $|B| = -3 \cdot 2 \cdot 1 + (-1) \cdot (-3) \cdot 0 + 5 \cdot 4 \cdot (-4)$
$\qquad -5 \cdot 2 \cdot 0 - (-1) \cdot 4 \cdot 1 - (-3) \cdot (-3) \cdot (-4) = \boxed{-46}$

(解終)

> サラスの公式，しっかり覚えよう。

=== 練習問題 1.22 === 解答は p.196

次の行列の行列式の値をサラスの公式で求めなさい。

(1) $C = \begin{bmatrix} 1 & 0 & 2 \\ 2 & -2 & 3 \\ -3 & 1 & -1 \end{bmatrix}$ (2) $D = \begin{bmatrix} -4 & 7 & -2 \\ 0 & 5 & -1 \\ 3 & 4 & 1 \end{bmatrix}$

3 n 次の行列式

ここでは n 次の行列式の値を，$(n-1)$ 次の行列式を使って定義するが，その前に少し準備がいる。

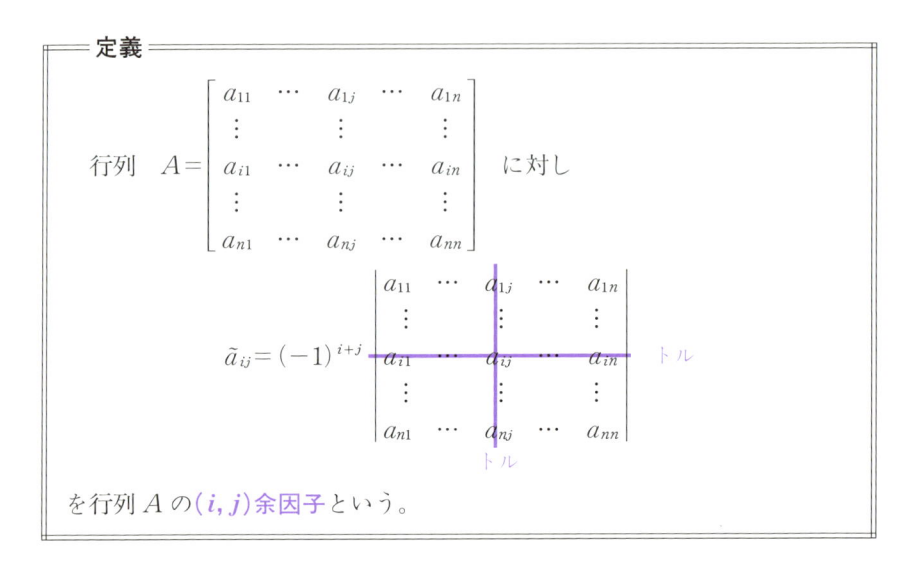

定義

行列 $A = \begin{bmatrix} a_{11} & \cdots & a_{1j} & \cdots & a_{1n} \\ \vdots & & \vdots & & \vdots \\ a_{i1} & \cdots & a_{ij} & \cdots & a_{in} \\ \vdots & & \vdots & & \vdots \\ a_{n1} & \cdots & a_{nj} & \cdots & a_{nn} \end{bmatrix}$ に対し

$$\tilde{a}_{ij} = (-1)^{i+j} \begin{vmatrix} a_{11} & \cdots & a_{1j} & \cdots & a_{1n} \\ \vdots & & \vdots & & \vdots \\ a_{i1} & \cdots & a_{ij} & \cdots & a_{in} \\ \vdots & & \vdots & & \vdots \\ a_{n1} & \cdots & a_{nj} & \cdots & a_{nn} \end{vmatrix}$$ トル、トル

を行列 A の **(i, j) 余因子**という。

《説明》 n 次の行列 A において，(i, j) 成分 a_{ij} を中心にヨコ（第 i 行）とタテ（第 j 列）を取り除いて行列式を考えると $(n-1)$ 次の行列式になる。この値に符号 $(-1)^{i+j}$ をつけた値が (i, j) 余因子。　　　　　　　　（説明終）

a_{ij} を中心にタテとヨコを取ってしまうんだ。

例題 1.23

$A = \begin{bmatrix} 1 & 2 & 3 \\ 4 & 5 & 6 \\ 7 & 8 & 9 \end{bmatrix}$　左の行列 A の次の余因子を求めてみよう。

（1）　$(2, 2)$ 余因子 $\tilde{a}_{22}$

（2）　$(1, 2)$ 余因子 $\tilde{a}_{12}$

解　（1）　$(2, 2)$ 成分$=5$ なので「5」を中心にタテ，ヨコを取り除いて行列式を作る。符号を忘れないように。

$$\tilde{a}_{22} = (-1)^{2+2} \begin{vmatrix} 1 & 2 & 3 \\ 4 & 5 & 6 \\ 7 & 8 & 9 \end{vmatrix} \text{トル} = (+1) \begin{vmatrix} 1 & 3 \\ 7 & 9 \end{vmatrix}$$

$$= 1 \cdot 9 - 3 \cdot 7 = \boxed{-12}$$

（2）　$(1, 2)$ 成分$=2$ なので

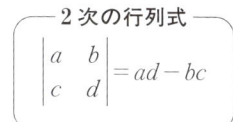

$$\tilde{a}_{12} = (-1)^{1+2} \begin{vmatrix} 1 & 2 & 3 \\ 4 & 5 & 6 \\ 7 & 8 & 9 \end{vmatrix} \text{トル} = (-1) \begin{vmatrix} 4 & 6 \\ 7 & 9 \end{vmatrix}$$

$$= (-1)(4 \cdot 9 - 6 \cdot 7) = \boxed{6}$$

（解終）

―― 2次の行列式 ――

$\begin{vmatrix} a & b \\ c & d \end{vmatrix} = ad - bc$

練習問題 1.23　　　　　　　　解答は p.196

$B = \begin{bmatrix} -1 & 2 \\ 3 & -4 \end{bmatrix}$

$C = \begin{bmatrix} 2 & -3 & 2 \\ -1 & 0 & 1 \\ -3 & -2 & 3 \end{bmatrix}$

（1）　行列 B の $(2, 1)$ 余因子 $\tilde{b}_{21}$ と $(2, 2)$ 余因子 $\tilde{b}_{22}$ を求めなさい。

（2）　行列 C の $(2, 2)$ 余因子 $\tilde{c}_{22}$ と $(3, 2)$ 余因子 $\tilde{c}_{32}$ を求めなさい。

> **定義**
> n 次正方行列 A に対し,行列式 $|A|$ を
> $$|A| = a_{1j}\tilde{a}_{1j} + a_{2j}\tilde{a}_{2j} + \cdots + a_{nj}\tilde{a}_{nj} \quad (1 \leq j \leq n)$$
> と定義する。

《説明》 A が n 次の正方行列のとき,A のどんな余因子 $\tilde{a}_{ij}$ も $(n-1)$ 次の行列式である。したがって,この式は

n 次の行列式を $(n-1)$ 次の行列式を使って定義

していることになる。このことから,1 次の行列式が求まれば 2 次の行列式が求まり,2 次の行列式が求まれば 3 次の行列式が求まり,……,と順次計算できるようになっている。

また番号 j は $1 \sim n$ のどれでもよい。本書では証明しないが,どんな j でも行列式 $|A|$ の値はすべて一致することがわかっている。 (説明終)

> **定義**
> n 次の行列式 $|A|$ について
> $$|A| = a_{1j}\tilde{a}_{1j} + a_{2j}\tilde{a}_{2j} + \cdots + a_{nj}\tilde{a}_{nj} \quad (1 \leq j \leq n)$$
> を第 j 列による展開
> $$|A| = a_{i1}\tilde{a}_{i1} + a_{i2}\tilde{a}_{i2} + \cdots + a_{in}\tilde{a}_{in} \quad (1 \leq i \leq n)$$
> を第 i 行による展開という。

《説明》 第 j 列による展開の式は n 次行列式の定義に出てきた式であるが,実は行についての展開式でも $|A|$ の値に一致することがわかっている。これらの展開は,実際の行列式計算,特に簡単な公式のない 4 次以上の行列式計算にはどうしても必要なものである。(説明終)

> 4 次以上の行列式計算には必ず展開が必要になるよ。

=== 例題 1.24 ===

$\begin{vmatrix} -1 & 2 \\ 3 & -4 \end{vmatrix}$
左の行列式の値を
（1） 第1列で展開して求めてみよう。
（2） 第1行で展開して求めてみよう。

解 （1） 第1列の成分を上から順に取り出して展開していく。余因子の作り方を思い出しながら計算すると

$\begin{vmatrix} \boxed{-1} & 2 \\ 3 & -4 \end{vmatrix} = (-1)\cdot(-1)^{1+1}\begin{vmatrix} -1 & 2 \\ 3 & -4 \end{vmatrix} + 3\cdot(-1)^{2+1}\begin{vmatrix} -1 & 2 \\ 3 & -4 \end{vmatrix}$

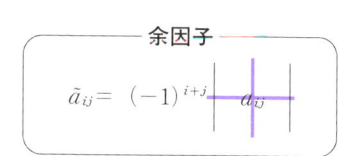

$= (-1)\cdot(+1)|-4| + 3\cdot(-1)|2|$

$= 4 - 6 = \boxed{-2}$

（2） 第1行の成分を左から順に取り出して展開していく。

$\begin{vmatrix} \boxed{-1 \quad 2} \\ 3 \quad -4 \end{vmatrix} = (-1)\cdot(-1)^{1+1}\begin{vmatrix} -1 & 2 \\ 3 & -4 \end{vmatrix} + 2\cdot(-1)^{1+2}\begin{vmatrix} -1 & 2 \\ 3 & -4 \end{vmatrix}$

$= (-1)\cdot(+1)|-4| + 2\cdot(-1)|3|$

$= 4 - 6 = \boxed{-2}$

（解終）

---- 余因子 ----
$\tilde{a}_{ij} = (-1)^{i+j} \begin{vmatrix} & \\ & a_{ij} \end{vmatrix}$

=== 練習問題 1.24 ===   解答は p.197

$\begin{vmatrix} -1 & 2 \\ 3 & -4 \end{vmatrix}$
左の行列式の値を
（1） 第2行で展開して求めなさい。
（2） 第2列で展開して求めなさい。

例題 1.25

$$\begin{vmatrix} 0 & -1 & 2 \\ 4 & 0 & -3 \\ -1 & 2 & 1 \end{vmatrix}$$

左の行列式の値を
(1) 第2行で展開して求めてみよう。
(2) 第2列で展開して求めてみよう。
(3) サラスの公式で求めてみよう。

解 (1) 第2行で展開すると

$$\begin{vmatrix} 0 & -1 & 2 \\ 4 & 0 & -3 \\ -1 & 2 & 1 \end{vmatrix} = 4 \cdot (-1)^{2+1} \begin{vmatrix} 0 & -1 & 2 \\ 4 & 0 & -3 \\ -1 & 2 & 1 \end{vmatrix}$$

$$+ 0 \cdot (-1)^{2+2} \begin{vmatrix} 0 & -1 & 2 \\ 4 & 0 & -3 \\ -1 & 2 & 1 \end{vmatrix}$$

$$+ (-3) \cdot (-1)^{2+3} \begin{vmatrix} 0 & -1 & 2 \\ 4 & 0 & -3 \\ -1 & 2 & 1 \end{vmatrix}$$

$$= 4 \cdot (-1) \begin{vmatrix} -1 & 2 \\ 2 & 1 \end{vmatrix} + 0 + (-3) \cdot (-1) \begin{vmatrix} 0 & -1 \\ -1 & 2 \end{vmatrix}$$

2次の行列式は"たすきがけ"で計算すると

$$= -4(-1-4) + 3(0-1)$$

$$= 20 - 3 = \boxed{17}$$

> サラスの公式とどっちがラクかな？

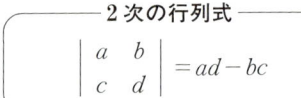

─── 2次の行列式 ───

$$\begin{vmatrix} a & b \\ c & d \end{vmatrix} = ad - bc$$

─── サラスの公式 ───

$$\begin{vmatrix} a_{11} & a_{12} & a_{13} \\ a_{21} & a_{22} & a_{23} \\ a_{31} & a_{32} & a_{33} \end{vmatrix} = a_{11}a_{22}a_{33} + a_{12}a_{23}a_{31} + a_{13}a_{21}a_{32}$$
$$- a_{13}a_{22}a_{31} - a_{12}a_{21}a_{33} - a_{11}a_{23}a_{32}$$

（2）第 2 列で展開すると

$$\begin{vmatrix} 0 & -1 & 2 \\ 4 & 0 & -3 \\ -1 & 2 & 1 \end{vmatrix} = (-1)\cdot(-1)^{1+2}\begin{vmatrix} 0 & -1 & 2 \\ 4 & 0 & -3 \\ -1 & 2 & 1 \end{vmatrix}$$

$$+0\cdot(-1)^{2+2}\begin{vmatrix} 0 & -1 & 2 \\ 4 & 0 & -3 \\ -1 & 2 & 1 \end{vmatrix}$$

$$+2\cdot(-1)^{3+2}\begin{vmatrix} 0 & -1 & 2 \\ 4 & 0 & -3 \\ -1 & 2 & 1 \end{vmatrix}$$

$$=(\ 1)\cdot(-1)\begin{vmatrix} 4 & -3 \\ -1 & 1 \end{vmatrix} + 0 + 2\cdot(-1)\begin{vmatrix} 0 & 2 \\ 4 & -3 \end{vmatrix}$$

2 次の行列式は "たすきがけ" で計算すると

$$= 1\cdot(4-3) - 2\cdot(0-8) = \boxed{17}$$

（3）サラスの公式を思い出して

$$\begin{vmatrix} 0 & -1 & 2 \\ 4 & 0 & -3 \\ -1 & 2 & 1 \end{vmatrix} = 0\cdot 0\cdot 1 + (-1)\cdot(-3)\cdot(-1) + 2\cdot 4\cdot 2$$
$$ -2\cdot 0\cdot(-1) - (-1)\cdot 4\cdot 1 - 0\cdot(-3)\cdot 2$$
$$= 0 - 3 + 16 - 0 + 4 + 0 = \boxed{17}$$

（解終）

練習問題 1.25　　　　　　　　　　解答は p.197

$$\begin{vmatrix} -1 & 3 & 4 \\ 2 & 1 & 0 \\ 0 & -3 & -2 \end{vmatrix}$$

左の行列式の値を
（1）第 2 行で展開して求めなさい。
（2）第 3 列で展開して求めなさい。
（3）サラスの公式で求めなさい。

=== 例題 1.26 ===

次の行列式の値を 2 次の行列式までおとして求めてみよう。

(1) $\begin{vmatrix} 0 & 2 & 0 & -3 \\ -5 & 0 & 6 & 0 \\ 0 & 4 & 0 & -2 \\ 5 & 0 & -7 & 0 \end{vmatrix}$ (2) $\begin{vmatrix} 2 & -3 & 5 & 0 \\ 0 & 0 & -1 & 6 \\ 0 & 3 & 2 & -1 \\ 0 & 0 & -4 & 7 \end{vmatrix}$

解 なるべく「0」がたくさんある行または列で展開すると，あとの計算がラクである。展開する箇所を ⬭ または ⎅ で示す。

(1) $\begin{vmatrix} 0 & 2 & 0 & -3 \\ -5 & 0 & 6 & 0 \\ 0 & 4 & 0 & -2 \\ 5 & 0 & -7 & 0 \end{vmatrix} = 0 + 2 \cdot (-1)^{1+2} \begin{vmatrix} 0 & 2 & 0 & -3 \\ -5 & 0 & 6 & 0 \\ 0 & 4 & 0 & -2 \\ 5 & 0 & -7 & 0 \end{vmatrix}$

$+ 0 + (-3) \cdot (-1)^{1+4} \begin{vmatrix} 0 & 2 & 0 & -3 \\ -5 & 0 & 6 & 0 \\ 0 & 4 & 0 & -2 \\ 5 & 0 & -7 & 0 \end{vmatrix}$

$= -2 \begin{vmatrix} -5 & 6 & 0 \\ 0 & 0 & -2 \\ 5 & -7 & 0 \end{vmatrix} + 3 \begin{vmatrix} -5 & 0 & 6 \\ 0 & 4 & 0 \\ 5 & 0 & -7 \end{vmatrix}$

$= -2 \left\{ 0 + 0 + (-2) \cdot (-1)^{2+3} \begin{vmatrix} -5 & 6 & 0 \\ 0 & 0 & -2 \\ 5 & -7 & 0 \end{vmatrix} \right\}$

$+ 3 \left\{ 0 + 4 \cdot (-1)^{2+2} \begin{vmatrix} -5 & 0 & 6 \\ 0 & 4 & 0 \\ 5 & 0 & -7 \end{vmatrix} + 0 \right\}$

$= -2 \cdot (-2) \cdot (-1) \begin{vmatrix} -5 & 6 \\ 5 & -7 \end{vmatrix} + 3 \cdot 4 \cdot (+1) \begin{vmatrix} -5 & 6 \\ 5 & -7 \end{vmatrix}$

$= -4(35-30) + 12(35-30) = \boxed{40}$

(2) $\begin{vmatrix} 2 & -3 & 5 & 0 \\ 0 & 0 & -1 & 6 \\ 0 & 3 & 2 & -1 \\ 0 & 0 & -4 & 7 \end{vmatrix} = 2\cdot(-1)^{1+1}\begin{vmatrix} 2 & -3 & 5 & 0 \\ 0 & 0 & -1 & 6 \\ 0 & 3 & 2 & -1 \\ 0 & 0 & -4 & 7 \end{vmatrix} + 0 + 0 + 0$

$= 2\cdot(+1)\begin{vmatrix} 0 & -1 & 6 \\ 3 & 2 & -1 \\ 0 & -4 & 7 \end{vmatrix}$

$= 2\left\{0 + 3\cdot(-1)^{2+1}\begin{vmatrix} 0 & -1 & 6 \\ 3 & 2 & -1 \\ 0 & -4 & 7 \end{vmatrix} + 0\right\}$

$= 2\cdot 3\cdot(-1)\begin{vmatrix} -1 & 6 \\ -4 & 7 \end{vmatrix}$

$= -6(-7+24) = \boxed{-102}$ （解終）

"0" がたくさんあると
トクした感じだね。

練習問題 1.26　　　　解答は p.198

次の行列式の値を 2 次の行列式までおとして求めなさい。

(1) $\begin{vmatrix} 4 & 0 & 5 & 1 \\ 0 & -2 & 3 & 0 \\ -3 & 0 & 1 & -1 \\ 0 & 3 & 2 & 0 \end{vmatrix}$
(2) $\begin{vmatrix} 3 & 4 & 1 & -5 \\ -8 & 1 & -2 & 4 \\ 0 & 0 & 4 & 0 \\ 1 & 0 & 8 & 0 \end{vmatrix}$

§2 行列式の性質

これから紹介する各定理は"行"について述べてあるが，"列"についても同じ性質をもつ。

定理 1.16

(1)
$$\begin{vmatrix} a_{11} & \cdots & a_{1n} \\ \vdots & & \vdots \\ a_{i1}+b_{i1} & \cdots & a_{in}+b_{in} \\ \vdots & & \vdots \\ a_{n1} & \cdots & a_{nn} \end{vmatrix} = \begin{vmatrix} a_{11} & \cdots & a_{1n} \\ \vdots & & \vdots \\ a_{i1} & \cdots & a_{in} \\ \vdots & & \vdots \\ a_{n1} & \cdots & a_{nn} \end{vmatrix} + \begin{vmatrix} a_{11} & \cdots & a_{1n} \\ \vdots & & \vdots \\ b_{i1} & \cdots & b_{in} \\ \vdots & & \vdots \\ a_{n1} & \cdots & a_{nn} \end{vmatrix}$$

(2)
$$\begin{vmatrix} a_{11} & \cdots & a_{1n} \\ \vdots & & \vdots \\ ka_{i1} & \cdots & ka_{in} \\ \vdots & & \vdots \\ a_{n1} & \cdots & a_{nn} \end{vmatrix} = k \begin{vmatrix} a_{11} & \cdots & a_{1n} \\ \vdots & & \vdots \\ a_{i1} & \cdots & a_{in} \\ \vdots & & \vdots \\ a_{n1} & \cdots & a_{nn} \end{vmatrix}$$

《説明》 (1), (2)とも左辺を第 i 行で展開し変形すれば右辺が得られる。両方の性質とも行列の場合と少し異なっているので間違わないように。

(2)は次のように行列式の計算に使われる。

$$\begin{vmatrix} 12 & 6 & -3 \\ -4 & 0 & 4 \\ -4 & 3 & 3 \end{vmatrix} = 4 \begin{vmatrix} 3 & 6 & -3 \\ -1 & 0 & 4 \\ -1 & 3 & 3 \end{vmatrix} = 4 \cdot 3 \begin{vmatrix} 1 & 2 & -1 \\ -1 & 0 & 4 \\ -1 & 3 & 3 \end{vmatrix}$$

(説明終)

行 列

$$\begin{bmatrix} a_{11} & \cdots & a_{1n} \\ \vdots & & \vdots \\ a_{i1} & \cdots & a_{in} \\ \vdots & & \vdots \\ a_{n1} & \cdots & a_{nn} \end{bmatrix} + \begin{bmatrix} b_{11} & \cdots & b_{1n} \\ \vdots & & \vdots \\ b_{i1} & \cdots & b_{in} \\ \vdots & & \vdots \\ b_{n1} & \cdots & b_{nn} \end{bmatrix} = \begin{bmatrix} a_{11}+b_{11} & \cdots & a_{1n}+b_{1n} \\ \vdots & & \vdots \\ a_{i1}+b_{i1} & \cdots & a_{in}+b_{in} \\ \vdots & & \vdots \\ a_{n1}+b_{n1} & \cdots & a_{nn}+b_{nn} \end{bmatrix}$$

=== 定理 1.17 ===

(1) $\begin{vmatrix} a_{11} & \cdots & \cdots & \cdots & a_{1n} \\ \vdots & & & & \vdots \\ a_{i1} & \cdots & \cdots & \cdots & a_{in} \\ \vdots & & & & \vdots \\ a_{j1} & \cdots & \cdots & \cdots & a_{jn} \\ \vdots & & & & \vdots \\ a_{n1} & \cdots & \cdots & \cdots & a_{nn} \end{vmatrix} = - \begin{vmatrix} a_{11} & \cdots & \cdots & \cdots & a_{1n} \\ \vdots & & & & \vdots \\ a_{j1} & \cdots & \cdots & \cdots & a_{jn} \\ \vdots & & & & \vdots \\ a_{i1} & \cdots & \cdots & \cdots & a_{in} \\ \vdots & & & & \vdots \\ a_{n1} & \cdots & \cdots & \cdots & a_{nn} \end{vmatrix}$

(2) $\begin{vmatrix} a_{11} & \cdots\cdots & a_{1n} \\ \vdots & & \vdots \\ a_{i1} & \cdots\cdots & a_{in} \\ \vdots & & \vdots \\ a_{i1} & \cdots\cdots & a_{in} \\ \vdots & & \vdots \\ a_{n1} & \cdots\cdots & a_{nn} \end{vmatrix} = 0$

> 定理はみな "列" についても成立するよ。

《説明》 (1) 第 i 行と第 j 行をそっくり入れかえると "$-$" だけ値がずれることを意味している。たとえば

$$\begin{vmatrix} 1 & 2 & 3 \\ 8 & 7 & 6 \\ 4 & 3 & 2 \end{vmatrix} = - \begin{vmatrix} 1 & 2 & 3 \\ 4 & 3 & 2 \\ 8 & 7 & 6 \end{vmatrix}$$

(2) 2つの行または列が全く同じならば，行列式の値は 0 となる。たとえば

$$\begin{vmatrix} 1 & 2 & 3 \\ 8 & 7 & 6 \\ 1 & 2 & 3 \end{vmatrix} = 0$$

(説明終)

定理 1.18

$$\begin{vmatrix} a_{11} & \cdots & a_{1n} \\ \vdots & & \vdots \\ a_{i1} & \cdots & a_{in} \\ \vdots & & \vdots \\ a_{j1} & \cdots & a_{jn} \\ \vdots & & \vdots \\ a_{n1} & \cdots & a_{nn} \end{vmatrix} = \begin{vmatrix} a_{11} & \cdots & a_{1n} \\ \vdots & & \vdots \\ a_{i1}+ka_{j1} & \cdots & a_{in}+ka_{jn} \\ \vdots & & \vdots \\ a_{j1} & \cdots & a_{jn} \\ \vdots & & \vdots \\ a_{n1} & \cdots & a_{nn} \end{vmatrix}$$

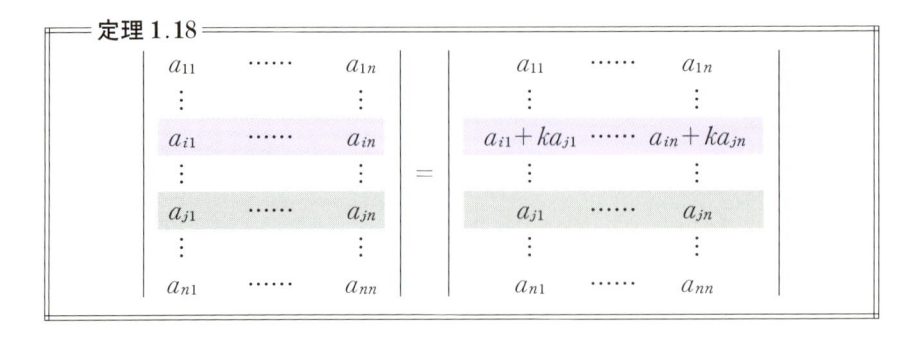

《説明》 右辺の第 i 行の足し算を定理 1.16(1)(p.62) を使って 2 つに分け，定理 1.16(2) と定理 1.17(2)(p.63) を使えば左辺となることが示せる。

この変形は行列の行基本変形の 1 つと同じで，行列式の場合には列変形にも使える。成分に 0 を作るときに便利。

行列の行基本変形の場合，変形前と変形後は "行列" として異なったものなので "=" は使えない。行列式の変形では，"行列式" として同じものなので "=" となる。

$$\begin{bmatrix} a_{11} & \cdots & a_{1n} \\ \vdots & & \vdots \\ a_{n1} & \cdots & a_{nn} \end{bmatrix} \xrightarrow{\text{行列の}\atop\text{行基本変形}} \begin{bmatrix} b_{11} & \cdots & b_{1n} \\ \vdots & & \vdots \\ b_{n1} & \cdots & b_{nn} \end{bmatrix}$$

$$\begin{vmatrix} a_{11} & \cdots & a_{1n} \\ \vdots & & \vdots \\ a_{n1} & \cdots & a_{nn} \end{vmatrix} \underset{\text{行または列変形}}{\overset{\text{行列式の}}{=}} \begin{vmatrix} b_{11} & \cdots & b_{1n} \\ \vdots & & \vdots \\ b_{n1} & \cdots & b_{nn} \end{vmatrix}$$

(説明終)

行列は数の配列
行列式は数
だった。

例題 1.27

$\begin{vmatrix} 1 & -1 & 2 \\ -2 & 1 & 4 \\ 0 & -3 & 9 \end{vmatrix}$ 　左の行列式の値を次の順で求めてみよう。
（1） 第 2 行に（第 1 行）×2 を加える。
（2） 第 1 列で展開する。
（3） 2 次の行列式を計算する。

解 行変形は ⓘ，列変形は ⓘ′ の記号を使うと

$\begin{vmatrix} 1 & -1 & 2 \\ -2 & 1 & 4 \\ 0 & -3 & 9 \end{vmatrix} \overset{②+①\times 2}{=} \begin{vmatrix} 1 & -1 & 2 \\ -2+1\times 2 & 1+(-1)\times 2 & 4+2\times 2 \\ 0 & -3 & 9 \end{vmatrix}$

$= \begin{vmatrix} 1 & -1 & 2 \\ 0 & -1 & 8 \\ 0 & -3 & 9 \end{vmatrix}$

$\underset{展開}{\overset{①′ で}{=}} 1\cdot(-1)^{1+1}\begin{vmatrix} -1 & 8 \\ -3 & 9 \end{vmatrix} = (-1)\cdot 9 - 8\cdot(-3) = \boxed{15}$

（解終）

> 0 をたくさん作ってから展開するんだよ。

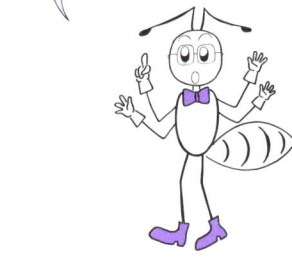

余因子

$\tilde{a}_{ij} = (-1)^{i+j} \, d_{ij}$

練習問題 1.27　　　　　　　　　　　　　　　解答は p.199

$\begin{vmatrix} 2 & -5 & -1 \\ 1 & 0 & 3 \\ 1 & -3 & 2 \end{vmatrix}$ 　左の行列式の値を次の順で求めなさい。
（1） 第 3 列に（第 1 列）×(-3) を加える。
（2） 第 2 行で展開する。
（3） 2 次の行列式を計算する。

例題 1.28

2次の行列式までおとして次の行列式の値を求めてみよう。

(1) $\begin{vmatrix} 1 & -1 & 1 \\ -1 & -1 & -1 \\ 1 & 1 & -1 \end{vmatrix}$ (2) $\begin{vmatrix} -4 & -2 & 3 \\ 2 & -2 & 5 \\ 8 & 6 & -5 \end{vmatrix}$

解 1つの行または列に0を出来るだけ多く作ってから展開する。数字をよく見て，どの行，どの列に0を作るか決めよう。"掃き出し法"と同様に"1"や"-1"に注目。

(1) 第1列に0を多く作ることにすると，行変形をして

$\begin{vmatrix} 1 & -1 & 1 \\ -1 & -1 & -1 \\ 1 & 1 & -1 \end{vmatrix} \underset{\substack{②+①\times 1 \\ ③+①\times(-1)}}{=} \begin{vmatrix} 1 & -1 & 1 \\ -1+1\times 1 & -1+(-1)\times 1 & -1+1\times 1 \\ 1+1\times(-1) & 1+(-1)\times(-1) & -1+1\times(-1) \end{vmatrix}$

$= \begin{vmatrix} 1 & -1 & 1 \\ 0 & -2 & 0 \\ 0 & 2 & -2 \end{vmatrix}$

$\underset{\substack{①'で \\ 展開}}{=} 1\cdot(-1)^{1+1}\begin{vmatrix} -2 & 0 \\ 2 & -2 \end{vmatrix} = (-2)\cdot(-2) - 0\cdot 2 = \boxed{4}$

行　列

$\begin{bmatrix} \cdots & \cdots & \cdots \\ \cdots & \cdots & \cdots \\ ka_{i1} & \cdots & ka_{in} \\ \cdots & \cdots & \cdots \end{bmatrix} \underset{\substack{\textcircled{i}\times k}}{\overset{\textcircled{i}\times \frac{1}{k}}{\rightleftarrows}} \begin{bmatrix} \cdots & \cdots & \cdots \\ \cdots & \cdots & \cdots \\ a_{i1} & \cdots & a_{in} \\ \cdots & \cdots & \cdots \end{bmatrix} \quad (k\neq 0)$

$\begin{bmatrix} ka_{11} & \cdots & ka_{1n} \\ \vdots & & \vdots \\ ka_{n1} & \cdots & ka_{nn} \end{bmatrix} = k \begin{bmatrix} a_{11} & \cdots & a_{1n} \\ \vdots & & \vdots \\ a_{n1} & \cdots & a_{nn} \end{bmatrix}$

（2）" ± 1 "が1つもないが，第1列と第2列はともに2でくくれるので

$$\begin{vmatrix} -4 & -2 & 3 \\ 2 & -2 & 5 \\ 8 & 6 & -5 \end{vmatrix} = 2 \cdot 2 \cdot \begin{vmatrix} -2 & -1 & 3 \\ 1 & -1 & 5 \\ 4 & 3 & -5 \end{vmatrix}$$

第1行に0を作ることにすると，列変形して

$$= 4 \begin{vmatrix} -2 & -1 & 3 \\ 1 & -1 & 5 \\ 4 & 3 & -5 \end{vmatrix}$$

$$\underset{③'+②'\times 3}{\overset{①'+②'\times(-2)}{=}} 4 \begin{vmatrix} -2+(-1)\times(-2) & -1 & 3+(-1)\times 3 \\ 1+(-1)\times(-2) & -1 & 5+(-1)\times 3 \\ 4+3\times(-2) & 3 & -5+3\times 3 \end{vmatrix}$$

$$= 4 \begin{vmatrix} 0 & -1 & 0 \\ 3 & -1 & 2 \\ -2 & 3 & 4 \end{vmatrix}$$

$$\underset{展開}{\overset{①で}{=}} 4 \cdot (-1) \cdot (-1)^{1+2} \begin{vmatrix} 3 & 2 \\ -2 & 4 \end{vmatrix}$$

$$= 4\{3 \cdot 4 - 2 \cdot (-2)\} = 64 \qquad （解終）$$

--- 行 列 式 ---

$$\begin{vmatrix} \cdots & \cdots & \cdots \\ \cdots & \cdots & \cdots \\ ka_{i1} & \cdots & ka_{in} \\ \cdots & \cdots & \cdots \end{vmatrix} = k \begin{vmatrix} \cdots & \cdots & \cdots \\ \cdots & \cdots & \cdots \\ a_{i1} & \cdots & a_{in} \\ \cdots & \cdots & \cdots \end{vmatrix}$$

練習問題 1.28　　　　　　　　　　　　　　解答は p.199

2次の行列式までおとして次の行列式の値を求めなさい。

(1) $\begin{vmatrix} 1 & -1 & -1 \\ -3 & 2 & 7 \\ 1 & -2 & 3 \end{vmatrix}$ 　　(2) $\begin{vmatrix} -4 & -6 & 6 \\ 6 & 3 & 2 \\ 9 & 6 & 5 \end{vmatrix}$

例題 1.29

$$\begin{vmatrix} 0 & 2 & -5 & 4 \\ -1 & -2 & 0 & 4 \\ 1 & -3 & -1 & 2 \\ 2 & -5 & -3 & 4 \end{vmatrix}$$ の値を 2 次の行列式までおとして求めてみよう。

解 成分をよく見て変形の方針を立てよう。

たとえば第 4 列から "2" をくくり出してから第 1 列に 0 を増やしてゆくと

$$\begin{vmatrix} 0 & 2 & -5 & 4 \\ -1 & -2 & 0 & 4 \\ 1 & -3 & -1 & 2 \\ 2 & -5 & -3 & 4 \end{vmatrix} = 2 \begin{vmatrix} 0 & 2 & -5 & 2 \\ -1 & -2 & 0 & 2 \\ 1 & -3 & -1 & 1 \\ 2 & -5 & -3 & 2 \end{vmatrix}$$

$$\underset{\substack{②+③\times 1 \\ ④+③\times (-2)}}{=} 2 \begin{vmatrix} 0 & 2 & -5 & 2 \\ 0 & -5 & -1 & 3 \\ 1 & -3 & -1 & 1 \\ 0 & 1 & -1 & 0 \end{vmatrix} \underset{\substack{①'で \\ 展開}}{=} 2 \cdot 1 \cdot (-1)^{3+1} \begin{vmatrix} 2 & -5 & 2 \\ -5 & -1 & 3 \\ 1 & -1 & 0 \end{vmatrix}$$

ここでまた数字をよく見よう。第 3 行に 0 を増やすと

$$\underset{②'+①'\times 1}{=} 2 \begin{vmatrix} 2 & -3 & 2 \\ -5 & -6 & 3 \\ 1 & 0 & 0 \end{vmatrix} \underset{\substack{③で \\ 展開}}{=} 2 \cdot 1 \cdot (-1)^{3+1} \begin{vmatrix} -3 & 2 \\ -6 & 3 \end{vmatrix}$$

$$= 2\{(-3) \cdot 3 - 2 \cdot (-6)\} = 6 \qquad \text{(解終)}$$

練習問題 1.29

解答は p.200

$$\begin{vmatrix} 6 & 4 & 0 & -6 \\ 9 & -1 & -2 & 0 \\ -6 & 0 & 3 & 7 \\ 0 & -1 & 1 & 2 \end{vmatrix}$$ の値を 2 次の行列式にまでおとしてから求めなさい。

最後に次の定理をあげておく。

定理 1.19

(1) $|E| = \begin{vmatrix} 1 & 0 & 0 \\ 0 & 1 & 0 \\ 0 & 0 & 1 \end{vmatrix} = 1$

(2) $\begin{vmatrix} a_1 & * & * \\ 0 & a_2 & * \\ 0 & 0 & a_3 \end{vmatrix} = \begin{vmatrix} a_1 & 0 & 0 \\ * & a_2 & 0 \\ * & * & a_3 \end{vmatrix} = a_1 a_2 a_3$

(3) $\begin{vmatrix} * & * & * \\ 0 & 0 & 0 \\ * & * & * \end{vmatrix} = \begin{vmatrix} * & * & 0 \\ * & * & 0 \\ * & * & 0 \end{vmatrix} = 0$

(いずれも * は任意の実数)

《説明》 いずれも一般の n 次の行列式についても成立する。
(3)の0ばかり並ぶ行または列はどこでもよい。　　　　　　　　　（説明終）

定理 1.20

$|AB| = |A||B|$

《説明》 本書では証明を省略するが, 行列の積と行列式の積の重要な関係である。　　　　　　　　　（説明終）

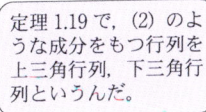

> 定理 1.19 で, (2)のような成分をもつ行列を上三角行列, 下三角行列というんだ。

§3 クラメールの公式

未知数の数と式の数が同じである連立1次方程式

$$(*) \quad \begin{cases} a_{11}x_1 + a_{12}x_2 + \cdots + a_{1n}x_n = b_1 \\ a_{21}x_1 + a_{22}x_2 + \cdots + a_{2n}x_n = b_2 \\ \quad \cdots\cdots \\ a_{n1}x_1 + a_{n2}x_2 + \cdots + a_{nn}x_n = b_n \end{cases}$$

は，

$$A = \begin{bmatrix} a_{11} & \cdots & a_{1n} \\ \vdots & & \vdots \\ a_{n1} & \cdots & a_{nn} \end{bmatrix}, \quad X = \begin{bmatrix} x_1 \\ \vdots \\ x_n \end{bmatrix}, \quad B = \begin{bmatrix} b_1 \\ \vdots \\ b_n \end{bmatrix}$$

とおくと

$$AX = B \quad \cdots \quad (**)$$

とかけた。ここで係数行列 A は n 次の正方行列である。

もし，係数行列 A に逆行列 A^{-1} が存在するとすると

$$A^{-1}A = AA^{-1} = E \quad (E \text{ は単位行列})$$

が成立する。このとき，$(**)$の左から A^{-1} をかけることにより

$$A^{-1}(AX) = A^{-1}B$$
$$(A^{-1}A)X = A^{-1}B$$
$$EX = A^{-1}B$$
$$X = A^{-1}B$$

となり，方程式$(**)$，したがって方程式$(*)$を解くことができる。

単位行列

$$E = \begin{bmatrix} 1 & \cdots & 0 \\ \vdots & \ddots & \vdots \\ 0 & \cdots & 1 \end{bmatrix}$$

=== 定理 1.21　[クラメールの公式] ===

$|A| \neq 0$ のとき，連立1次方程式($*$)はただ1組の解をもち，その解は

$$x_1 = \frac{|A_1|}{|A|}, \quad x_2 = \frac{|A_2|}{|A|}, \quad \cdots, \quad x_n = \frac{|A_n|}{|A|}$$

である．ただし，A_i は係数行列 A の第 i 列を B の成分で入れかえた行列で

$$A_i = \begin{bmatrix} a_{11} & \cdots & b_1 & \cdots & a_{1n} \\ \vdots & & \vdots & & \vdots \\ a_{n1} & \cdots & b_n & \cdots & a_{nn} \end{bmatrix} \quad (i = 1, 2, \cdots, n)$$

《説明》　連立1次方程式($*$)における $|A| \neq 0$ の場合の解の公式で，**クラメールの公式**とよばれる．

　行列によって，逆行列は存在したりしなかったりするが，$|A| \neq 0$ である行列 A に対しては逆行列 A^{-1} が存在し

$$A^{-1} = \frac{1}{|A|} \widetilde{A}$$

と書くことができる．ここで $\widetilde{A}$ は**余因子行列**とよばれる行列で

$$\widetilde{A} = \begin{bmatrix} \tilde{a}_{11} & \cdots\cdots & \tilde{a}_{n1} \\ \vdots & & \vdots \\ \tilde{a}_{1i} & \cdots\cdots & \tilde{a}_{ni} \\ \vdots & & \vdots \\ \tilde{a}_{1n} & \cdots\cdots & \tilde{a}_{nn} \end{bmatrix} \leftarrow 第 i 行 (各余因子の添え字に注意！)$$

と，行列の余因子を使って求められる複雑な行列である．これを

$$X = A^{-1} B$$

に代入することによりクラメールの公式が導ける．　　　　(説明終)

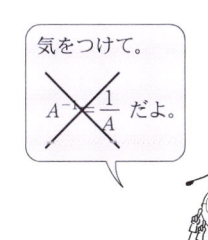

気をつけて．$A^{-1} \neq \frac{1}{A}$ だよ．

例題 1.30

$$\begin{cases} x_1 + 2x_2 = 5 \\ 3x_1 + x_2 = 6 \end{cases}$$ をクラメールの公式で解いてみよう。

解 方程式を行列で表わすと

$$\begin{bmatrix} 1 & 2 \\ 3 & 1 \end{bmatrix} \begin{bmatrix} x_1 \\ x_2 \end{bmatrix} = \begin{bmatrix} 5 \\ 6 \end{bmatrix}$$

係数行列 A について

$$|A| = \begin{vmatrix} 1 & 2 \\ 3 & 1 \end{vmatrix} = 1 \cdot 1 - 2 \cdot 3 = -5 \neq 0$$

なので，ただ 1 組の解が存在する。
$|A_1|$, $|A_2|$ を計算すると

$$|A_1| = \begin{vmatrix} 5 & 2 \\ 6 & 1 \end{vmatrix} = 5 \cdot 1 - 2 \cdot 6 = -7$$

← x_1 の係数を定数項と入れかえる。

← x_2 の係数を定数項と入れかえる。

$$|A_2| = \begin{vmatrix} 1 & 5 \\ 3 & 6 \end{vmatrix} = 1 \cdot 6 - 5 \cdot 3 = -9$$

クラメールの公式に代入して

$$x_1 = \frac{|A_1|}{|A|} = \frac{-7}{-5} = \frac{7}{5}$$

$$x_2 = \frac{|A_2|}{|A|} = \frac{-9}{-5} = \frac{9}{5}$$

∴ $x_1 = \dfrac{7}{5}$, $x_2 = \dfrac{9}{5}$ （解終）

クラメールの公式

$AX = B$, $|A| \neq 0$
$\Rightarrow x_i = \dfrac{|A_i|}{|A|}$

$$A_i = \begin{bmatrix} a_{11} & \cdots & b_1 & \cdots & a_{1n} \\ \vdots & & \vdots & & \vdots \\ a_{n1} & \cdots & b_n & \cdots & a_{nn} \end{bmatrix}$$

↑
第 i 列

係数行列 A の第 i 列を定数項と入れかえる

答が出たら，もとの方程式へ代入して確かめるといいね。

練習問題 1.30 解答は p.201

$$\begin{cases} 5x - 3y = 2 \\ 3x + 2y = -1 \end{cases}$$ をクラメールの公式で解きなさい。

例題 1.31

$$\begin{cases} x + y + z = 0 \\ 5x - y + 2z = 3 \\ 4x - 5y - z = 3 \end{cases}$$

左の連立1次方程式の y の値を
クラメールの公式を使って求めてみよう。

解 方程式を行列で表わすと

$$\begin{bmatrix} 1 & 1 & 1 \\ 5 & -1 & 2 \\ 4 & -5 & -1 \end{bmatrix} \begin{bmatrix} x \\ y \\ z \end{bmatrix} = \begin{bmatrix} 0 \\ 3 \\ 3 \end{bmatrix}$$

係数行列 A の行列式 $|A|$ をサラスの公式で求めると

$$|A| = \begin{vmatrix} 1 & 1 & 1 \\ 5 & -1 & 2 \\ 4 & -5 & -1 \end{vmatrix} = 1\cdot(-1)\cdot(-1) + 1\cdot 2\cdot 4 + 1\cdot 5\cdot(-5) \\ -1\cdot(-1)\cdot 4 - 1\cdot 5\cdot(-1) - 1\cdot 2\cdot(-5) = 3$$

$|A| \neq 0$ なので，ただ1組の解が存在する．

y の値を求めたいので，A の第2列を定数項でおきかえた行列を A_y とすると

$$|A_y| = \begin{vmatrix} 1 & 0 & 1 \\ 5 & 3 & 2 \\ 4 & 3 & -1 \end{vmatrix} = 1\cdot 3\cdot(-1) + 0\cdot 2\cdot 4 + 1\cdot 5\cdot 3 \\ -1\cdot 3\cdot 4 - 0\cdot 5\cdot(-1) - 1\cdot 2\cdot 3 = -6$$

クラメールの公式に代入すると

$$y = \frac{|A_y|}{|A|} = \frac{-6}{3} = \boxed{-2}$$

(解終)

サラスの公式

$$\begin{vmatrix} a_1 & a_2 & a_3 \\ b_1 & b_2 & b_3 \\ c_1 & c_2 & c_3 \end{vmatrix} = a_1 b_2 c_3 + a_2 b_3 c_1 + a_3 b_1 c_2 \\ - a_3 b_2 c_1 - a_2 b_1 c_3 - a_1 b_3 c_2$$

練習問題 1.31　　　　　　　　　　　　　　　　　　　　解答は p. 201

$$\begin{cases} 2x - 4y - z = 3 \\ 2x + 5y + z = 0 \\ x + y + 3z = 9 \end{cases}$$

左の連立1次方程式の z の値を
クラメールの公式を使って求めなさい。

第4章 固有値と固有ベクトル

§1 ベクトル空間と1次変換

ここでは平面と空間のベクトルを一般化して考えよう。

第1章の§1では，平面ベクトル，空間ベクトルを
$$\boldsymbol{a}=(a_1, a_2), \quad \boldsymbol{b}=(b_1, b_2, b_3)$$
などと，成分を横に並べて表わしていた。このように表示してあるベクトルを**横ベクトル**または**行ベクトル**という。

この表示に対し，成分を縦に並べて表わしたベクトル
$$\boldsymbol{a}=\begin{bmatrix} a_1 \\ a_2 \end{bmatrix}, \quad \boldsymbol{b}=\begin{bmatrix} b_1 \\ b_2 \\ b_3 \end{bmatrix}$$

を**縦ベクトル**または**列ベクトル**という。

> $\boldsymbol{a}=\begin{pmatrix} a_1 \\ a_2 \end{pmatrix}$ とカッコを使ってもいいよ。

行ベクトルも列ベクトルも本質的な差は全くないが，第4章では便宜上，列ベクトルとしてベクトルを表示する。

平面上の列ベクトル全体を $\boldsymbol{R}^2$，空間内の列ベクトル全体を $\boldsymbol{R}^3$ という記号を使って表わす。一般には次のように定義される。

定義

$x_1, \cdots, x_n$ がいろいろな実数値をとるとき，n 個の成分からなる列ベクトル $\begin{bmatrix} x_1 \\ \vdots \\ x_n \end{bmatrix}$ 全体を **n 項列ベクトル空間**といい，$\boldsymbol{R}^n$ で表わす。

---

§1 ベクトル空間と1次変換　75

n 項列ベクトル空間 $\boldsymbol{R}^n$ における特別な変換について考えてみる。

定義

$\boldsymbol{R}^n$ の変換 f が n 次正方行列 A を使って
$$f(\boldsymbol{x}) = A\boldsymbol{x} \quad (\boldsymbol{x} は \boldsymbol{R}^n のベクトル)$$
と表わせるとき，f を $\boldsymbol{R}^n$ の**1次変換**，または**線形変換**という。
また行列 A を1次変換 f の行列という。

《説明》　$\boldsymbol{R}^n$ の変換 f とはベクトルの対応

$$\boldsymbol{x} \xrightarrow{f} \boldsymbol{y}$$

のことで，$\boldsymbol{x}$ の対応先 $\boldsymbol{y}$ を $\boldsymbol{y} = f(\boldsymbol{x})$ とかく。

1次変換とは，$\boldsymbol{x}$ の f による対応先がいつも $A\boldsymbol{x}$ となっている変換のことである。　　　　　　　　　（説明終）

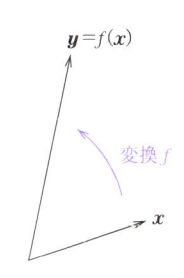

定理 1.22

f が $\boldsymbol{R}^n$ の1次変換のとき，次の2つの式が成立する。
　（1）　$f(\boldsymbol{x}+\boldsymbol{y}) = f(\boldsymbol{x}) + f(\boldsymbol{y})$
　（2）　$f(k\boldsymbol{x}) = kf(\boldsymbol{x})$　　(k は実数)

【証明】　f が $\boldsymbol{R}^n$ の1次変換のとき，ある n 次正方行列 A を使って
$$f(\boldsymbol{x}) = A\boldsymbol{x} \quad (\boldsymbol{x} は \boldsymbol{R}^n のベクトル)$$
とかける。ゆえに行列の性質を使って
　（1）　$f(\boldsymbol{x}+\boldsymbol{y}) = A(\boldsymbol{x}+\boldsymbol{y})$
　　　　　　　　　$= A\boldsymbol{x} + A\boldsymbol{y} = f(\boldsymbol{x}) + f(\boldsymbol{y})$
　（2）　$f(k\boldsymbol{x}) = A(k\boldsymbol{x})$
　　　　　　　　　$= k(A\boldsymbol{x}) = kf(\boldsymbol{x})$
が示せる。　　　　　　　　　　　　（証明終）

> ベクトルも行列の一種だよ。

例題 1.32

$\boldsymbol{R}^2$ の1次変換 f が
$$f(\boldsymbol{x}) = A\boldsymbol{x}, \quad A = \begin{bmatrix} 2 & 1 \\ 1 & 2 \end{bmatrix}$$
で与えられているとき

（1） $\boldsymbol{R}^2$ の基本ベクトル $\boldsymbol{e}_1 = \begin{bmatrix} 1 \\ 0 \end{bmatrix}$, $\boldsymbol{e}_2 = \begin{bmatrix} 0 \\ 1 \end{bmatrix}$ について $f(\boldsymbol{e}_1)$, $f(\boldsymbol{e}_2)$ を求めてみよう。

（2） $\boldsymbol{a} = \begin{bmatrix} 3 \\ -2 \end{bmatrix}$ について $f(\boldsymbol{a})$ を求めてみよう。

解 変換どおりに計算すればよい。

（1） $f(\boldsymbol{e}_1) = A\boldsymbol{e}_1 = \begin{bmatrix} 2 & 1 \\ 1 & 2 \end{bmatrix} \begin{bmatrix} 1 \\ 0 \end{bmatrix} = \begin{bmatrix} 2\cdot 1 + 1\cdot 0 \\ 1\cdot 1 + 2\cdot 0 \end{bmatrix} = \begin{bmatrix} 2 \\ 1 \end{bmatrix}$

$f(\boldsymbol{e}_2) = A\boldsymbol{e}_2 = \begin{bmatrix} 2 & 1 \\ 1 & 2 \end{bmatrix} \begin{bmatrix} 0 \\ 1 \end{bmatrix} = \begin{bmatrix} 2\cdot 0 + 1\cdot 1 \\ 1\cdot 0 + 2\cdot 1 \end{bmatrix} = \begin{bmatrix} 1 \\ 2 \end{bmatrix}$

（2） $f(\boldsymbol{a}) = A\boldsymbol{a} = \begin{bmatrix} 2 & 1 \\ 1 & 2 \end{bmatrix} \begin{bmatrix} 3 \\ -2 \end{bmatrix} = \begin{bmatrix} 2\cdot 3 + 1\cdot(-2) \\ 1\cdot 3 + 2\cdot(-2) \end{bmatrix} = \begin{bmatrix} 4 \\ -1 \end{bmatrix}$ （解終）

行列の積

(l, m)型 × (m, n)型 ＝ (l, n)型

$$\begin{bmatrix} a_{i1} & \cdots & a_{im} \end{bmatrix} \begin{bmatrix} b_{1j} \\ \vdots \\ b_{mj} \end{bmatrix} = \begin{bmatrix} c_{ij} \end{bmatrix}$$

$c_{ij} = a_{i1}b_{1j} + \cdots + a_{im}b_{mj}$

p. 20

《説明》 この例題でみた通り，1次変換 f の行列 A は，$\mathbb{R}^2$ の基本ベクトル $\boldsymbol{e}_1, \boldsymbol{e}_2$ の変換先 $f(\boldsymbol{e}_1), f(\boldsymbol{e}_2)$ を並べて
$$A = [f(\boldsymbol{e}_1)\ f(\boldsymbol{e}_2)]$$
と表わせる。

さらに2つのベクトル $f(\boldsymbol{e}_1), f(\boldsymbol{e}_2)$ を2辺にもつ平行四辺形の面積は A の行列式の値(一般的には絶対値)となっている。　　　　　　　　(説明終)

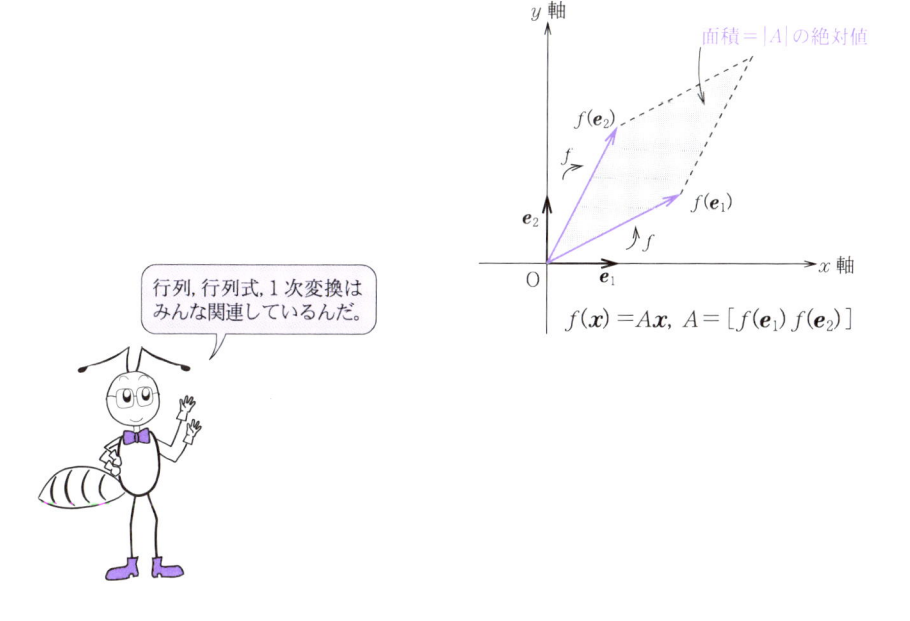

練習問題 1.32　　　　　　　　　　　　　　　　　　　　解答は p.202

$\mathbb{R}^3$ の1次変換 g が

$$g(\boldsymbol{x}) = B\boldsymbol{x}, \quad B = \begin{bmatrix} 1 & 1 & 0 \\ 1 & 0 & 1 \\ 0 & 1 & 1 \end{bmatrix}$$

で与えられているとき，

$$\boldsymbol{e}_1 = \begin{bmatrix} 1 \\ 0 \\ 0 \end{bmatrix}, \quad \boldsymbol{e}_2 = \begin{bmatrix} 0 \\ 1 \\ 0 \end{bmatrix}, \quad \boldsymbol{e}_3 = \begin{bmatrix} 0 \\ 0 \\ 1 \end{bmatrix} \text{ と } \boldsymbol{b} = \begin{bmatrix} 4 \\ -5 \\ 3 \end{bmatrix}$$

を g で変換しなさい。

§2 固有値と固有ベクトル

> **定義**
>
> n 次正方行列 A に対し
> $$Av = \lambda v \quad (v \neq 0)$$
> をみたす $\mathbb{R}^n$ のベクトル v と実数 λ が存在するとき，λ を A の固有値，v を固有値 λ に属する固有ベクトルという．

《説明》 $\mathbb{R}^n$ の 1 次変換 f は n 次正方行列 A を使って
$$f(x) = Ax \quad (x は \mathbb{R}^n のベクトル)$$
とかけた．もし，ある実数 λ とあるベクトル v について $Av = \lambda v$ が成立するとすると，その v については
$$f(v) = Av = \lambda v$$
となる．つまり v は f によってそのスカラー倍 λv へ変換されるのである．

本書では正方行列 A の成分は実数に限定しているので，$Ax = \lambda x$ をみたす複素数 λ は固有値とはいわないことにする． (説明終)

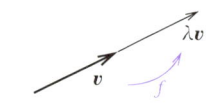

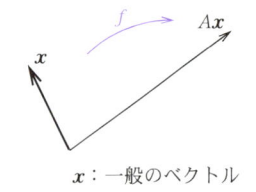

v：固有値 λ に属する固有ベクトル

x：一般のベクトル

> **定理 1.23**
>
> n 次正方行列 A の固有値について，次の同値関係が成立する．
> $$\lambda は A の固有値 \iff |\lambda E - A| = 0 \quad (\lambda は実数)$$

《説明》 連立 1 次方程式 $(\lambda E - A)x = 0$ が自明でない解をもつための必要十分条件からこの定理が導かれる．この固有値の性質 $|\lambda E - A| = 0$ は正方行列 A の固有値を見つけるのに有効である． (説明終)

---定義---

n 次正方行列 A に対し，x の n 次方程式
$$|xE-A|=0$$
を A の**固有方程式**という。

> 固有方程式は固有値を見つけるときに使うよ。

《説明》
$$A = \begin{bmatrix} a_{11} & a_{12} & \cdots & a_{1n} \\ a_{21} & \ddots & & \vdots \\ \vdots & & \ddots & \vdots \\ a_{n1} & \cdots & \cdots & a_{nn} \end{bmatrix}$$

のとき，$|xE-A|$ を計算してみると

$$|xE-A| = \left| x\begin{bmatrix} 1 & 0 & \cdots & 0 \\ 0 & 1 & \cdots & \vdots \\ \vdots & \vdots & \ddots & \vdots \\ 0 & 0 & \cdots & 1 \end{bmatrix} - \begin{bmatrix} a_{11} & a_{12} & \cdots & a_{1n} \\ a_{21} & \ddots & & \vdots \\ \vdots & & \ddots & \vdots \\ a_{n1} & \cdots & \cdots & a_{nn} \end{bmatrix} \right|$$

$$= \left| \begin{bmatrix} x & 0 & \cdots & 0 \\ 0 & x & \cdots & \vdots \\ \vdots & \vdots & \ddots & \vdots \\ 0 & 0 & \cdots & x \end{bmatrix} - \begin{bmatrix} a_{11} & a_{12} & \cdots & a_{1n} \\ a_{21} & \ddots & & \vdots \\ \vdots & & \ddots & \vdots \\ a_{n1} & \cdots & \cdots & a_{nn} \end{bmatrix} \right|$$

$$= \begin{vmatrix} x-a_{11} & \cdots & & -a_{1n} \\ -a_{21} & x-a_{22} & & \vdots \\ \vdots & & \ddots & \vdots \\ -a_{n1} & \cdots & & x-a_{nn} \end{vmatrix}$$

となる。これを計算すれば x の n 次多項式となるので，$|xE-A|=0$ は n 次方程式。この実数解を求めれば A の固有値が求まる。　　　　（説明終）

A の固有値 λ
$\iff$ A の固有方程式 $|xE-A|=0$ の実数解

例題 1.33

$A = \begin{bmatrix} 3 & 2 \\ 1 & 4 \end{bmatrix}$ の固有値を求めてみよう。

> A の固有値 λ
> $\Longleftrightarrow |xE - A| = 0$
> の実数解

解 まず固有方程式 $|xE - A| = 0$ を作ろう。

$$|xE - A| = \begin{vmatrix} x-3 & -2 \\ -1 & x-4 \end{vmatrix}$$

計算すると

$$= (x-3)(x-4) - (-2)(-1)$$
$$= x^2 - 7x + 10$$

ゆえに固有方程式は

$$x^2 - 7x + 10 = 0$$

因数分解して解くと

$$(x-5)(x-2) = 0 \quad \text{より} \quad x = 5, 2$$

ゆえに A の固有値は 5 と 2 。　　　　（解終）

> 対角線に x をかいて、あとは A の成分に "$-$" をつけてならべるんだ。

練習問題 1.33　　　　　　　　　　　解答は p.203

次の行列の固有値を求めなさい。

(1) $B = \begin{bmatrix} 4 & -3 \\ -1 & 2 \end{bmatrix}$　　(2) $C = \begin{bmatrix} 5 & -2 \\ 3 & 0 \end{bmatrix}$

例題 1.34

前頁で求めた $A=\begin{bmatrix} 3 & 2 \\ 1 & 4 \end{bmatrix}$ の固有値5に属する固有ベクトルを求めてみよう。

> A の固有値 λ,
> 固有ベクトル $\boldsymbol{v}$
> $A\boldsymbol{v}=\lambda\boldsymbol{v}$ $(\boldsymbol{v}\neq\boldsymbol{0})$

解 $\lambda=5$ に属する固有ベクトルを $\boldsymbol{v}=\begin{bmatrix} x_1 \\ x_2 \end{bmatrix}$ とおくと, $A\boldsymbol{v}=\lambda\boldsymbol{v}$ より

$$\begin{bmatrix} 3 & 2 \\ 1 & 4 \end{bmatrix}\begin{bmatrix} x_1 \\ x_2 \end{bmatrix}=5\begin{bmatrix} x_1 \\ x_2 \end{bmatrix}$$

計算すると

$$\begin{cases} 3x_1+2x_2=5x_1 \\ x_1+4x_2=5x_2 \end{cases} \longrightarrow \begin{cases} -2x_1+2x_2=0 \\ x_1-x_2=0 \end{cases}$$

係数行列	行基本変形
-2 $\quad$ 2	
1 $\quad$ -1	
① -1	① ↔ ②
-2 $\quad$ 2	
1 $\quad$ -1	
0 $\quad$ 0	② + ① × 2

(定数項は常に 0 なので省略してある)

これを解くと右上の変形結果より

$$\text{自由度} = 2 - \text{rank}(係数行列) = 2 - 1 = 1$$

最後の階段行列を方程式に直すと

$$x_1 - x_2 = 0$$

$x_2 = t$ とおくと $x_1 = t$

ゆえに $\lambda=5$ に属する固有ベクトルは

$$\boldsymbol{v}=\begin{bmatrix} t \\ t \end{bmatrix} = t\begin{bmatrix} 1 \\ 1 \end{bmatrix} \quad (t\text{ は 0 以外の任意実数})$$

($\boldsymbol{v}=\boldsymbol{0}$ は固有ベクトルに入れない。) (解終)

> 1つの固有値に属する固有ベクトルは無数にあるんだ。

> **同次連立1次方程式**
> $A\boldsymbol{x}=\boldsymbol{0}$ (必ず解有り)
> 自由度 = 未知数の数 − rank$A$
> —— p. 42 ——

練習問題 1.34　　　　　解答は p. 203

$B=\begin{bmatrix} 4 & -3 \\ -1 & 2 \end{bmatrix}$ の大きい方の固有値に属する固有ベクトルを求めなさい。

例題 1.35

$$A = \begin{bmatrix} 0 & 1 & 1 \\ 1 & 0 & 1 \\ 1 & 1 & 0 \end{bmatrix}$$

（1） A の固有方程式を求めてみよう。
（2） A の固有値を求めてみよう。
（3） (2)で求めた固有値に属する固有ベクトルを求めてみよう。

解　（1）　$|xE-A|$ を作ると

$$|xE-A| = \begin{vmatrix} x-0 & -1 & -1 \\ -1 & x-0 & -1 \\ -1 & -1 & x-0 \end{vmatrix} = \begin{vmatrix} x & -1 & -1 \\ -1 & x & -1 \\ -1 & -1 & x \end{vmatrix}$$

サラスの公式で展開してもよいが，次のように工夫してなるべく因数を出すように変形すると解を求めるとき楽である。

$$\underset{①+③×1}{\overset{①+②×1}{=}} \begin{vmatrix} x-2 & x-2 & x-2 \\ -1 & x & -1 \\ -1 & -1 & x \end{vmatrix} = (x-2) \begin{vmatrix} 1 & 1 & 1 \\ -1 & x & -1 \\ -1 & -1 & x \end{vmatrix}$$

$$\underset{③+①×1}{\overset{②+①×1}{=}} (x-2) \begin{vmatrix} 1 & 1 & 1 \\ 0 & x+1 & 0 \\ 0 & 0 & x+1 \end{vmatrix}$$

$$\underset{展開}{\overset{①'\,で}{=}} (x-2) \cdot 1 \cdot (-1)^{1+1} \begin{vmatrix} x+1 & 0 \\ 0 & x+1 \end{vmatrix}$$

$$= (x-2)(x+1)^2$$

ゆえに A の固有方程式は $(x-2)(x+1)^2 = 0$

（2）　(1)で求めた固有方程式を解くと固有値が求まる。固有値は 2 と -1。

（3）　$\lambda_1 = -1$, $\lambda_2 = 2$ とおく。

① $\lambda_1 = -1$ に属する固有ベクトルを $\boldsymbol{v}_1 = \begin{bmatrix} x_1 \\ x_2 \\ x_3 \end{bmatrix}$ とおくと

$A\boldsymbol{v}_1 = \lambda_1 \boldsymbol{v}_1$　より　$\begin{bmatrix} 0 & 1 & 1 \\ 1 & 0 & 1 \\ 1 & 1 & 0 \end{bmatrix} \begin{bmatrix} x_1 \\ x_2 \\ x_3 \end{bmatrix} = (-1) \begin{bmatrix} x_1 \\ x_2 \\ x_3 \end{bmatrix}$

§2 固有値と固有ベクトル

計算して
$$\begin{cases} \quad\ x_2+x_3=-x_1 \\ x_1\quad\ +x_3=-x_2 \\ x_1+x_2\quad\ =-x_3 \end{cases}$$

係数行列	行基本変形
1　1　1	
1　1　1	
1　1　1	
1　1　1	
0　0　0	②+①×(−1)
0　0　0	③+①×(−1)

(定数項は省略)

$$\longrightarrow \begin{cases} x_1+x_2+x_3=0 \\ x_1+x_2+x_3=0 \\ x_1+x_2+x_3=0 \end{cases}$$

これを解く。右上の変換結果より、
自由度$=3-1=2$ なので
$$x_1+x_2+x_3=0$$
において $x_1=t_1$, $x_2=t_2$ とおくと
$$x_3=-t_1-t_2$$

$$\therefore\ \boldsymbol{v}_1 = \begin{bmatrix} t_1 \\ t_2 \\ -t_1-t_2 \end{bmatrix} = \begin{bmatrix} t_1 \\ 0 \\ -t_1 \end{bmatrix} + \begin{bmatrix} 0 \\ t_2 \\ -t_2 \end{bmatrix} = t_1\begin{bmatrix} 1 \\ 0 \\ -1 \end{bmatrix} + t_2\begin{bmatrix} 0 \\ 1 \\ -1 \end{bmatrix}$$

ゆえに $\lambda_1=-1$ に属する固有ベクトルは

$$\boldsymbol{v}_1 = t_1\begin{bmatrix} 1 \\ 0 \\ -1 \end{bmatrix} + t_2\begin{bmatrix} 0 \\ 1 \\ -1 \end{bmatrix}$$

(t_1, t_2 は同時には 0 にならない任意の実数)

② $\lambda_2=2$ に属する固有ベクトルを $\boldsymbol{v}_2 = \begin{bmatrix} y_1 \\ y_2 \\ y_3 \end{bmatrix}$ とおくと

$A\boldsymbol{v}_2 = \lambda_2 \boldsymbol{v}_2$ より $\begin{bmatrix} 0 & 1 & 1 \\ 1 & 0 & 1 \\ 1 & 1 & 0 \end{bmatrix} \begin{bmatrix} y_1 \\ y_2 \\ y_3 \end{bmatrix} = 2\begin{bmatrix} y_1 \\ y_2 \\ y_3 \end{bmatrix}$

計算して
$$\begin{cases} \quad\ y_2+y_3=2y_1 \\ y_1\quad\ +y_3=2y_2 \\ y_1+y_2\quad\ =2y_3 \end{cases} \longrightarrow \begin{cases} -2y_1+\ y_2+\ y_3=0 \\ \ y_1-2y_2+\ y_3=0 \\ \ y_1+\ y_2-2y_3=0 \end{cases}$$

(解，次頁につづく)

これを解く。右の変形結果より
$$\text{自由度}=3-2=1$$
なので
$$\begin{cases} x_1 \phantom{{}-x_2} -x_3=0 \\ \; x_2-x_3=0 \end{cases}$$
において $x_3=t_3$ とおくと
$$x_1=t_3, \quad x_2=t_3$$
$$\therefore \boldsymbol{v}_2 = \begin{bmatrix} t_3 \\ t_3 \\ t_3 \end{bmatrix} = t_3 \begin{bmatrix} 1 \\ 1 \\ 1 \end{bmatrix}$$

ゆえに $\lambda_2=2$ に属する固有ベクトルは

$$\boldsymbol{v}_2 = t_3 \begin{bmatrix} 1 \\ 1 \\ 1 \end{bmatrix}$$ （t_3 は 0 以外の任意実数）

（解終）

係数行列			行基本変形
-2	1	1	
1	-2	1	
1	1	-2	
1	-2	1	①↔②
-2	1	1	
1	1	-2	
1	-2	1	
0	-3	3	②+①×2
0	3	-3	③+①×(−1)
1	-2	1	
0	-3	3	
0	0	0	③+②×1
1	-2	1	
0	1	-1	②×$\left(-\dfrac{1}{3}\right)$
0	0	0	
1	0	-1	①+②×2
0	1	-1	
0	0	0	

（定数項は省略）

長い計算だった！

練習問題 1.35　　　　　　　　　　　　　　　　　　解答は p. 204

$B = \begin{bmatrix} 2 & 3 & 3 \\ 3 & 2 & -3 \\ 3 & -3 & 2 \end{bmatrix}$ について

（1）B の固有方程式を求めなさい。
（2）B の固有値を求めなさい。
（3）固有ベクトルを求めなさい。

=== 例題 1.36 ===

行列 $A = \begin{bmatrix} 2 & 1 \\ -5 & 8 \end{bmatrix}$ について

(1) A の固有値 λ_1, λ_2 を求めてみよう。

(2) λ_1, λ_2 に属する固有ベクトル $\boldsymbol{v}_1, \boldsymbol{v}_2$ を 1 つずつ求めてみよう。

(3) $\boldsymbol{v}_1, \boldsymbol{v}_2$ を 2 つ並べて行列 $P = [\boldsymbol{v}_1 \ \boldsymbol{v}_2]$ を作ろう。

(4) 掃き出し法により P の逆行列 P^{-1} を求めよう。

(5) $P^{-1}AP = \begin{bmatrix} \lambda_1 & 0 \\ 0 & \lambda_2 \end{bmatrix}$ となることを確認しよう。

《説明》 この例題のように，行列 A に対してある正則行列 P をみつけて $P^{-1}AP$ が対角行列となるように変形することを 行列の対角化 という。

対角化できる行列とできない行列がある。 (説明終)

解 (1)から(5)を順に計算していけば A が対角化される。

(1) A の固有値を求める。

A の固有方程式を作ると

$$|xE - A| = \begin{vmatrix} x-2 & -1 \\ 5 & x-8 \end{vmatrix} = (x-2)(x-8) - (-1) \cdot 5$$
$$= x^2 - 10x + 21 = (x-3)(x-7) = 0$$

これを解くと 2 つの固有値は

$$\lambda_1 = \boxed{3}, \quad \lambda_2 = \boxed{7}$$

(解，次頁へつづく)

固有値，固有ベクトル

$A\boldsymbol{v} = \lambda \boldsymbol{v} \quad (\boldsymbol{v} \neq \boldsymbol{0})$

固有方程式

$$|xE - A| = \begin{vmatrix} x - a_{11} & \cdots & -a_{1n} \\ \vdots & \ddots & \vdots \\ -a_{n1} & \cdots & x - a_{nn} \end{vmatrix} = 0$$

（2） それぞれの固有値に属する固有ベクトルを求める。

・$\lambda_1=3$ のとき，固有ベクトルを
$$\boldsymbol{v}_1=\begin{bmatrix} x_1 \\ x_2 \end{bmatrix}$$
とおくと $A\boldsymbol{v}_1=3\boldsymbol{v}_1$ より

$$\begin{bmatrix} 2 & 1 \\ -5 & 8 \end{bmatrix}\begin{bmatrix} x_1 \\ x_2 \end{bmatrix}=3\begin{bmatrix} x_1 \\ x_2 \end{bmatrix}$$

係数行列	行基本変形
$\begin{array}{rr} -1 & 1 \\ -5 & 5 \end{array}$	
$\begin{array}{rr} -1 & 1 \\ 0 & 0 \end{array}$	②+①×(-5)

これより

$$\begin{cases} 2x_1+ x_2=3x_1 \\ -5x_1+8x_2=3x_2 \end{cases} \longrightarrow \begin{cases} -x_1+ x_2=0 \\ -5x_2+5x_2=0 \end{cases}$$

右上の係数行列の変形結果より

$$\text{自由度}=2-1=1$$

残った方程式

$$-x_1+x_2=0$$

において，$x_2=t_1$ とおくと $x_1=t_1$

$$\therefore \quad \boldsymbol{v}_1=\begin{bmatrix} t_1 \\ t_1 \end{bmatrix}=t_1\begin{bmatrix} 1 \\ 1 \end{bmatrix} \quad (t_1 \text{ は } 0 \text{ でない任意実数})$$

固有ベクトルは1つ見つければよいので $t_1=1$ とおくと

$$\boldsymbol{v}_1=\begin{bmatrix} 1 \\ 1 \end{bmatrix}$$

同次連立1次方程式
$A\boldsymbol{x}=\boldsymbol{0}$ （必ず解有り）
自由度＝未知数の数－rank A
―― p.42 ――

・$\lambda_2=7$ のとき，固有ベクトルを
$$\boldsymbol{v}_2=\begin{bmatrix} y_1 \\ y_2 \end{bmatrix}$$
とおくと $A\boldsymbol{v}_2=7\boldsymbol{v}_2$ より
$$\begin{bmatrix} 2 & 1 \\ -5 & 8 \end{bmatrix}\begin{bmatrix} y_1 \\ y_2 \end{bmatrix}=7\begin{bmatrix} y_1 \\ y_2 \end{bmatrix}$$

係数行列	行基本変形
$-5\quad 1$	
$-5\quad 1$	
$-5\quad 1$	
$0\quad 0$	②+①×(−1)

これより
$$\begin{cases} 2y_1+y_2=7y_1 \\ -5y_1+8y_2=7y_2 \end{cases} \longrightarrow \begin{cases} -5y_1+y_2=0 \\ -5y_1+y_2=0 \end{cases}$$

右上，係数行列の変形結果より
$$自由度=2-1=1$$

残った方程式
$$-5y_1+y_2=0$$
において $y_1=t_2$ とおくと，$y_2=5t_2$
$$\therefore \boldsymbol{v}_2=\begin{bmatrix} t_2 \\ 5t_2 \end{bmatrix}=t_2\begin{bmatrix} 1 \\ 5 \end{bmatrix} \quad (t_2 \text{ は } 0 \text{ でない任意実数})$$

固有ベクトルは1つ見つければよいので $t_2=1$ とおくと
$$\boldsymbol{v}_2=\begin{bmatrix} 1 \\ 5 \end{bmatrix}$$

（3） (2)で求めた $\boldsymbol{v}_1, \boldsymbol{v}_2$ を並べて
$$P=[\boldsymbol{v}_1\ \boldsymbol{v}_2]=\begin{bmatrix} 1 & 1 \\ 1 & 5 \end{bmatrix}$$

（解，次頁へさらにつづく）

> t_1, t_2 を他の値にすれば P も異なった行列になるね。

（4） (3)で求めた P の逆行列 P^{-1} を掃き出し法で求める。

右の計算結果より

$$P^{-1} = \begin{bmatrix} \dfrac{5}{4} & -\dfrac{1}{4} \\ -\dfrac{1}{4} & \dfrac{1}{4} \end{bmatrix}$$

スカラー $\dfrac{1}{4}$ を行列の外へくくり出すと

$$P^{-1} = \dfrac{1}{4}\begin{bmatrix} 5 & -1 \\ -1 & 1 \end{bmatrix}$$

P		E		行基本変形
1	1	1	0	
1	5	0	1	
1	1	1	0	
0	4	-1	1	②+①×(−1)
1	1	1	0	
0	1	$-\dfrac{1}{4}$	$\dfrac{1}{4}$	②×$\dfrac{1}{4}$
1	0	$\dfrac{5}{4}$	$-\dfrac{1}{4}$	①+②×(−1)
0	1	$-\dfrac{1}{4}$	$\dfrac{1}{4}$	
E		P^{-1}		

──逆行列──
$PX = XP = E$
となる X を P^{-1} とかく。

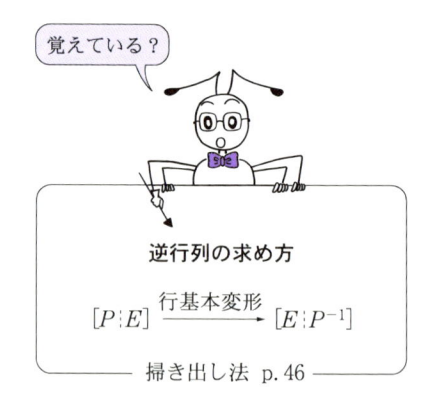

覚えている？

逆行列の求め方

$[P \vdots E] \xrightarrow{\text{行基本変形}} [E \vdots P^{-1}]$

──掃き出し法 p.46──

（5） (3)と(4)で求めた P, P^{-1} を使って $P^{-1}AP$ を計算しよう。
$$P^{-1}AP = \frac{1}{4}\begin{bmatrix} 5 & -1 \\ -1 & 1 \end{bmatrix}\begin{bmatrix} 2 & 1 \\ -5 & 8 \end{bmatrix}\begin{bmatrix} 1 & 1 \\ 1 & 5 \end{bmatrix}$$

行列の積は隣り合っていればどこから計算してもよいが，入れかえてはいけない。スカラーの $\frac{1}{4}$ は最後まで外に出しておき，はじめの2つの行列からかけてゆくと

> $A(BC) = (AB)C$
> $AB \ne BA$

$$P^{-1}AP = \frac{1}{4}\begin{bmatrix} 5\cdot 2 + (-1)\cdot(-5) & 5\cdot 1 + (-1)\cdot 8 \\ -1\cdot 2 + 1\cdot(-5) & -1\cdot 1 + 1\cdot 8 \end{bmatrix}\begin{bmatrix} 1 & 1 \\ 1 & 5 \end{bmatrix}$$

$$= \frac{1}{4}\begin{bmatrix} 15 & -3 \\ -7 & 7 \end{bmatrix}\begin{bmatrix} 1 & 1 \\ 1 & 5 \end{bmatrix}$$

$$= \frac{1}{4}\begin{bmatrix} 15\cdot 1 + (-3)\cdot 1 & 15\cdot 1 + (-3)\cdot 5 \\ -7\cdot 1 + 7\cdot 1 & -7\cdot 1 + 7\cdot 5 \end{bmatrix} = \frac{1}{4}\begin{bmatrix} 12 & 0 \\ 0 & 28 \end{bmatrix}$$

$\frac{1}{4}$ を行列の中へ入れると

$$= \begin{bmatrix} \frac{1}{4}\cdot 12 & \frac{1}{4}\cdot 0 \\ \frac{1}{4}\cdot 0 & \frac{1}{4}\cdot 28 \end{bmatrix} = \begin{bmatrix} 3 & 0 \\ 0 & 7 \end{bmatrix}$$

$$\therefore \quad P^{-1}AP = \begin{bmatrix} 3 & 0 \\ 0 & 7 \end{bmatrix}$$

（解終）

> $\lambda_1 = 7$, $\lambda_2 = 3$ とおけば
> $P = \begin{bmatrix} 1 & 1 \\ 5 & 1 \end{bmatrix}$ となり
> $P^{-1}AP = \begin{bmatrix} 7 & 0 \\ 0 & 3 \end{bmatrix}$ となるよ。

練習問題 1.36　　解答は p.206

例題1.36と同じ方法で $B = \begin{bmatrix} 3 & -2 \\ -1 & 2 \end{bmatrix}$ を対角化しなさい。

> Let's take a break!

第 1 部
行列と行列式
おわり

第2部
微分積分

かんたんな
関数からはじめるよ。

第1章 関　数

§0 関　数

はじめに「数」について復習しておこう。

自然数とは　　1, 2, 3, 4, …

整数とは　　…, −3, −2, −1, 0, 1, 2, 3, …

有理数とは　　分数 $\dfrac{n}{m}$ (m, n は整数，$m \neq 0$)

　　　　　　　または，有限小数か循環無限小数

　　　　　　　たとえば　$\dfrac{2}{5}, -\dfrac{8}{3}, 1.23, 0.33\cdots, -5.1\dot{2}\dot{3}$ など

無理数とは　　循環しない無限小数

　　　　　　　たとえば　$\sqrt{2} = 1.41421356\cdots, \pi = 3.1415\cdots$ など

実数とは　　有理数または無理数

複素数とは　　$a + bi$ (a, b は実数，$i^2 = -1$) とかける数

　これから勉強してゆく"微分積分"は実数の上での関数を取り扱う。これに対し，複素数の上で関数を取り扱う分野を"複素関数論"または"複素解析"などという。

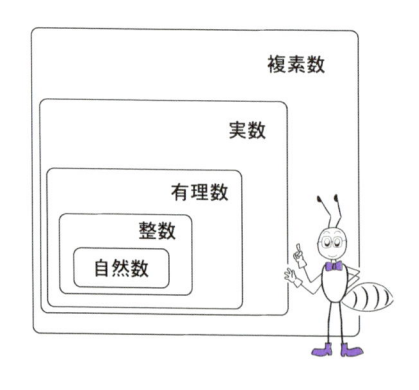

§0 関　　数

> **定義**
> 1つの変数 x に対して値 y がただ1つ決まる対応 f を x の **1変数関数** といい $y=f(x)$ とかく。

《説明》 変数 x を**独立変数**，x によって決まる値 y を**従属変数**という。独立変数が $\overset{\cdot}{1}$ つということから $y=f(x)$ を x の $\overset{\cdot}{1}$ **変数関数**という。独立変数 x のとる値の範囲を**定義域**，従属変数 y のとる値の範囲を**値域**という。定義域が特に指定されていないときは，その関数が定義される最大の範囲を定義域とする。

定義域は次のように**区間**で示されることが多い。端点を含むか含まないかで記号が異なるので注意。

$[a, b]$　　は　　$a \leqq x \leqq b$ の範囲
$(a, b]$　　は　　$a < x \leqq b$ の範囲
$[a, b)$　　は　　$a \leqq x < b$ の範囲
(a, b)　　は　　$a < x < b$ の範囲

また**無限区間**の場合は次のように表わす。

$[a, \infty)$　　　は　　$a \leqq x$ の範囲
(a, ∞)　　　は　　$a < x$ の範囲
$(-\infty, b]$　　は　　$x \leqq b$ の範囲
$(-\infty, b)$　　は　　$x < b$ の範囲
$(-\infty, \infty)$　は　　全実数の範囲

∞ は"**無限大**"と読む。

関数 $y=f(x)$ について，xy 座標平面上でこの関係をみたす x と y の組からなる点 (x, y) 全体を $y=f(x)$ の**グラフ**という。グラフは関数という対応関係を目に見せてくれる便利な表現である。x 軸と y 軸の目盛り幅が異なってもかまわないが，主な点はできるだけ記入しておこう。　　　　（説明終）

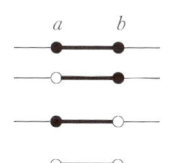

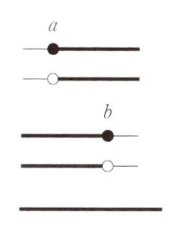

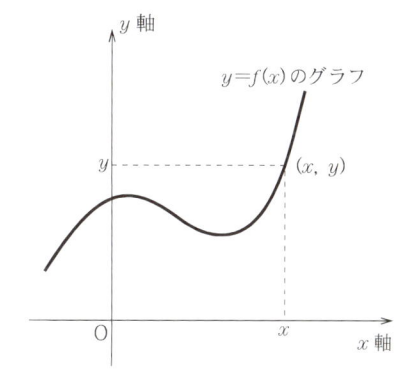

> **定義**
>
> 2つの変数 x と y に対して値 z がただ1つ決まる対応 f を x と y の <u>2変数関数</u>といい $z = f(x, y)$ とかく。

《説明》 2変数関数は，独立変数が x と y，2つある。その2つによって値 z が決まるので，z が従属変数である。2変数関数 $z = f(x, y)$ の定義域は通常 xy 平面上の点 (x, y) の集まりで，<u>領域</u>とよばれる。

$z = f(x, y)$ のグラフはこの関係をみたす xyz 空間内の点 (x, y, z) の全体で，一般的には曲面となる。

2変数関数のグラフを手で描くのはなかなか難しい。　　　　　　　　（説明終）

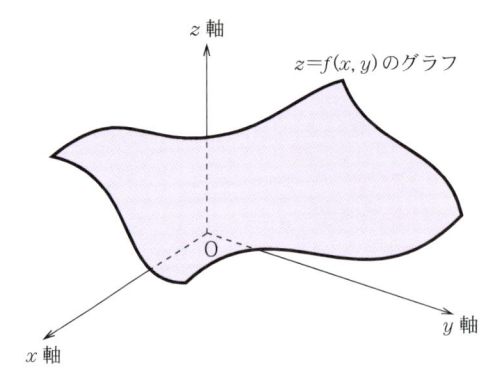

曲面を描くのはなかなか難しい。

§1 直線と2次曲線

ここでは，一番基本的な1変数関数である直線と，2次曲線とよばれている放物線，円，だ円，双曲線について，関数の式とグラフの概形を確認しておこう．

1 直　　線

一般的な式のグラフはすぐに描けると思うが特殊な形も迷わないように．

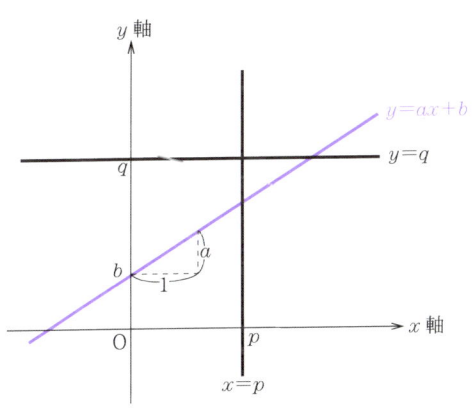

- $y = ax + b$　：傾き a，y 切片 b の直線
- $y = q$　　　：傾き 0，y 切片 q の x 軸に平行な直線
- $x = p$　　　：x 切片 p の y 軸に平行な直線

=== 例題 2.1 ===

次の直線のグラフを描いてみよう．
① $y = 2x - 3$　　② $y = 2$

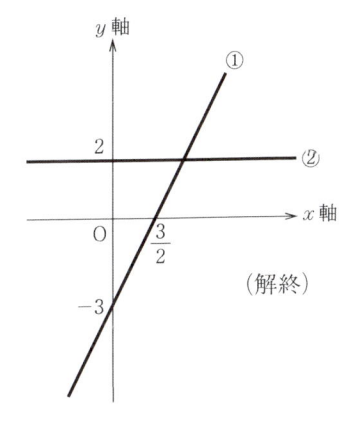

[解] ①は傾き 2，y 切片 -3 の直線．
②は，x の値に関係なく常に y の値が 2 の x 軸に平行な直線．

（解終）

練習問題 2.1　　　　　　　　　　　　　　　　　解答は p.208

次の直線のグラフを描きなさい．
① $y = -x + 3$　　　② $2x - y = 4$
③ $x = 2$　　　　　　④ $y = -4$

2 放 物 線

 放物線の軸が y 軸に平行な場合と x 軸に平行な場合をあげておこう。後者は簡単な式のみにとどめておく。

- $y = ax^2$ ：原点 $(0, 0)$ が頂点の放物線

  $a > 0$ のとき下に凸

  $a < 0$ のとき上に凸

- $y = a(x-p)^2 + q$ ：$y = ax^2$ の放物線を x 軸方向に p,

  y 軸方向に q だけ平行移動したもの。

  頂点は (p, q)

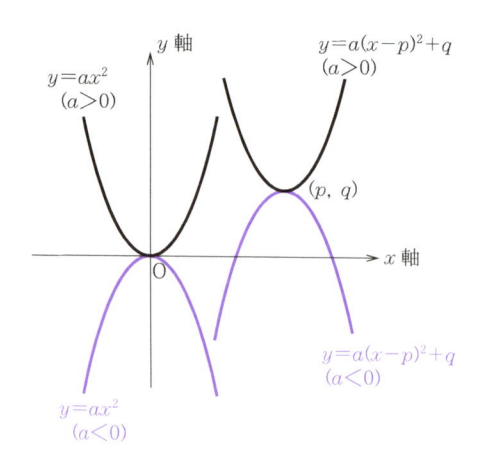

- $y = \sqrt{x}$ ：$y = x^2$ の放物線を右に $90°$

  回転させたグラフの上側

  部分

- $y = -\sqrt{x}$ ：上記グラフの下側部分

- $y^2 = x$ ：$y = \sqrt{x}$ と $y = -\sqrt{x}$ を

  合わせたグラフ

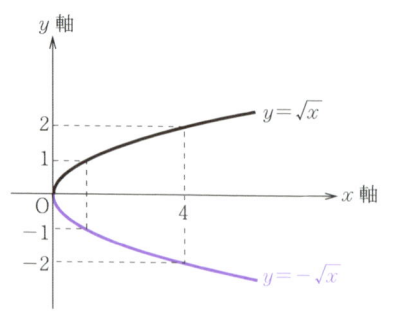

例題 2.2

次の放物線のグラフを描いてみよう。
① $y=-(x+1)^2+1$　② $y=2x^2-8x$　③ $y=-\sqrt{x+2}$

解　①は放物線 $y=-x^2$ を「左へ 1」，「上へ 1」平行移動させた放物線。

②　平方完成して標準形に直そう。
$y=2(x^2-4x)=2\{(x-2)^2-2^2\}$
$=2(x-2)^2-8$

ゆえに頂点 $(2,-8)$，下に凸の放物線。また $y=0$ を方程式に代入すると x 軸との交点が求まる。
$0=2x^2-8x$　より　$2x(x-4)=0$
$x=0,\ 4$

グラフは右下の通り（y 軸は縮めてある）。

③は $y=-\sqrt{x}$ のグラフを「左へ 2」平行移動させたグラフ。右上の図。
（解終）

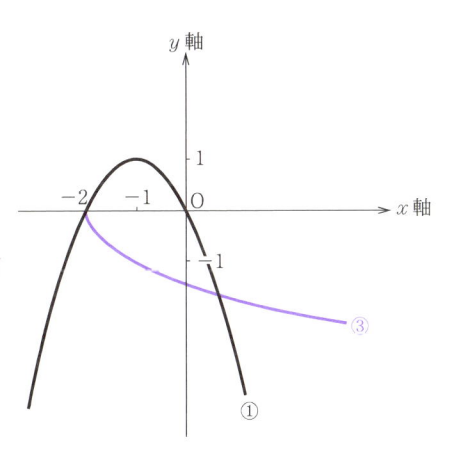

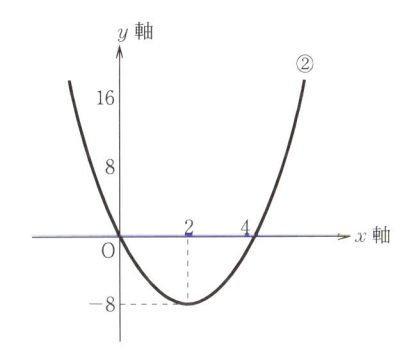

練習問題 2.2　　解答は p.208

次の放物線のグラフを描きなさい。
① $y=\dfrac{1}{4}x^2$　　② $y=2(x+2)^2-2$
③ $y=-x^2+6x-9$　　④ $y=\sqrt{x-1}$

$y=f(x)$ のグラフを
　x 軸方向へ　a
　y 軸方向へ　b
平行移動すると
　$y-b=f(x-a)$

3 円とだ円

- $x^2+y^2=r^2$ ：中心 $(0,0)$，半径 r の円
- $(x-a)^2+(y-b)^2=r^2$ ：中心 (a,b)，半径 r の円
- $\dfrac{x^2}{a^2}+\dfrac{y^2}{b^2}=1$ ：だ円
  $(a>0, b>0)$

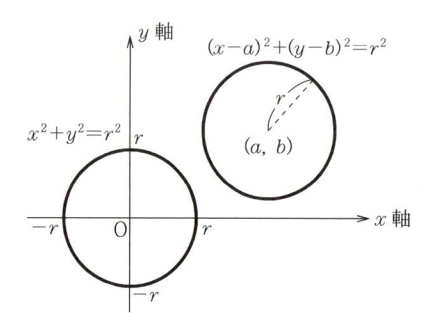

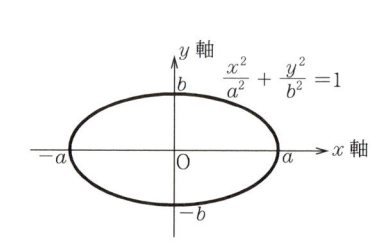

4 双曲線

- $y=\dfrac{1}{x}$ ：x 軸，y 軸を漸近線にもつ双曲線

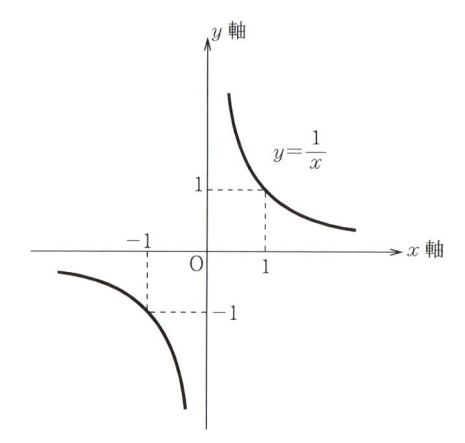

漸近線とは
限りなく近づいてゆく線
のこと。

- $\dfrac{x^2}{a^2} - \dfrac{y^2}{b^2} = 1$ ：直線 $y = \dfrac{b}{a}x$, $y = -\dfrac{b}{a}x$ を漸近線にもつ双曲線。
  $(a > 0, b > 0)$　左右に分かれている（下図左）。
- $\dfrac{x^2}{a^2} - \dfrac{y^2}{b^2} = -1$ ：直線 $y = \dfrac{b}{a}x$, $y = -\dfrac{b}{a}x$ を漸近線にもつ双曲線。
  $(a > 0, b > 0)$　上下に分かれている（下図右）。

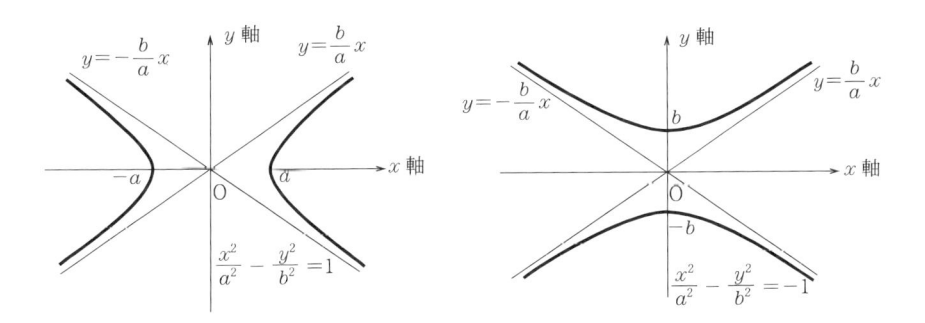

例題 2.3

$x^2 - 4x + y^2 = 0$ のグラフを描いてみよう。

解　x, y でそれぞれ平方完成すると
$$(x-2)^2 + y^2 = 2^2$$
となるので中心 $(2, 0)$, 半径 2 の円。グラフは右の通り。　　　（解終）

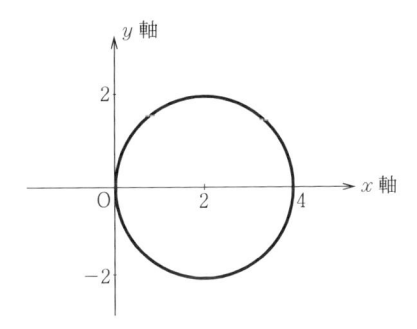

練習問題 2.3　　　　　　　　　　　　　解答は p.209

次の方程式をもつ関数のグラフを描きなさい。

① $x^2 + y^2 = 9$　② $(x-2)^2 + (y-3)^2 = 1$　③ $x^2 + y^2 + 2y = 3$

④ $\dfrac{x^2}{9} + y^2 = 1$　⑤ $y = \dfrac{3}{x}$　⑥ $\dfrac{x^2}{9} - \dfrac{y^2}{4} = 1$

⑦ $x^2 - y^2 = -1$

§2 三角関数

1 角の単位

微分積分では，次の方法で定義するラジアン（弧度）という単位で角を表わすことが多い。

定義

半径1の円周上において，弧の長さが θ のときの中心角を θ **ラジアン**という。

《説明》 半径1の円の半周は π の長さをもつので
$$180° = \pi \text{ ラジアン}$$
という関係が成り立つ。つまり
$$1° = \frac{\pi}{180} \text{ ラジアン}, \quad 1 \text{ ラジアン} = \frac{180°}{\pi}$$
通常，ラジアンの単位は省略される。　　（説明終）

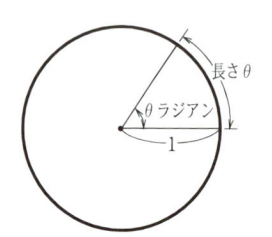

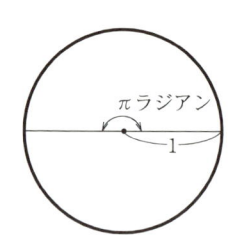

例題 2.4

$60°$ をラジアンに，$\frac{5}{6}\pi$ を $°$ に直してみよう。

解 $°$ とラジアンの関係式を使って
$$60° = 60 \times \frac{\pi}{180} = \boxed{\frac{\pi}{3}}, \quad \frac{5}{6}\pi = \frac{5}{6} \times 180° = \boxed{150°} \qquad \text{（解終）}$$

練習問題 2.4 　　解答は p.210

次の角の大きさの単位を $°$ はラジアンに，ラジアンは $°$ にかえなさい。

(1) $45°$ 　(2) $105°$ 　(3) $\frac{3}{4}\pi$ 　(4) $\frac{5}{3}\pi$ 　(5) 2π

2 一 般 角

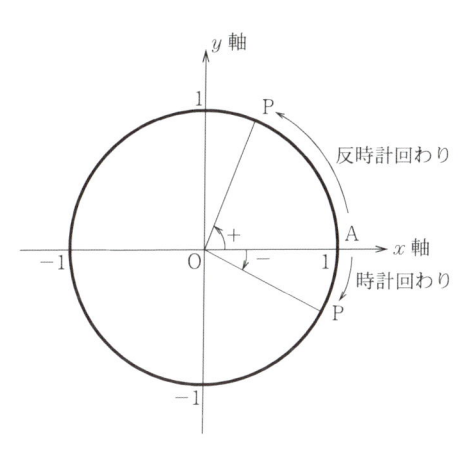

ここでは角に向きをつけることを考えよう。xy 平面上に，原点 O を中心とする半径 1 の円をとる。

点 A$(0,1)$ を出発点とし，点 P がこの円の円周上を動くとしよう。線分 OP をこの意味で<u>動径</u>という。P が A を出発して反時計回りに動いたときにできる∠POA を＋の角とし，時計回りに動いたとき，∠POA を－の角と決める。点 P は何回円周をぐるぐる回わってもかまわない。回転しただけ角の大きさが増えることになる。たとえば

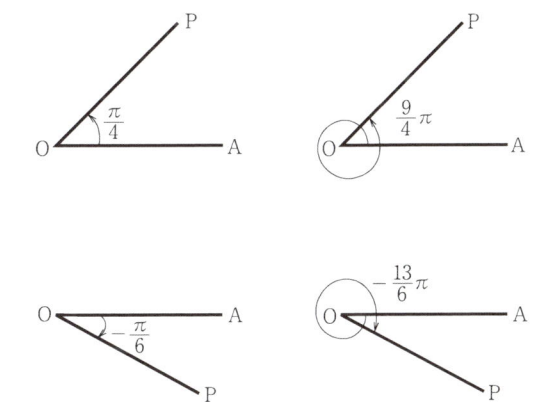

点 P が一周回わると＋方向なら 2π $(=360°)$，－方向なら -2π $(=-360°)$ 増えることになる。したがって∠POA$=\theta$ のとき，次の角

$$\cdots,\ \theta-2\pi\times 2,\quad \theta-2\pi\times 1,\quad \theta,\quad \theta+2\pi\times 1,\quad \theta+2\pi\times 2,\ \cdots$$

の点 P の位置はすべて同じになる。これらを一般的に

$$\theta+2n\pi \quad (n：整数)$$

とかく。

3 三角関数

三角関数を定義する前に，直角三角形における三角比を復習しておこう。

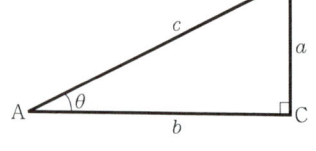

右のような直角三角形を考えよう。

∠BAC=θ とするとき

$$\sin\theta = \frac{a}{c}, \quad \cos\theta = \frac{b}{c}, \quad \tan\theta = \frac{a}{b}$$

であった。そして次のような特別な角

$$\frac{\pi}{6}(=30°), \quad \frac{\pi}{4}(=45°), \quad \frac{\pi}{3}(=60°)$$

の三角比は，特別な直角三角形を考えることにより，その値を求めることができた。

==== 例題 2.5 ====

次の三角比の値を求めてみよう。

(1) $\sin\dfrac{\pi}{6}$　(2) $\cos\dfrac{\pi}{3}$

(3) $\tan\dfrac{\pi}{4}$

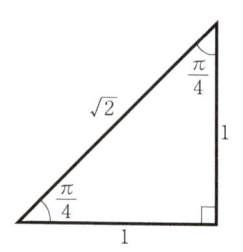

解　右の特別な三角形を見ながら求めよう。

(1) $\sin\dfrac{\pi}{6} = \boxed{\dfrac{1}{2}}$　(2) $\cos\dfrac{\pi}{3} = \boxed{\dfrac{1}{2}}$

(3) $\tan\dfrac{\pi}{4} = \boxed{1}$　　　　　　　　　（解終）

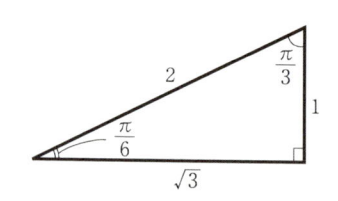

==== 練習問題 2.5 ====　　　　　　　　解答は p.210

次の三角比の値を求めなさい。

(1) $\cos\dfrac{\pi}{6}$　(2) $\tan\dfrac{\pi}{6}$　(3) $\sin\dfrac{\pi}{3}$　(4) $\tan\dfrac{\pi}{3}$　(5) $\sin\dfrac{\pi}{4}$

ウォーミングアップが終わったところで三角関数の定義に入ろう。

xy 平面上に，原点 O を中心とし，半径 $r\,(r>0)$ の円を考える。この円周上に点 P をとり，その座標を (x,y) としよう。

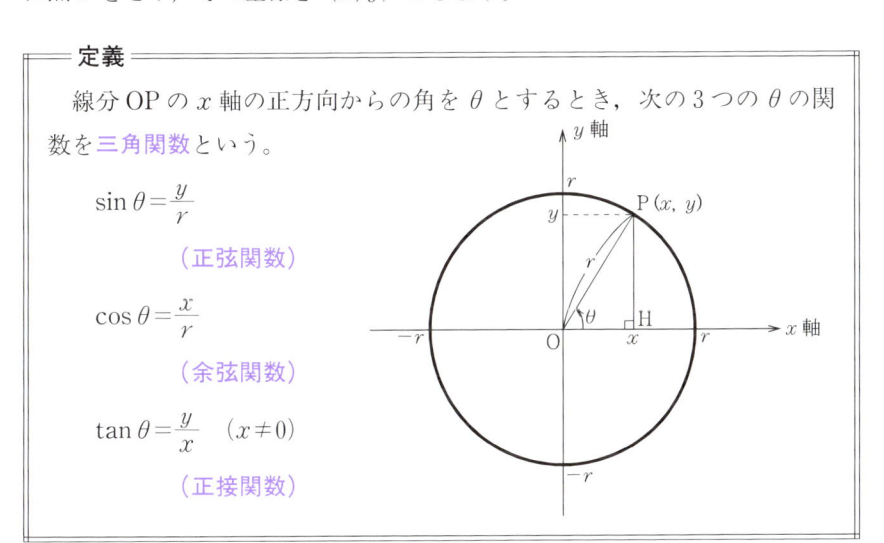

定義

線分 OP の x 軸の正方向からの角を θ とするとき，次の 3 つの θ の関数を三角関数という。

$$\sin\theta = \frac{y}{r}$$

（正弦関数）

$$\cos\theta = \frac{x}{r}$$

（余弦関数）

$$\tan\theta = \frac{y}{x} \quad (x\neq 0)$$

（正接関数）

《説明》　上図において，角 θ がいろいろと変化すると，それにつれて直角三角形 OPH の形も変化する。しかし，斜辺 OP は常に一定の値 $r\,(r>0)$ である。この直角三角形で θ の三角比を考えるのが三角関数である。三角関数は三角比で考えるので，円の半径 r は何でもよい。

点 P が第 1 象限にあるときは普通の三角比と同じように三角関数の値が求まるが，第 2, 第 3, 第 4 象限にあるときは気をつけよう。また点 P がちょうど x 軸上または y 軸上にあるときもその値に注意しよう。　　　（説明終）

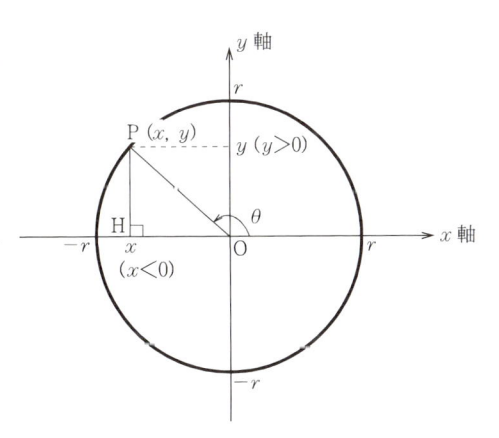

例題 2.6

次の三角関数の値を求めてみよう。

(1) $\sin\dfrac{3}{4}\pi$, $\cos\dfrac{3}{4}\pi$, $\tan\dfrac{3}{4}\pi$

(2) $\sin\left(-\dfrac{\pi}{3}\right)$, $\cos\left(-\dfrac{\pi}{3}\right)$, $\tan\left(-\dfrac{\pi}{3}\right)$

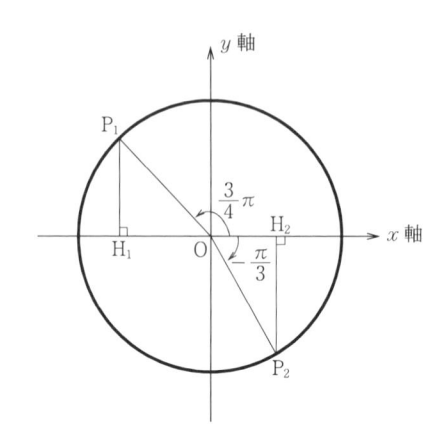

[解] 原点 O を中心に適当な半径の円を描く。そこに $\theta=\dfrac{3}{4}\pi$ と $\theta=-\dfrac{\pi}{3}$ の動径 OP_1 と OP_2 を記入し，P_1, P_2 から x 軸に垂線 P_1H_1, P_2H_2 を下しておこう。できあがった直角三角形 OP_1H_1 と OP_2H_2 において三角比を出せばよい。その際，半径 OP_1, OP_2 は常に正の値にとり，他の2辺の長さは，x 軸，y 軸の正負どちら側にあるかにより符号を定める。

(1) $\theta=\dfrac{3}{4}\pi$ のとき，$\triangle OP_1H_1$ より

$\sin\dfrac{3}{4}\pi=\boxed{\dfrac{1}{\sqrt{2}}}$, $\cos\dfrac{3}{4}\pi=\dfrac{-1}{\sqrt{2}}=\boxed{-\dfrac{1}{\sqrt{2}}}$,

$\tan\dfrac{3}{4}\pi=\dfrac{1}{-1}=\boxed{-1}$

(2) $\theta=-\dfrac{\pi}{3}$ のとき，$\triangle OP_2H_2$ より

$\sin\left(-\dfrac{\pi}{3}\right)=\dfrac{-\sqrt{3}}{2}=\boxed{-\dfrac{\sqrt{3}}{2}}$, $\cos\left(-\dfrac{\pi}{3}\right)=\boxed{\dfrac{1}{2}}$, $\tan\left(-\dfrac{\pi}{3}\right)=\dfrac{-\sqrt{3}}{1}=\boxed{-\sqrt{3}}$

(解終)

練習問題 2.6　　　　解答は p.210

(1) $\cos\dfrac{\pi}{4}$, $\sin\dfrac{5}{6}\pi$, $\tan\left(-\dfrac{\pi}{6}\right)$ の値を求めなさい。

(2) $\tan 0$, $\sin\dfrac{\pi}{2}$, $\cos\pi$, $\sin\left(-\dfrac{\pi}{2}\right)$ の値を求めなさい。

4 三角関数のグラフ

今まで角を表わすのに θ を使ってきたが，他の関数と同様に

$$x：独立変数 \quad y：従属変数$$

を用いて

$$y=\sin x, \quad y=\cos x, \quad y=\tan x$$

とかくことにする。これらの関数のグラフを紹介しよう。

■ $y=\sin x$ のグラフは下図の黒い曲線。

定義域は $(-\infty, \infty)$，値域は $[-1,1]$ で，周期 2π の連続な周期関数。

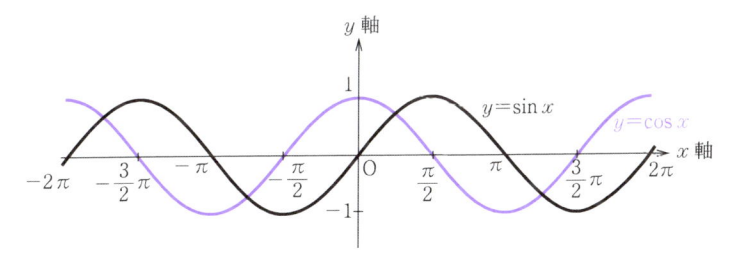

■ $y=\cos x$ のグラフは上図の紫色の曲線。

定義域は $(-\infty, \infty)$，値域は $[-1,1]$，やはり周期 2π の連続な周期関数。

■ $y=\tan x$ のグラフは下の曲線。

定義域は $\dfrac{\pi}{2}+n\pi$（n は整数）以外の実数，値域は $(-\infty, \infty)$，周期 π の不連続な周期関数。

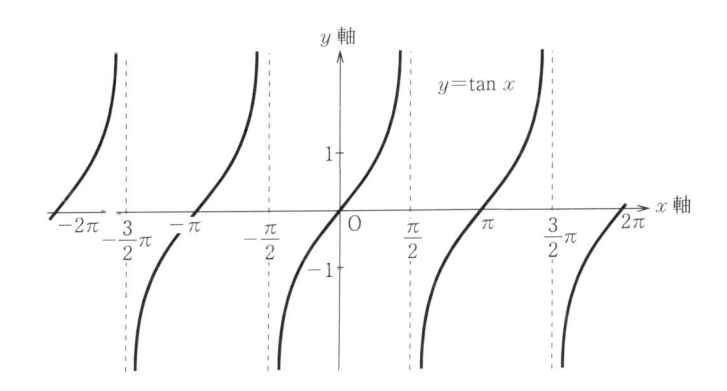

5 三角関数の公式

三角関数にはたくさんの公式がある。それらの中から基本的なものを証明なしで紹介しておこう。他の公式も本書表紙の見返し頁にあるので必要に応じて参照してほしい。

定理 2.1

$$\sin^2\theta + \cos^2\theta = 1$$

$$\tan\theta = \frac{\sin\theta}{\cos\theta}$$

$$1+\tan^2\theta = \frac{1}{\cos^2\theta}$$

定理 2.2

$$\sin(-\theta) = -\sin\theta$$

$$\cos(-\theta) = \cos\theta$$

$$\tan(-\theta) = -\tan\theta$$

定理 2.3　[加法定理]

$$\sin(\alpha\pm\beta) = \sin\alpha\cos\beta \pm \cos\alpha\sin\beta$$

$$\cos(\alpha\pm\beta) = \cos\alpha\cos\beta \mp \sin\alpha\sin\beta$$

$$\tan(\alpha\pm\beta) = \frac{\tan\alpha\pm\tan\beta}{1\mp\tan\alpha\tan\beta}$$

（いずれも複号同順）

定理 2.4　[和，差を積に直す公式]

$$\sin\alpha+\sin\beta = 2\sin\frac{\alpha+\beta}{2}\cos\frac{\alpha-\beta}{2}$$

$$\sin\alpha-\sin\beta = 2\cos\frac{\alpha+\beta}{2}\sin\frac{\alpha-\beta}{2}$$

$$\cos\alpha+\cos\beta = 2\cos\frac{\alpha+\beta}{2}\cos\frac{\alpha-\beta}{2}$$

$$\cos\alpha-\cos\beta = -2\sin\frac{\alpha+\beta}{2}\sin\frac{\alpha-\beta}{2}$$

$\sin^2\theta = (\sin\theta)^2$
$\cos^2\theta = (\cos\theta)^2$
$\tan^2\theta = (\tan\theta)^2$

例題 2.7

加法定理を使って次の値を求めてみよう。

(1) $\sin 75°$ (2) $\tan 15°$

解 $30°, 45°, 60°, 90°$ などは，三角関数の値が簡単に求まるので，$75°, 15°$ をこれらの角を使って表わしてみると，

(1) $\sin 75° = \sin(45° + 30°)$

加法定理を使って

$$= \sin 45° \cos 30° + \cos 45° \sin 30°$$

$$= \frac{1}{\sqrt{2}} \cdot \frac{\sqrt{3}}{2} + \frac{1}{\sqrt{2}} \cdot \frac{1}{2}$$

$$= \frac{\sqrt{2}}{2} \cdot \frac{\sqrt{3}}{2} + \frac{\sqrt{2}}{2} \cdot \frac{1}{2}$$

$$= \frac{\sqrt{6}}{4} + \frac{\sqrt{2}}{4} = \boxed{\frac{\sqrt{6} + \sqrt{2}}{4}}$$

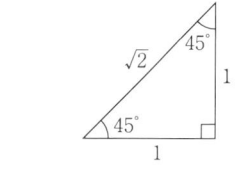

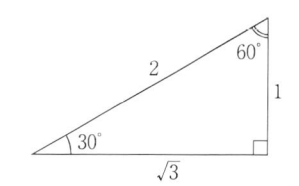

(2) $\tan 15° = \tan(45° - 30°)$

加法定理を使うと

$$= \frac{\tan 45° - \tan 30°}{1 + \tan 45° \cdot \tan 30°} = \frac{1 - \dfrac{1}{\sqrt{3}}}{1 + 1 \cdot \dfrac{1}{\sqrt{3}}}$$

分母，分子に $\sqrt{3}$ をかけ，さらに有理化していくと

$$= \frac{\sqrt{3} - 1}{\sqrt{3} + 1} = \frac{(\sqrt{3} - 1)^2}{(\sqrt{3} + 1)(\sqrt{3} - 1)} = \frac{(\sqrt{3})^2 - 2\sqrt{3} + 1^2}{(\sqrt{3})^2 - 1^2}$$

$$= \frac{3 - 2\sqrt{3} + 1}{3 - 1} = \frac{4 - 2\sqrt{3}}{2} = \frac{2(2 - \sqrt{3})}{2} = \boxed{2 - \sqrt{3}} \quad \text{(解終)}$$

練習問題 2.7   解答は p. 211

加法定理を用いて次の値を求めなさい。

(1) $\cos 105°$ (2) $\tan 75°$

§3 指数関数と対数関数

1 指　　数

a を正の実数とするとき，a の**ベキ乗**を次のように定義する。

定義

n を自然数，m を整数とするとき

　　（ⅰ）　$a^0 = 1$

　　（ⅱ）　$a^n = \overbrace{aa\cdots a}^{n \text{個}}, \quad a^{-n} = \dfrac{1}{a^n}$

　　（ⅲ）　$a^{\frac{m}{n}} = \sqrt[n]{a^m} \quad (a^m \text{ の } n \text{ 乗根})$

p を無理数とし，$p = \lim_{n\to\infty} p_n$ （$\{p_n\}$ は有理数の数列）とするとき

　　（ⅳ）　$a^p = \lim_{n\to\infty} a^{p_n}$

《説明》　（ⅰ）（ⅱ）は a の整数乗の定義である。

（ⅲ）は a の有理数乗の定義である。分母と分子のどちらが a^m になるのか $\sqrt[n]{\ }$ になるのかしっかり覚えよう。特に平方根 $\sqrt[2]{\ }$ のときは 2 を省略することが多い。

（ⅳ）は a の無理数乗の定義で，少し難しい。

すべての無理数は，有理数からなるある数列 $\{p_n\}$ の極限値として表わすことができる。たとえば，無理数 $\sqrt{2}$ は無限小数で表わすと

$$\sqrt{2} = 1.414213\cdots$$

とかけるので，有理数の数列 $\{p_n\}$ として

　　　　$p_1 = 1, \quad p_2 = 1.4, \quad p_2 = 1.41, \quad p_3 = 1.414, \quad p_4 = 1.4142, \cdots$

とする。すると各 a^{p_n} ($n = 1, 2, 3, \cdots$) は a の有理数乗なので（ⅱ）または（ⅲ）で定義されていて値を求めることができる。そこで数列

$$a^1, \quad a^{1.4}, \quad a^{1.41}, \quad a^{1.414}, \quad a^{1.4142}, \cdots$$

の極限の値を $a^{\sqrt{2}}$ の値と定義するのである。

一般に a^p (p は実数) において p を**指数**という。　　　　（説明終）

指数に関しては，次の指数法則が成立する。

定理 2.5 ［指数法則］

a, b を正の実数，p, q を実数とするとき，次の指数法則が成立する。

(i) $a^p a^q = a^{p+q}$　　(ii) $(a^p)^q = a^{pq}$　　(iii) $(ab)^p = a^p b^p$

(iv) $\dfrac{a^p}{a^q} = a^{p-q}$　　(v) $\left(\dfrac{1}{a^p}\right)^q = \dfrac{1}{a^{pq}}$　　(vi) $\left(\dfrac{a}{b}\right)^p = \dfrac{a^p}{b^p}$

《説明》 すべて定義から導かれる。実際の計算においては（i）と（ii）を混同しやすいので注意。 （説明終）

例題 2.8

指数法則を使って次の式を $a^p b^q$ の形にしてみよう（ただし $a>0, b>0$）。

(1) $(a^2 b^{-1})^3 (a^{-2} b^3)^2$ 　　(2) $\dfrac{\sqrt{ab^3}}{\sqrt[3]{a^2 b}}$

解　次の変形の方法はほんの一例である。＝の上下にどの指数法則を使ったかを示してある。

(1) $(a^2 b^{-1})^3 (a^{-2} b^3)^2 \overset{\text{(iii)}}{\underset{\text{(ii)}}{=}} (a^6 b^{-3})(a^{-4} b^6) \overset{\text{(i)}}{=} a^{6-4} b^{-3+6} = \boxed{a^2 b^3}$

(2) $\sqrt{} = \sqrt[2]{}$ であることに注意して

$$\dfrac{\sqrt{ab^3}}{\sqrt[3]{a^2 b}} \overset{\text{定義}}{=} \dfrac{(ab^3)^{\frac{1}{2}}}{(a^2 b)^{\frac{1}{3}}} \overset{\text{(iii)}}{\underset{\text{(ii)}}{=}} \dfrac{a^{\frac{1}{2}} b^{\frac{3}{2}}}{a^{\frac{2}{3}} b^{\frac{1}{3}}}$$

$$\overset{\text{(iv)}}{=} a^{\frac{1}{2}-\frac{2}{3}} b^{\frac{3}{2}-\frac{1}{3}} = \boxed{a^{-\frac{1}{6}} b^{\frac{7}{6}}}$$

（解終）

練習問題 2.8　　　　　　　　　　　　解答は p. 212

指数法則を使って次の式を $a^p b^q$ の形にしなさい（ただし $a>0, b>0$）。

(1) $\left(\dfrac{b^2}{a}\right)^2 (ab^2)^{-3}$ 　　(2) $\dfrac{\sqrt{a^2 b^5} \sqrt[3]{a^2 b}}{\sqrt[6]{ab}}$

2 指数関数

a を正の実数とし,$a \neq 1$ とする。このとき任意の実数 x に対して a^x を **1** で定義した。そこで指数関数を定義しよう。

定義

正の実数 a (ただし $a \neq 1$) に対して,x の関数
$$y = a^x$$
を,a を底とする指数関数という。

《説明》 **1** では正の数 a に対して a のベキ乗 a^x (x は実数) を定義したので指数関数の底 a も正の実数である。しかし,$a=1$ の場合には x がどんな実数であっても $a^x = 1^x = 1$ となるので除いておくことにする。

$y = a^x$ のグラフは,$a>1$ の場合と,$0<a<1$ の場合とでは様子が異なっている。$a>1$ のとき,グラフは右上図のような単調に増加する連続な曲線である。

一方,$0<a<1$ のときは,右下図のようになり単調に減少する連続な曲線となる。

底 a がどんな値であってもそのグラフは

定義域 $(-\infty, \infty)$

値域 $(0, \infty)$

であり,必ず点 $(0,1)$ を通るので,このグラフの特徴をよく覚えておこう。 (説明終)

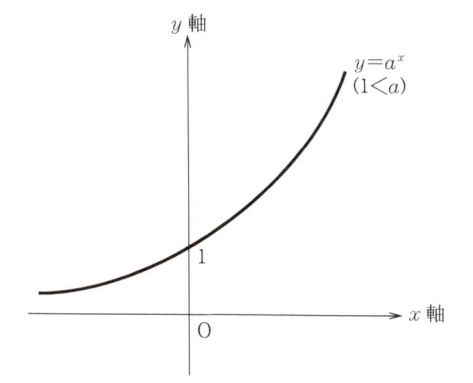

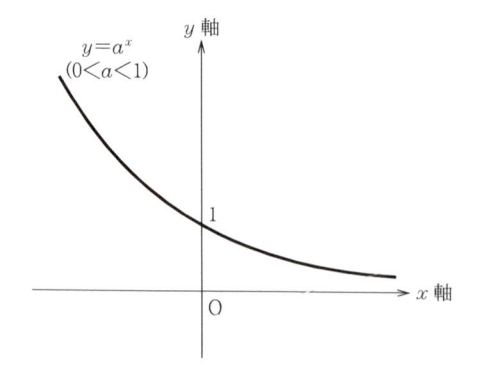

3 特別な底 e

2つの指数関数
$$y=2^x \ \text{と}\ y=3^x$$
のグラフを描いてみよう（右図）。2つのグラフはともに点 A$(0,1)$ を通っている。点 A において $y=2^x$ と接する直線 l_1 と $y=3^x$ と接する直線 l_2 を描いてみると

$$l_1 \text{の傾き}<1<l_2\text{の傾き}$$

ということが見てとれる。$y=2^x$ と $y=3^x$ のグラフの間には無数の指数関数 $y=a^x$ $(2<a<3)$ のグラフが存在し，それらはすべて点 A を通っているのでそれぞれに点 A において接する直線（接線）を描いてみると，その中にはちょうど傾きが 1 である直線が存在するのではないだろうか…？　実は存在することがわかっている。

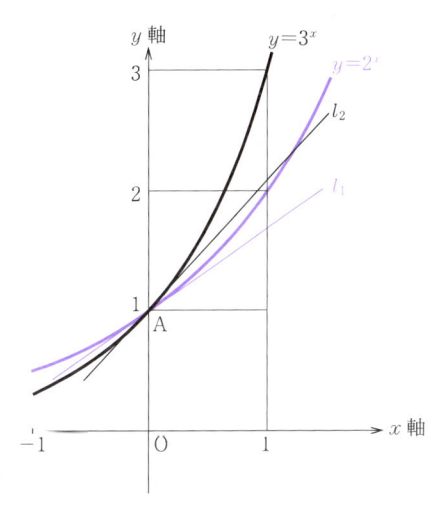

この $x=0$ における接線の傾きがちょうど 1 となる，特別な指数関数の底を"e"で表わすことにする。

定義

$x=0$ における接線の傾きが 1 となる指数関数を
$$y=e^x$$
と表わし，e を**ネピアの数**という。

《説明》　ネピアの数 e はとても不思議な数で，数学をはじめ，自然科学分野の中では非常に重要な数である。
実際の値は
$$e=2.7182\cdots$$
という，無限に続く小数で無理数である。　　（説明終）

不思議な数 e

4 対　数

a を正の実数で，$a \neq 1$ とするとき，任意の実数 p に対して a^p を定義した。その値を q とおくと，$q = a^p$ とかける。そこで次の対数の定義をしよう。

定義

$q = a^p$ のとき $p = \log_a q$ と表わし，a を<u>底</u>とする q の<u>対数</u>という。

《説明》　$q = a^p$ という関係式を $p =$ の式に直したのが
$$p = \log_a q$$
である。「$\log_a q$」は「ログ a の q」と読む。log は logarithm の略。

またこの対数において
$$q \text{ を真数}$$
という。もともとは $q = a^p$ だったので，底と真数には条件
$$a > 0, \quad a \neq 1 ; \quad q > 0$$
がつくことになる。　　　　　　　　　　　　　　　　　　　　（説明終）

例題 2.9

$q = a^{3p-1}$ を p を表わす式に直してみよう。

解　$3p - 1 = p'$ とおくと $q = a^{p'}$。

$q = a^{p'} \iff p' = \log_a q \iff 3p - 1 = \log_a q$

$\iff 3p = 1 + \log_a q$

$\iff p = \dfrac{1}{3}(1 + \log_a q)$

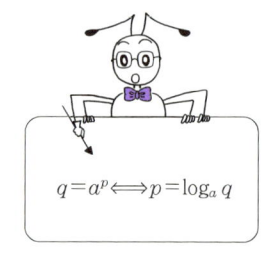

（解終）

$q = a^p \iff p = \log_a q$

練習問題 2.9　　　　　　　　　　　　　　　　解答は p.212

次の式を "$p =$" の式に直しなさい。

(1)　$q + 5 = a^{p+2}$　　(2)　$3q - 1 = 2^{3p+1}$

=== 定理 2.6 ［対数法則］ ===

$a>0$, $a \neq 1$, $p>0$, $q>0$ のとき，次の対数法則が成立する。

(ⅰ) $\log_a pq = \log_a p + \log_a q$

(ⅱ) $\log_a \dfrac{p}{q} = \log_a p - \log_a q$, $\quad \log_a \dfrac{1}{q} = -\log_a q$

(ⅲ) $\log_a q^r = r \log_a q$

《説明》 すべて定理 2.5 の指数法則（p.109）より導かれる。指数法則と同様にこの対数法則もよく覚えておこう。 （説明終）

=== 定理 2.7 ［底の変換公式］ ===

$a>0$, $a \neq 1$, $p>0$, $p \neq 1$, $q>0$ のとき，次の底の変換公式が成立する。

$$\log_p q = \frac{\log_a q}{\log_a p}$$

《説明》 この公式は底の値を変えたいときに使う。 （説明終）

【証明】 $x = \log_p q$ とおくと，対数の定義より $q = p^x$。
両辺の a を底とする対数を考えると

$$\log_a q = \log_a p^x$$

定理 2.6 の (ⅲ) を使うと

$$\log_a q = x \log_a p$$

$p \neq 1$ なので $\log_a p \neq 0$。そこで両辺を $\log_a p$ で割ると

$$x = \frac{\log_a q}{\log_a p}$$

∴ $\log_p q = \dfrac{\log_a q}{\log_a p}$

（証明終）

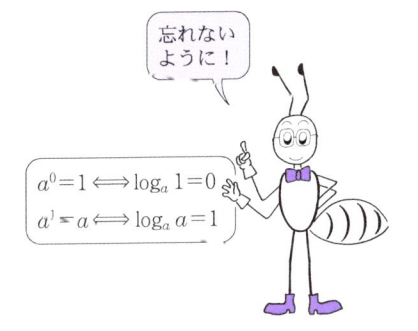

忘れないように！

$a^0 = 1 \iff \log_a 1 = 0$
$a^1 = a \iff \log_a a = 1$

例題 2.10

次の式を簡単にしてみよう。

(1) $\log_2 16 + \log_2 \dfrac{1}{\sqrt{2}} - \log_2 4$ 　　(2) $\log_3 6 - \log_9 12$

[解] 変形の方法は一通りではない。変形のときに使った対数法則の番号を＝の上下に記しておく。

(1) 与式 $\underset{\text{(ii)}}{\overset{\text{(i)}}{=}} \log_2 \left(16 \cdot \dfrac{1}{\sqrt{2}} \cdot \dfrac{1}{4} \right) = \log_2 \dfrac{4}{\sqrt{2}} = \log_2 2\sqrt{2}$

$= \log_2 2 \cdot 2^{\frac{1}{2}} = \log_2 2^{1+\frac{1}{2}} = \log_2 2^{\frac{3}{2}} \overset{\text{(iii)}}{=} \dfrac{3}{2} \log_2 2 = \dfrac{3}{2} \cdot 1 = \boxed{\dfrac{3}{2}}$

(2) 底の変換公式を使って，第 2 項の底を第 1 項の底と同じ 3 にしてから計算すると

$\text{与式} = \log_3 6 - \dfrac{\log_3 12}{\log_3 9} = \log_3 6 - \dfrac{\log_3 12}{\log_3 3^2} \overset{\text{(iii)}}{=} \log_3 6 - \dfrac{\log_3 12}{2 \log_3 3}$

$= \log_3 6 - \dfrac{\log_3 12}{2 \cdot 1} = \log_3 6 - \dfrac{1}{2} \log_3 12$

$= \dfrac{1}{2} (2 \log_3 6 - \log_3 12) \overset{\text{(iii)}}{=} \dfrac{1}{2} (\log_3 6^2 - \log_3 12) \overset{\text{(ii)}}{=} \dfrac{1}{2} \log_3 \dfrac{36}{12}$

$= \dfrac{1}{2} \log_3 3 = \dfrac{1}{2} \cdot 1 = \boxed{\dfrac{1}{2}}$

(解終)

底の変換
$\log_p q = \dfrac{\log_a q}{\log_a p}$

$\log_a 1 = 0$
$\log_a a = 1$

練習問題 2.10　　　　　　　　　　　　　　　　　解答は p.213

次の式を簡単にしなさい。

(1) $\log_3 \dfrac{27}{\sqrt{3}} - \log_3 6\sqrt{2} + \log_3 2\sqrt{6}$ 　　(2) $\log_4 6 - \log_2 8\sqrt{3}$

5 対数関数

指数関数 $y=a^x$ は次のような対応であった。

$$(-\infty, \infty) \longrightarrow (0, \infty)$$
$$x \longmapsto y=a^x$$

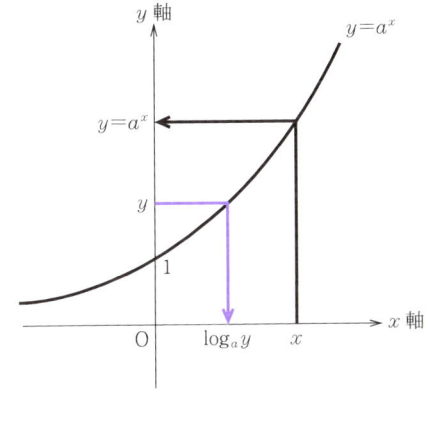

x がいろいろな値をとるに従って，y は a^x で決まる値をとる関数である。この対応の逆の対応を考えてみよう。矢印を逆に考える。

$$(0, \infty) \longrightarrow (-\infty, \infty)$$
$$y \longmapsto x$$

y に対して $y=a^x$ で決まる x を対応させる。この x は $x=\log_a y$ とかけるのであった。y の値がいろいろ変化すればそれにつれて x の値も変化する。ここで x と y を入れかえ通常の関数と同様に，独立変数を x，従属変数を y とすると

$$y=\log_a x$$

となる。

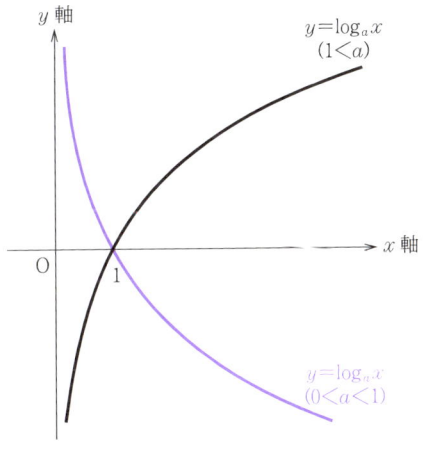

定義

正の数 a ($a \neq 1$) に対して，$x(x>0)$ の関数
$$y=\log_a x$$
を a を底とする対数関数という。

《説明》 指数関数の逆関数が対数関数である。グラフは $a>1$ と $0<a<1$ では様子が異なる。$a>1$ のときは単調に増加する連続な曲線。$0<a<1$ のときは単調に減少する連続な曲線である。いずれも点 $(1, 0)$ を通り

定義域 $(0, \infty)$

値　域 $(-\infty, \infty)$

である。　　　　　　　　　　　　　　　　　　　　　　（説明終）

6 自然対数

指数関数の中で，特別な指数関数
$$y = e^x$$
を定義した。この指数関数の逆関数
$$y = \log_e x$$
を自然対数といい，このことより

　　　　e を自然対数の底

ともいう。

自然対数の底
$$e = 2.718\cdots$$
ネピアの数

数学においては自然対数をよく使うので，その底 e を省略して
$$y = \log x$$
とかくことが多い。省略してあれば底は e である。

一方，10 を底とする対数
$$y = \log_{10} x$$
を常用対数という。こちらの方は対数の値を実際に求めるときに用いられることが多い。この両方を使う分野では

　　　　自然対数を $\ln x$　　（ln＝log・natural）

　　　　常用対数を $\log x$

とすることもある。

数式を扱う本を読むときや，関数電卓，パソコンの各種ソフトを使うときは自然対数と常用対数がそれぞれどの記号で使われているか，はじめに確認しておこう。

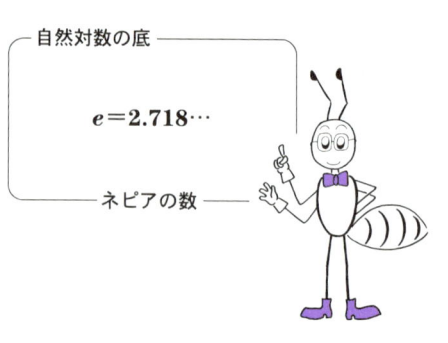

§4 平面

2変数関数の例として，平面の方程式を紹介しておこう．

定理 2.8

点 $A(a, b, c)$ を通り，ベクトル $\vec{q} = (q_1, q_2, q_3)$ に垂直な平面 π の方程式は
$$q_1(x-a) + q_2(y-b) + q_3(z-c) = 0$$
である．

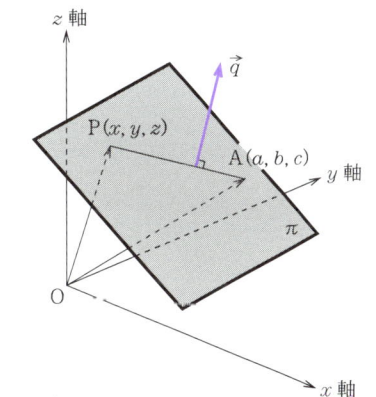

【証明】 平面 π 上の任意の点を $P(x, y, z)$ とおくと $\overrightarrow{AP} \perp \vec{q}$ が成立する．ベクトルの垂直条件(p.14, 定理1.8)より内積 $\overrightarrow{AP} \cdot \vec{q} = 0$ であり，また $\overrightarrow{AP} = (x-a, y-b, z-c)$ なので

$$(x-a, y-b, z-c) \cdot (q_1, q_2, q_3) = 0$$
$$\therefore \quad q_1(x-a) + q_2(y-b) + q_3(z-c) = 0$$

となる． (証明終)

例題 2.11

原点 O を通り，ベクトル $\vec{q} = (1, 1, 2)$ に垂直な平面の方程式を求めてみよう．

解 定理の式に代入して
$$1 \cdot (x-0) + 1 \cdot (y-0) + 2(z-0) = 0$$
$$\therefore \quad x + y + 2z = 0 \qquad \text{(解終)}$$

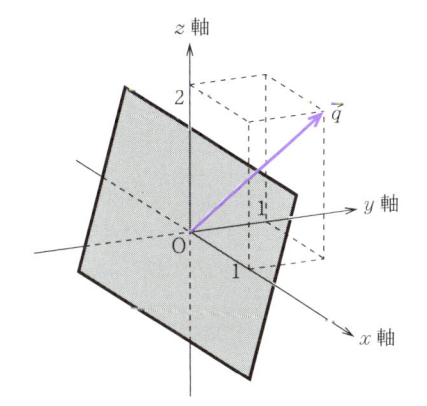

練習問題 2.11 解答は p.213

(1) 点 $A(1, 4, 2)$ を通り $\vec{q} = (2, -1, 2)$ に垂直な平面の方程式を求めなさい．

(2) 3点 $(1, 1, 0)$, $(0, 1, 1)$, $(1, 0, 1)$ を通る平面の方程式を求めなさい．

第2章 微　分

§1 導関数

1 微分係数

$y=f(x)$ について，x の変化につれて y がどのように変化するかを考えてみよう。

x が a から $a+h$ に変化するとき，y の値は $f(a)$ から $f(a+h)$ に変化する。その変化の割合

$$\frac{f(a+h)-f(a)}{h}$$

を調べてみよう。

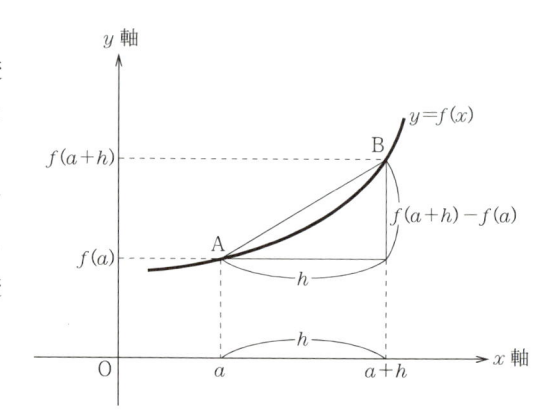

定義

関数 $y=f(x)$ について，x が p の値をとらずに限りなく p に近づくとき，それにつれて y の値が限りなく一定の値 q に近づくならば，$y=f(x)$ は $x \to p$ のとき q に収束するという。また q をそのときの極限値といい

$$\lim_{x \to p} f(x) = q$$

とかく。

《説明》　$x \to p$ のとき，もし $f(x)$ が一定の値に近づかないときは"収束しない"という。また，$x \to p$ のとき $f(x)$ の値が限りなく大きくなる場合には"$+\infty$ に発散する"，逆に $f(x)$ の値が負の値で，絶対値が限りなく大きくなる場合には"$-\infty$ に発散する"という。　　　　　（説明終）

---- 定義 ----

$x=a$ を含む区間で定義された関数 $y=f(x)$ について
$$\lim_{h \to 0} \frac{f(a+h)-f(a)}{h}$$
が存在するとき，$f(x)$ は $x=a$ で微分可能であるという．またその極限値を $x=a$ における微分係数といい $f'(a)$ で表わす．

《説明》 左頁の図を見てみよう．$\mathrm{A}(a, f(a))$，$\mathrm{B}(a+h, f(a+h))$ とすると
$$\frac{f(a+h)-f(a)}{h}$$
は直線 AB の傾きを表わしている．ここで $h \to 0$ とすると点 B は $y=f(x)$ のグラフに沿って点 A に近づいてくる．このとき，もし $\dfrac{f(a+h)-f(a)}{h}$ の値が一定の値 $f'(a)$ に限りなく近づくなら，直線 AB は $f'(a)$ を傾きにもつ直線 l に限りなく近づく（下図）．この直線 l は点 A で $y=f(x)$ に接することになるので，接線である．このことより，微分係数 $f'(a)$ が存在するということは，$x=a$ において $y=f(x)$ に接線が引けることを意味し，$f'(a)$ はその接線の傾きを表わすことになる．

また，$y=f(x)$ が $x=a$ において微分可能ならば，そこで連続となる．

(説明終)

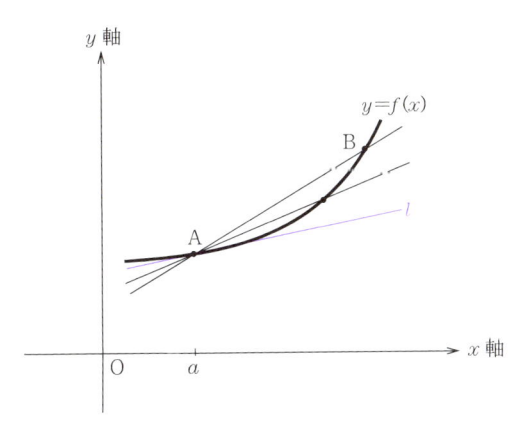

例題 2.12

放物線 $y=x^2$ の $x=1$ における微分係数を定義に従って求め，その点における接線の方程式を求めてみよう．

解 $f(x)=x^2$ とする．微分係数の定義において $a=1$ とすると

$$f'(a)=\lim_{h\to 0}\frac{f(a+h)-f(a)}{h}$$

$$f'(1)=\lim_{h\to 0}\frac{f(1+h)-f(1)}{h}=\lim_{h\to 0}\frac{(1+h)^2-1^2}{h}$$
$$=\lim_{h\to 0}\frac{(1+2h+h^2)-1^2}{h}=\lim_{h\to 0}\frac{2h+h^2}{h}$$
$$=\lim_{h\to 0}\frac{h(2+h)}{h}=\lim_{h\to 0}(2+h)=2$$

$x=1$ における接線は，点 $(1, f(1))=(1, 1)$ を通り，傾き $f'(1)=2$ の直線となるので，その方程式は

$$y-1=2(x-1)$$

これを計算して

$$y=2x-1 \qquad （解終）$$

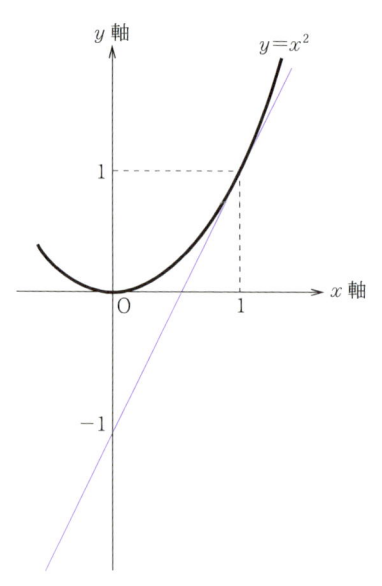

点 (a,b) を通り，傾き m の直線の方程式は
$$y-b=m(x-a)$$

練習問題 2.12　　　解答は p. 214

$y=x^3$ のグラフにおいて $x=1$ における微分係数を定義に従って求め，その点における接線の方程式を求めなさい．

2 導関数

> **定義**
> $y=f(x)$ がある区間 I のすべての点 x において微分可能なとき，x に対してその微分係数 $f'(x)$ を対応させる関数
> $$x \longmapsto f'(x)$$
> を $y=f(x)$ の導関数といい，y'，$f'(x)$ などで表わす。

《説明》 $x=a$ における微分係数 $f'(a)$ を定義した。この a の値をいろいろ動かすと，それにつれて $f'(a)$ の値もいろいろとかわる。そこで一般的に対応
$$x \longmapsto f'(x)$$
を考えよう。この対応関係で決まる関数を "$f(x)$ から導かれる関数" という意味で "導関数" という。微分係数の定義において a を x にかえれば
$$f'(x) = \lim_{h \to 0} \frac{f(x+h)-f(x)}{h}$$
となる。

また $y=f(x)$ からその導関数 $f'(x)$ を求めることを "微分する" という。$y=f(x)$ の導関数の記号は上記の他に
$$\frac{dy}{dx}, \quad \frac{df}{dx}, \quad \frac{d}{dx}f(x)$$
なども使われる。 (説明終)

$\frac{dy}{dx}$ は「dy, dx」と分子から読むんだよ。

例題 2.13

次の関数の導関数を定義に従って求めてみよう。

（1） $f(x) = x$　　（2） $f(x) = x^2$

$$f'(x) = \lim_{h \to 0} \frac{f(x+h) - f(x)}{h}$$

解 導関数 $f'(x)$ の定義に代入すると

（1） $f'(x) = \lim_{h \to 0} \dfrac{f(x+h) - f(x)}{h} = \lim_{h \to 0} \dfrac{(x+h) - x}{h}$

$= \lim_{h \to 0} \dfrac{h}{h} = \lim_{h \to 0} 1 = \boxed{1}$

（2） $f'(x) = \lim_{h \to 0} \dfrac{f(x+h) - f(x)}{h} = \lim_{h \to 0} \dfrac{(x+h)^2 - x^2}{h}$

$= \lim_{h \to 0} \dfrac{(x^2 + 2xh + h^2) - x^2}{h} = \lim_{h \to 0} \dfrac{h(2x + h)}{h}$

$= \lim_{h \to 0} (2x + h) = \boxed{2x}$　　　　　　　　　（解終）

例題 2.13 と練習問題 2.13 より，次の公式が導ける。

公式 2.1

$C' = 0$　　（C：定数）

$x' = 1$

$(x^2)' = 2x$

$(x^3)' = 3x^2$

練習問題 2.13　　　　　　　　　　　　　　解答は p.214

次の関数の導関数を定義に従って求めなさい。

（1） $f(x) = 3$　　（2） $f(x) = x^3$

3 微分公式

導関数に関して成立するいくつかの公式について紹介しておこう。

定理 2.9 [定数倍と和，差の微分公式]

関数 $f(x)$ と $g(x)$ がある区間 I において微分可能なとき，$cf(x)$（c は定数）と $f(x) \pm g(x)$ も I で微分可能であり，次の式が成立する。

(1) $\{cf(x)\}' = c\{f(x)\}'$　　(2) $\{f(x) \pm g(x)\}' = f'(x) \pm g'(x)$

定理 2.10 [積と商の微分公式]

$f(x)$，$g(x)$ がある区間 I において微分可能なとき，$f(x)g(x)$，$\dfrac{f(x)}{g(x)}$（ただし $g(x) \neq 0$）も I で微分可能であり，次の公式が成立する。

(1) $\{f(x)g(x)\}' = f'(x)g(x) + f(x)g'(x)$

(2) $\left\{\dfrac{f(x)}{g(x)}\right\}' = \dfrac{f'(x)g(x) - f(x)g'(x)}{\{g(x)\}^2}$

《説明》 いずれも導関数の定義の式を変形することにより求められる。

商の微分公式において，特に $f(x) = 1$ とおくと

$$\left\{\frac{1}{g(x)}\right\}' = -\frac{g'(x)}{\{g(x)\}^2}$$

の公式が導ける。　　　　　　　　　　　　　　　　　　　　　　（説明終）

やってはダメだよ。

$\{f(x) \cdot g(x)\}' \neq f'(x) \cdot g'(x)$

$\left|\dfrac{f(x)}{g(x)}\right|' \neq \dfrac{f'(x)}{g'(x)}$

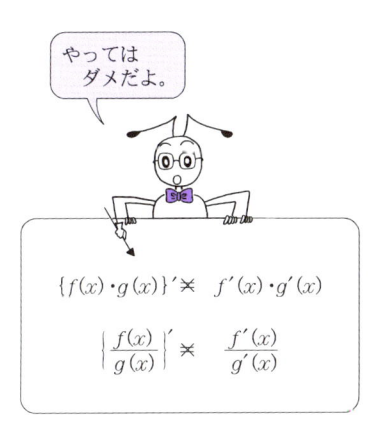

例題 2.14

次の関数を微分してみよう。

(1) $x+3x^2$ (2) $2x^3-x^2+5x-3$

解 定数倍と和，差の微分公式を使って計算する。

(1) $(x+3x^2)' = x' + (3x^2)'$
$= x' + 3(x^2)'$
$= 1 + 3 \cdot 2x = \boxed{1+6x}$

$(cf)' = cf'$ （c：定数）
$(f \pm g)' = f' \pm g'$

(2) $(2x^3-x^2+5x-3)'$
$= (2x^3)' - (x^2)' + (5x)' - 3'$
$= 2(x^3)' - (x^2)' + 5x' - 3'$
$= 2 \cdot 3x^2 - 2x + 5 \cdot 1 - 0$
$= \boxed{6x^2 - 2x + 5}$

（解終）

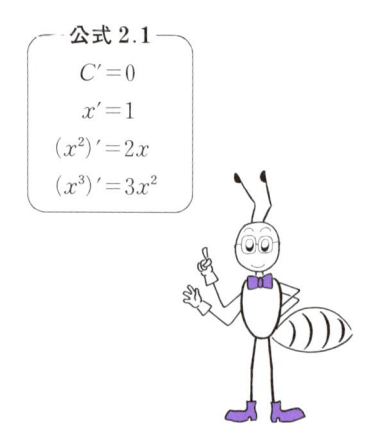

公式 2.1
$C' = 0$
$x' = 1$
$(x^2)' = 2x$
$(x^3)' = 3x^2$

練習問題 2.14

解答は p. 215

次の関数を微分しなさい。

(1) $5x^3-2$ (2) $1+x+2x^2-3x^3$

=== 例題 2.15 ===

次の関数を微分してみよう。

(1) $x(x^3+3x^2+4)$　　(2) $\dfrac{x}{x^2-1}$

解　積と商の微分公式の練習なので(1)は展開しないで求めてみよう。微分公式を見ながら計算すると

(1)　$\{x(x^3+3x^2+4)\}' = x'(x^3+3x^2+4) + x(x^3+3x^2+4)'$
$= 1(x^3+3x^2+4) + x\{(x^3)' + (3x^2)' + 4'\}$
$= x^3+3x^2+4 + x(3x^2 + 3\cdot 2x + 0)$
$= x^3+3x^2+4 + 3x^3+6x^2 = \boxed{4x^3+9x^2+4}$

(2)　$\left(\dfrac{x}{x^2-1}\right)' = \dfrac{x'(x^2-1) - x(x^2-1)'}{(x^2-1)^2}$
$= \dfrac{1(x^2-1) - x\{(x^2)' - 1'\}}{(x^2-1)^2}$
$= \dfrac{x^2-1 - x(2x-0)}{(x^2-1)^2} = \dfrac{x^2-1-2x^2}{(x^2-1)^2} = \dfrac{-x^2-1}{(x^2-1)^2}$
$= \boxed{-\dfrac{x^2+1}{(x^2-1)^2}}$ 　　　　　(解終)

$(f \cdot g)' = f' \cdot g + f \cdot g'$

$\left(\dfrac{f}{g}\right)' = \dfrac{f' \cdot g - f \cdot g'}{g^2}$

=== 練習問題 2.15 ===　　解答は p.215

次の関数を微分しなさい。

(1) $(2x^3-x)(x^2+1)$　　(2) $\dfrac{3x^2+2}{x^3-x+1}$

定理 2.11 ［合成関数の微分公式］

$u=f(x)$ は区間 I で微分可能，$y=g(u)$ は区間 J で微分可能とし，$u=f(x)$ の値域は J に含まれるとする。このとき，**合成関数** $y=g(f(x))$ は区間 I で微分可能で，次の微分公式が成立する。

$$y'=g'(u)f'(x) \quad \text{または} \quad \frac{dy}{dx}=\frac{dy}{du}\frac{du}{dx}$$

《説明》 $u=f(x)$ と $y=g(u)$ の 2 つの関数の対応関係は次のようにかける。

$$I \xrightarrow{\;f\;} J \xrightarrow{\;g\;} (-\infty, \infty)$$
$$x \longmapsto u=f(x)$$
$$u \longmapsto y=g(u)$$

この 2 つの対応を続けて行うのが合成関数 $y=g(f(x))$ である。

$$I \longrightarrow (-\infty, \infty)$$
$$x \longmapsto y=g(f(x))$$

この微分公式は，合成関数の微分がそれぞれの微分 $g'(u)$ と $f'(x)$ の積になっていることを示しており，$y=g(f(x))$ の導関数の定義式を変形することにより証明される。 （説明終）

合成関数の微分公式

$y=g(f(x))$ において

$u=f(x)$ とおくと $\quad y=g(u)$

$y'=g'(u)f'(x) \quad$ または $\quad \dfrac{dy}{dx}=\dfrac{dy}{du}\dfrac{du}{dx}$

例題 2.16

合成関数の微分公式を使って，次の関数を微分してみよう。

(1) $y=(x^2-5x+2)^3$ (2) $y=(x^3-x^2+x-1)^2$

解 (1) $y'=g'(u)f'(x)$ の公式を使って求めてみる。

$u=x^2-5x+2$ とおくと $y=u^3$ なので

$$y'=(u^3)'(x^2-5x+2)'$$
$$=(3u^2)\{(x^2)'-(5x)'+2'\}$$
$$=3u^2(2x-5+0)$$

u をもとにもどすと

$$=3(x^2-5x+2)^2(2x-5)$$

―― 合成関数の微分公式 ――
$y=g(f(x))$ において
$u=f(x)$ とおくと $y=g(u)$
$$y'=g'(u)f'(x)$$
または
$$\frac{dy}{dx}=\frac{dy}{du}\frac{du}{dx}$$

(2) $\dfrac{dy}{dx}=\dfrac{dy}{du}\dfrac{du}{dx}$ の公式を使って求めてみる。

$u=x^3-x^2+x-1$ とおくと $y=u^2$。

$$\frac{dy}{du}=「y を u で微分」=(u^2)'=2u$$

$$\frac{du}{dx}=「u を x で微分」=(x^3-x^2+x-1)'$$
$$=(x^3)'-(x^2)'+x'-1'=3x^2-2x+1$$

$$\therefore \quad \frac{dy}{dx}=\frac{dy}{du}\frac{du}{dx}=(2u)(3x^2-2x+1)$$

―― 公式 2.1 ――
$C'=0$
$x'=1$
$(x^2)'=2x$
$(x^3)'=3x^2$

u をもとにもどすと

$$=2(x^3-x^2+x-1)(3x^2-2x+1)$$

(解終)

練習問題 2.16   解答は p.216

合成関数の微分公式を使って，次の関数を微分しなさい。

(1) $y=(5x^2-2x+3)^3$ (2) $y=(2x^3-x+2)^2$

§2 初等関数の導関数

1 整式，有理式の微分

公式 2.2
$$(x^n)' = nx^{n-1} \quad (n=1, 2, 3, \cdots)$$

《説明》 $(x^n)'$ について，$n=1, 2, 3$ の場合はすでに導いてあったので，数学的帰納法を使うことにより，すべての自然数 n についてこの公式が成立することが示せる。　　　　　　　　　　　　　　　　　　　　　　　　　　　（説明終）

公式 2.3
$$(x^{-n})' = -nx^{-n-1} \quad (n=1, 2, 3, \cdots)$$

$$\left(\frac{1}{g}\right)' = -\frac{g'}{g^2}$$

【証明】 商の微分公式を使って示そう。
$$(x^{-n})' = \left(\frac{1}{x^n}\right)' = -\frac{(x^n)'}{(x^n)^2}$$

公式 2.2 より $(x^n)' = nx^{n-1}$ なので
$$= -\frac{nx^{n-1}}{x^{2n}} = -nx^{(n-1)-2n} = -nx^{-n-1} \quad \text{（証明終）}$$

《説明》 以上より，すべての整数 m について
$$(x^m)' = mx^{m-1} \quad (m=0, \pm 1, \pm 2, \cdots)$$
が成立することがわかった。これを使えば n 次の**整式**（**多項式**）
$$a_n x^n + a_{n-1} x^{n-1} + \cdots + a_1 x + a_0 \quad (n：0 以上の整数)$$
や，整式の分数の形である**有理式**
$$\frac{b_m x^m + b_{m-1} x^{m-1} + \cdots + b_1 x + b_0}{a_n x^n + a_{n-1} x^{n-1} + \cdots + a_1 x + a_0} \quad (m, n：0 以上の整数)$$
の微分をすべて求めることができる。　　　　　　　　　　　　　　　（説明終）

例題 2.17

次の関数を微分してみよう。

（1） $y=(x^5+1)^6$　　（2） $y=\dfrac{1}{2x^4-x^2-3}$　　（3） $y=\dfrac{x^2}{x^8-x^4+1}$

解（1） 合成関数の微分公式を使おう。

$u=x^5+1$ とおくと $y=u^6$

$y'=(u^6)'(x^5+1)'=6u^5(5x^4+0)$

u をもとにもどして

$=6(x^5+1)^5\cdot 5x^4=\boxed{30x^4(x^5+1)^5}$

$\boxed{\begin{array}{l} y=g(f(x))\text{において}\\ u=f(x)\text{とおくと } y=g(u)\\ y'=g'(u)f'(x)\\ \text{または } \dfrac{dy}{dx}=\dfrac{dy}{du}\dfrac{du}{dx} \end{array}}$

（2） 商の微分公式より

$y'=-\dfrac{(2x^4-x^2-3)'}{(2x^4-x^2-3)^2}=-\dfrac{2\cdot 4x^3-2x-0}{(2x^4-x^2-3)^2}$

$=\boxed{-\dfrac{8x^3-2x}{(2x^4-x^2-3)^2}}$

$\boxed{\begin{array}{l} (f\cdot g)'=f'\cdot g+f\cdot g'\\ \left(\dfrac{1}{g}\right)'=-\dfrac{g'}{g^2}\\ \left(\dfrac{f}{g}\right)'=\dfrac{f'\cdot g-f\cdot g'}{g^2} \end{array}}$

（3） これも商の微分公式より

$y'=\dfrac{(x^2)'(x^8-x^4+1)-x^2(x^8-x^4+1)'}{(x^8-x^4+1)^2}$

$=\dfrac{2x(x^8-x^4+1)-x^2(8x^7-4x^3+0)}{(x^8-x^4+1)^2}$

$=\dfrac{2x^9-2x^5+2x-8x^9+4x^5-0}{(x^8-x^4+1)^2}$

$=\boxed{\dfrac{-6x^9+2x^5+2x}{(x^8-x^4+1)^2}}$

（解終）

練習問題 2.17　　　　　　　　　　　　　　　　解答は p.216

次の関数を微分しなさい。

（1） $y=(x^4-x^3+x^2-x+1)^7$　　（2） $y=\dfrac{x}{(x^5-2x^3+3)^2}$

2 三角関数の微分

三角関数の導関数を求めるには，次の極限公式が必要となる．

定理 2.12
$$\lim_{x \to 0} \frac{\sin x}{x} = 1$$

《説明》 x はラジアン単位でないと成立しないので注意しよう．この公式は x がきわめて 0 に近いところでは，$\sin x$ と x の値がほとんど一致する，つまり $\sin x ≒ x$ ということを示している． (説明終)

【証明】 $x \to 0$ ということは"0の値はとらずに x が 0 に限りなく近づくとき"という意味だったので，0 付近の x について考えればよい．

まず $x > 0$ とする．右下の図のように，中心 O，半径 1 の円上に $\angle AOP = x$ となる点 P をとろう．次に OP の延長上に $\angle OAT$ が直角となる点 T をとる．そして $\triangle OAP$，扇形 OAP，$\triangle OAT$ の面積を比較してみると

$$\triangle OAP < 扇形 OAP < \triangle OAT$$

である．各面積を計算して代入すると

$$\frac{1}{2}\sin x < \frac{x}{2} < \frac{1}{2}\tan x$$

$\tan x = \dfrac{\sin x}{\cos x}$，$\sin x > 0$ なので

$$1 > \frac{\sin x}{x} > \cos x$$

ここで $x \to +0$ (正の値で 0 に近づける) とすると

$$\lim_{x \to +0} \frac{\sin x}{x} = 1$$

が導ける．
$x < 0$ のときは $x = -t$ $(t > 0)$ とおくと，$x \to -0$ (負の値で 0 に近づける) とき

$$\lim_{x \to -0} \frac{\sin x}{x} = \lim_{t \to +0} \frac{\sin(-t)}{-t} = \lim_{t \to +0} \frac{-\sin t}{-t} = \lim_{t \to +0} \frac{\sin t}{t} = 1$$

いずれの場合にも 1 に収束するので，定理が成立する． (証明終)

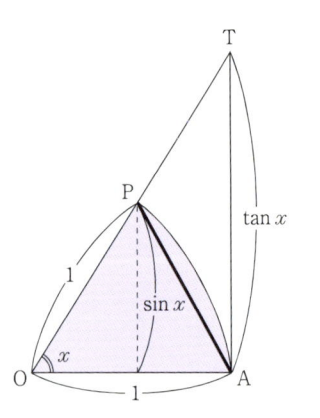

> **公式 2.4**
> （1） $(\sin x)' = \cos x$ 　　（2） $(\cos x)' = -\sin x$
> （3） $(\tan x)' = \dfrac{1}{\cos^2 x}$

【証明】　三角関数の微分公式を示すには，三角関数において成り立っている種々の公式が必要である。

（1）　微分の定義に従ってはじめると
$$(\sin x)' = \lim_{h \to 0} \frac{\sin(x+h) - \sin x}{h}$$

定理 2.4 (p.106) を使って分子の差を積の形に直すと
$$= \lim_{h \to 0} \frac{2 \cos \dfrac{(x+h)+x}{2} \sin \dfrac{(x+h)-x}{2}}{h}$$
$$= \lim_{h \to 0} \frac{2 \cos \dfrac{2x+h}{2} \sin \dfrac{h}{2}}{h}$$

前頁の極限に関する公式を使えるように変形すると
$$= \lim_{h \to 0} 2 \cos \frac{2x+h}{2} \cdot \frac{\sin \dfrac{h}{2}}{\dfrac{h}{2}} \cdot \frac{1}{2}$$

$$\boxed{\lim_{x \to 0} \frac{\sin x}{x} = 1}$$

極限値を考えて
$$= 2 \cos \frac{2x}{2} \cdot 1 \cdot \frac{1}{2} = \cos x$$

∴　$(\sin x)' = \cos x$

（2）　$(\cos x)'$ も (1) と同様に示せる。

（3）　$\tan x = \dfrac{\sin x}{\cos x}$ なので商の微分公式より導ける。

(証明終)

> 極限公式の使い方がちょっとむずかしい。

公式 2.5

(1) $(\sin ax)' = a\cos ax$

(2) $(\cos ax)' = -a\sin ax$ （a：定数）

(3) $(\tan ax)' = \dfrac{a}{\cos^2 ax}$

合成関数の微分公式

$y = g(u),\ u = f(x)$ のとき
$$y' = g'(u)f'(x)$$

【証明】 いずれも合成関数の微分公式を使って示そう。

(1) $y = \sin ax$ において $u = ax$ とおくと $y = \sin u$。
$$y' = (\sin u)'(ax)' = \cos u \cdot a = a\cos u = a\cos ax$$

(2)(3) も同様に示せる。　　　　　　　　　　　　　　　　　　　　　（証明終）

例題 2.18

次の関数を微分してみよう。

(1) $y = \sin x + \cos 3x$　　(2) $y = x\tan 2x$

［解］ (1) 公式 2.4 と 2.5 を使って
$$y' = (\sin x + \cos 3x)' = (\sin x)' + (\cos 3x)' = \boxed{\cos x - 3\sin 3x}$$

(2) 積の微分公式を使って
$$y' = (x\tan 2x)' = x'\tan 2x + x(\tan 2x)'$$

上の公式 2.5 より
$$= 1 \cdot \tan 2x + x \cdot \dfrac{2}{\cos^2 2x} = \boxed{\tan 2x + \dfrac{2x}{\cos^2 2x}}$$　　　　（解終）

練習問題 2.18　　解答は p.217

次の関数を微分しなさい。

(1) $y = 2\cos x - \sin x$　　(2) $y = x^2 \tan x$

(3) $y = \sin 2x \cos 3x$　　(4) $y = \dfrac{\sin x}{x}$

$(f \cdot g)' = f' \cdot g + f \cdot g'$

$\left(\dfrac{f}{g}\right)' = \dfrac{f' \cdot g - f \cdot g'}{g^2}$

3 指数関数，対数関数の微分

指数関数，対数関数の微分を求めるには，次の極限公式が必要となる。

定理 2.13

$$\lim_{x \to 0} \frac{e^x - 1}{x} = 1, \quad \lim_{x \to 0}(1+x)^{\frac{1}{x}} = e$$

《説明》 特別な指数関数

$$y = e^x$$

を思い出してみよう。この関数は $x=0$ における接線の傾きが1の指数関数であった。つまり

$$f'(0) = 1$$

という性質をもっている。この微分係数を定義に従って書き直すと

$$f'(0) = \lim_{h \to 0} \frac{f(0+h) - f(0)}{h}$$
$$= \lim_{h \to 0} \frac{e^{0+h} - e^0}{h} = \lim_{h \to 0} \frac{e^h - 1}{h}$$

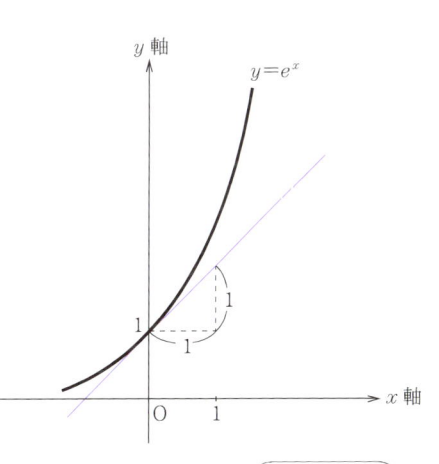

h を x に直して

$$= \lim_{x \to 0} \frac{e^x - 1}{x}$$

$$\therefore \quad \lim_{x \to 0} \frac{e^x - 1}{x} = 1$$

また，この極限公式より

$$e = \lim_{x \to 0}(1+x)^{\frac{1}{x}}$$

という式も導ける。 　　　　　　　　　　（説明終）

$e^0 = 1$

"e"は特別な数だった。

公式 2.6

（1） $(e^x)' = e^x$ 　　（3） $(\log x)' = \dfrac{1}{x}$ 　$(x > 0)$

（2） $(e^{ax})' = ae^{ax}$

【証明】 （1） $f(x) = e^x$ とおくと微分の定義と指数法則（定理 2.5, p.109）より

$$f'(x) = \lim_{h \to 0} \frac{f(x+h) - f(x)}{h} = \lim_{h \to 0} \frac{e^{x+h} - e^x}{h} = \lim_{h \to 0} \frac{e^x e^h - e^x}{h}$$

$$= \lim_{h \to 0} \frac{e^x(e^h - 1)}{h} = \lim_{h \to 0} e^x \cdot \frac{e^h - 1}{h}$$

ここで前頁の極限公式を用いると

$$= e^x \cdot 1 = e^x$$

（2）（1）をもとにして合成関数の微分公式を使おう。

　$y = e^{ax}$ とし $u = ax$ とおくと $y = e^u$

　　$y' = (e^u)'(ax)' = e^u \cdot a = ae^{ax}$

（3） $f(x) = \log x$ とおいて定義に従って求める。途中，対数法則（定理 2.6, p.113）と前頁の極限公式を使うと

$$(\log x)' = \lim_{h \to 0} \frac{f(x+h) - f(x)}{h} = \lim_{h \to 0} \frac{\log(x+h) - \log x}{h}$$

$$= \lim_{h \to 0} \frac{\log \dfrac{x+h}{x}}{h} = \lim_{h \to 0} \frac{1}{h} \log\left(1 + \frac{h}{x}\right)$$

$$= \lim_{h \to 0} \log\left(1 + \frac{h}{x}\right)^{\frac{1}{h}} = \lim_{h \to 0} \log \left\{\left(1 + \frac{h}{x}\right)^{\frac{x}{h}}\right\}^{\frac{1}{x}}$$

$$= \log e^{\frac{1}{x}} = \frac{1}{x} \log e = \frac{1}{x}$$

$\boxed{\log e = 1}$

（証明終）

極限公式

$$\lim_{x \to 0} \frac{e^x - 1}{x} = 1, \quad \lim_{x \to 0} (1+x)^{\frac{1}{x}} = e$$

定理 2.13

例題 2.19

次の関数を微分してみよう。

(1) $y = e^x + 2\log x$ (2) $y = e^{-x}\log x$ (3) $y = (\log x)^2$

(4) $y = \dfrac{1}{e^{2x}+1}$

解 公式をながめながら微分しよう。

(1) $y' = (e^x + 2\log x)' = (e^x)' + 2(\log x)'$

$\quad = e^x + 2 \cdot \dfrac{1}{x} = \boxed{e^x + \dfrac{2}{x}}$

$\left(\begin{array}{l}(e^x)' = e^x \\ (e^{ax})' = ae^{ax} \\ (\log x)' = \dfrac{1}{x}\end{array}\right.$

(2) $y' = (e^{-x}\log x)' = (e^{-x})'\log x + e^{-x}(\log x)'$

$\quad = -e^{-x}\log x + e^{-x}\dfrac{1}{x} = \boxed{e^{-x}\left(\dfrac{1}{x} - \log x\right)}$

(3) 合成関数の微分公式を使う。$u = \log x$ とおくと $y = u^2$。

$\quad \therefore \ y' = (u^2)'(\log x)' = 2u\dfrac{1}{x} = \boxed{\dfrac{2\log x}{x}}$

(4) 商の微分公式を使って

$y' = -\dfrac{(e^{2x}+1)'}{(e^{2x}+1)^2} = -\dfrac{(e^{2x})' + 1'}{(e^{2x}+1)^2} = \boxed{-\dfrac{2e^{2x}}{(e^{2x}+1)^2}}$ (解終)

$\left(\begin{array}{l}(f \cdot g)' = f' \cdot g + f \cdot g' \\ \left(\dfrac{1}{g}\right)' = -\dfrac{g'}{g^2} \\ \left(\dfrac{f}{g}\right)' = \dfrac{f' \cdot g - f \cdot g'}{g^2}\end{array}\right.$

$\left(\begin{array}{l}y = g(f(x)) \text{において} \\ u = f(x) \text{とおくと} y = g(u) \\ y' = g'(u)f'(x)\end{array}\right.$

練習問題 2.19 解答は p. 217

次の関数を微分しなさい。

(1) $y = 3\log x - e^{-x}$ (2) $y = x\log x$ (3) $y = e^{x^2}$

(4) $y = \dfrac{x}{\log x}$

4 無理関数の微分

一番簡単な無理関数の微分公式を紹介しておこう。

公式 2.7

$(x^{\frac{m}{n}})' = \frac{m}{n} x^{\frac{m}{n}-1}$ （m, n は整数, $n>0$）

《説明》 公式 2.2, 2.3 と全く同じ形の公式なので覚えやすい。もっと一般的に
$$(x^a)' = ax^{a-1} \quad (a: 実数)$$
も成立する。 (説明終)

【証明】 $y = x^{\frac{m}{n}}$ とおいて両辺を n 乗すると
$$y^n = x^m$$
この両辺を x で微分する。左辺は x が表に現われていないので，合成関数の微分公式を使って変形すると

$$\frac{d}{dx}(y^n) = (x^m)'$$

$$\frac{d}{dy}(y^n)\frac{dy}{dx} = mx^{m-1}$$

$$ny^{n-1} \cdot y' = mx^{m-1}$$

$$y' = \frac{m}{n} \cdot \frac{x^{m-1}}{y^{n-1}} = \frac{m}{n} x^{m-1} \cdot y^{-(n-1)}$$

$y = x^{\frac{m}{n}}$ なので代入し，指数法則を使って計算すると

$$y' = \frac{m}{n} x^{m-1} \cdot (x^{\frac{m}{n}})^{-(n-1)}$$

$$= \frac{m}{n} x^{m-1} \cdot x^{-\frac{m}{n}(n-1)} = \frac{m}{n} x^{\frac{m}{n}-1}$$

$$\therefore \quad (x^{\frac{m}{n}})' = \frac{m}{n} x^{\frac{m}{n}-1}$$

(証明終)

定義

$x^{\frac{m}{n}} = \sqrt[n]{x^m}$

p. 108

指数法則

$x^{p+q} = x^p x^q$

$x^{-q} = \frac{1}{x^q}$

p. 109

合成関数の微分公式

$\frac{dy}{dx} = \frac{dy}{du} \cdot \frac{du}{dx}$

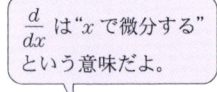

$\frac{d}{dx}$ は "x で微分する" という意味だよ。

=== 例題 2.20 ===

次の関数を微分してみよう。

(1) $y=\sqrt{x}$ (2) $y=\sqrt[3]{x^2}$ (3) $y=\dfrac{1}{\sqrt{x+1}}$

解 無理式は公式が使えるように,指数を使った形に直してから微分しよう。

(1) $y=\sqrt{x}=\sqrt[2]{x}=x^{\frac{1}{2}}$ なので

$$y'=\frac{1}{2}x^{\frac{1}{2}-1}=\frac{1}{2}x^{-\frac{1}{2}}=\frac{1}{2}\frac{1}{x^{\frac{1}{2}}}=\boxed{\frac{1}{2\sqrt{x}}}$$

(2) $y=x^{\frac{2}{3}}$ なので

$$y'=\frac{2}{3}x^{\frac{2}{3}-1}=\frac{2}{3}x^{-\frac{1}{3}}=\frac{2}{3}\frac{1}{x^{\frac{1}{3}}}=\boxed{\frac{2}{3\sqrt[3]{x}}}$$

(3) $y=\dfrac{1}{(x+1)^{\frac{1}{2}}}=(x+1)^{-\frac{1}{2}}$ において

$u=x+1$ とおくと $y=u^{-\frac{1}{2}}$

$$y'=(u^{-\frac{1}{2}})'(x+1)'=-\frac{1}{2}u^{-\frac{1}{2}-1}\cdot 1=-\frac{1}{2}u^{-\frac{3}{2}}=-\frac{1}{2}\frac{1}{u^{\frac{3}{2}}}$$

$$=-\frac{1}{2\sqrt{u^3}}=\boxed{-\frac{1}{2\sqrt{(x+1)^3}}}$$

(解終)

> 平方根だけ $\sqrt[2]{x}=\sqrt{x}$ と省略するよ。

=== 練習問題 2.20 === 解答は p.218

次の関数を微分しなさい。

(1) $y=\dfrac{1}{\sqrt{x}}$ (2) $y=\sqrt{x-1}$ (3) $y=\sqrt{1-x^2}$

§3 平均値の定理とマクローリン展開

1 平均値の定理

導関数の性質として,いくつかの定理を紹介しよう。

定理 2.14　[ロルの定理]

関数 $y=f(x)$ が $[a,b]$ で連続,(a,b) で微分可能のとき
$f(a)=f(b)$ ならば
$$f'(c)=0 \quad (a<c<b)$$
となる c が少なくとも 1 つ存在する。

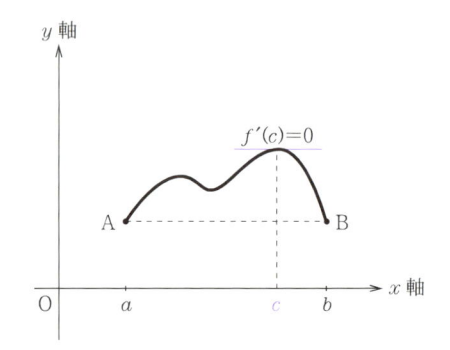

《説明》 $A(a, f(a))$,$B(b, f(b))$ としよう(上図)。点 A と点 B を連続でなめらかな曲線で結んでみると,必ず山の頂上のような点,または谷底のような点が存在するというのがこの定理の意味である。関数の連続性と微分可能性より証明される。　　　　　　　　　　　　　　　　　　　　　　　　(説明終)

定理 2.15　[平均値の定理]

関数 $y=f(x)$ が $[a,b]$ で連続,(a,b) で微分可能のとき,
$$\frac{f(b)-f(a)}{b-a}=f'(c) \quad (a<c<b)$$
となる c が少なくとも 1 つ存在する。

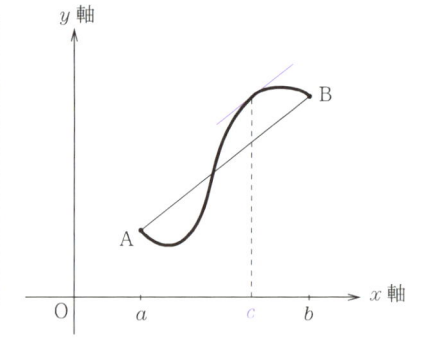

《説明》 $A(a, f(a))$,$B(b, f(b))$ とする(右上図)。A と B を連続でなめらかな曲線で結ぶと,直線 AB と同じ傾きをもつ接線が必ず引けるというのがこの定理の意味である。これはロルの定理を曲線と直線 AB の差に応用することにより証明される。　　　　　　　(説明終)

定理 2.16

関数 $y=f(x)$ が $[a,b]$ で連続，(a,b) で微分可能とする。このとき，(a,b) 内のすべての x について $f'(x)=0$ ならば $f(x)=K$（定数）である。

《説明》 この定理は平均値の定理の応用で，定数 K は後で勉強する不定積分における積分定数に相当するものである。 （説明終）

【証明】 $a<x<b$ とする。区間 $[a,x]$ において平均値の定理を使うと
$$\frac{f(x)-f(a)}{x-a}=f'(c) \quad (a<c<x) \quad \cdots\cdots \circledast$$
となる c が少なくとも 1 つ存在する。

仮定より任意の $x(a<x<b)$ について $f'(x)=0$ なので $f'(c)=0$。㊉ に代入すれば $f(x)-f(a)=0$。ゆえに $f(x)=f(a)\,(a<x<b)$。また $y=f(x)$ は $[a,b]$ で連続なので，すべての $x(a\leqq x\leqq b)$ について $f(x)=f(a)$，すなわち定数となる。 （証明終）

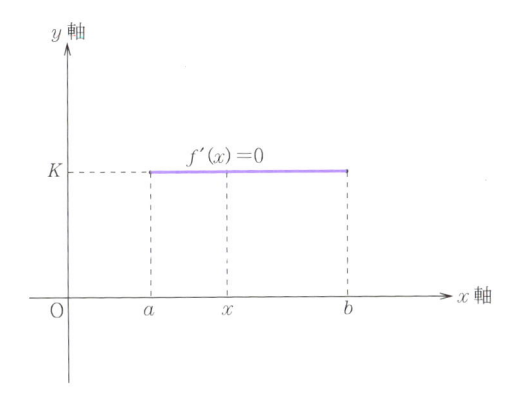

この定理は積分のところでも使われるよ。

2 n 次導関数

$y=f(x)$ が微分可能なとき，その導関数 $f'(x)$ が求められた．

$f'(x)$ がさらに微分可能であれば，その導関数 $\{f'(x)\}'$ を求めることができる．これを $f(x)$ の **2次導関数** といい $f''(x)$ で表わす．

一般に，$f(x)$ の $(n-1)$ 次導関数 $f^{(n-1)}(x)$ がさらに微分可能なとき $\{f^{(n-1)}(x)\}'$ を $f(x)$ の **n 次導関数** といい $f^{(n)}(x)$ で表わす．また

$$y^{(n)}, \quad \frac{d^n y}{dx^n}, \quad \frac{d^n}{dx^n} f(x)$$

などの記号も使う．

例題 2.21

次の関数の 1 次から 3 次までの導関数を求めてみよう．

(1) $y = 3x^2 - x + 5$　　(2) $y = \dfrac{1}{x}$

解　順に微分して求めればよい．

(1) $y' = (3x^2 - x + 5)' = 3\cdot 2x - 1 + 0 = \boxed{6x - 1}$

$\qquad y'' = (y')' = (6x-1)' = 6\cdot 1 - 0 = \boxed{6}$

$\qquad y''' = (y'')' = 6' = \boxed{0}$

$(x^a)' = ax^{a-1}$

(2) 指数を使った形に直してから微分するとやりやすい．

$\qquad y' = (x^{-1})' = -1\cdot x^{-2} = \boxed{-x^{-2}}$

$\qquad y'' = (y')' = (-x^{-2})' = -(-2)x^{-3} = \boxed{2x^{-3}}$

$\qquad y''' = (y'')' = (2x^{-3})' = 2\cdot(-3)x^{-4} = \boxed{-6x^{-4}}$

いずれも結果を分数の形に直してもよい．　　　　　　　　　　　　　　(解終)

練習問題 2.21　　　　　　　　　　　　　　　　　　　　　解答は p.218

次の関数の 1 次から 3 次までの導関数を求めなさい．

(1) $y = x^4 - x^2$　　(2) $y = \sqrt{x}$　　(3) $y = \sin 3x$

代表的な初等関数について，その n 次導関数を求めてみよう。$n=0$ の場合は $y^{(0)}=y$ とする。いずれも厳密な証明には数学的帰納法を必要とするが，それは省略する。

定理 2.17

$$(\sin x)^{(n)} = \begin{cases} \sin x & (n=4m) \\ \cos x & (n=4m+1) \\ -\sin x & (n=4m+2) \\ -\cos x & (n=4m+3) \end{cases} \quad (m=0,1,2,3,\cdots)$$

$$(\cos x)^{(n)} = \begin{cases} \cos x & (n=4m) \\ -\sin x & (n=4m+1) \\ -\cos x & (n=4m+2) \\ \sin x & (n=4m+3) \end{cases} \quad (m=0,1,2,3,\cdots)$$

【証明】 （1） $y=\sin x$ とおくと

$$y'=\cos x,\ y''=-\sin x,\ y'''=-\cos x,\ y^{(4)}=\sin x$$

このように 4 次導関数はもとの関数と同じになるので，n 次導関数は上記のようになる。

（2） $y=\cos x$ も

$$y'=-\sin x,\ y''=-\cos x,\ y'''=\sin x,\ y^{(4)}=\cos x$$

と 4 次導関数はもとの関数と同じになるので，n 次導関数は上記のようになる。

（証明終）

$(\sin x)'=\cos x$
$(\cos x)'=-\sin x$

$(\sin x)^n$ は $\sin x$ の **n 乗**
$(\sin x)^{(n)}$ は $\sin x$ の **n 次導関数**
まちがえないように。

定理 2.18

(1) $(e^x)^{(n)} = e^x$ $\qquad (n=0, 1, 2, 3, \cdots)$

(2) $(\log x)^{(n)} = \dfrac{(-1)^{n-1}(n-1)!}{x^n}$ $\qquad (n=1, 2, 3, \cdots)$

【証明】 (1) これは簡単。$y = e^x$ とおくと
$$y' = (e^x)' = e^x, \quad y'' = (y')' = (e^x)' = e^x, \quad \cdots$$
いくら微分しても変わらないので
$$y^{(n)} = e^x$$

$\boxed{\begin{array}{l}(e^x)' = e^x \\ (\log x)' = \dfrac{1}{x}\end{array}}$

(2) こちらは少し難しい。$y = \log x$ とおくと
$$y' = (\log x)' = \dfrac{1}{x}$$

このように分数の形になったとき，n 次導関数の規則性を見つけるには指数を使った形に直して微分してゆくとよい。また微分するごとに出てくる係数はやたらに計算せずそのまま残し，規則性を見つけるのに役立てよう。

$$y' = x^{-1}$$
$$y'' = (y')' = (x^{-1})' = -1 \cdot x^{-2}$$
$$y''' = (y'')' = (-1 \cdot x^{-2})' = (-1)(-2) x^{-3}$$

これで少し規則性がわかってくる。もう一度微分すると
$$y^{(4)} = (y''')' = \{(-1)(-2) x^{-3}\}' = (-1)(-2)(-3) x^{-4}$$
$$\vdots$$

出てくる係数の規則に注意すると
$$y^{(n)} = (-1)(-2)(-3) \cdots (-n+1) x^{-n}$$

これをきれいに直すと
$$= \dfrac{(-1)^{n-1} 1 \cdot 2 \cdot 3 \cdots (n-1)}{x^n}$$
$$= \dfrac{(-1)^{n-1}(n-1)!}{x^n} \qquad (ただし n = 1, 2, 3, \cdots)$$

(解終)

計算しないで
グッとがまん！

$\boxed{\begin{array}{l}\textbf{\textit{n} の階乗} \\ n! = 1 \cdot 2 \cdot 3 \cdots n \\ 0! = 1\end{array}}$

=== 例題 2.22 ===

定理の証明にならって，次の関数の n 次導関数を求めてみよう．

（1） $y = \sin 2x$　　（2） $y = \dfrac{1}{x}$

[解]（1） 4回微分してみると

$y' = 2\cos 2x$,　　$y'' = -2^2 \sin 2x$

$y''' = -2^3 \cos 2x$,　　$y^{(4)} = 2^4 \sin 2x$

$(\sin ax)' = a\cos ax$
$(\cos ax)' = -a\sin ax$

なので，係数の現れ方に注意して

$$y^{(n)} = \begin{cases} 2^n \sin 2x & (n = 4m) \\ 2^n \cos 2x & (n = 4m+1) \\ -2^n \sin 2x & (n = 4m+2) \\ -2^n \cos 2x & (n = 4m+3) \end{cases} \quad (m = 0, 1, 2, 3, \cdots)$$

となる．

（2） 指数を使った形に直してから微分していこう．

$y' = (x^{-1})' = -1 \cdot x^{-2}$

$y'' = (-1 \cdot x^{-2})' = (-1)(-2) x^{-3}$

$y''' = \{(-1)(-2) x^{-3}\}' = (-1)(-2)(-3) x^{-4}$

　　$\vdots$

係数の規則性に注意して

$y^{(n)} = (-1)(-2)(-3)\cdots(-n) x^{-(n+1)}$

$= \dfrac{(-1)^n 1 \cdot 2 \cdot 3 \cdots n}{x^{n+1}} = \dfrac{(-1)^n n!}{x^{n+1}} \quad (n = 0, 1, 2, \cdots)$

（解終）

=== 練習問題 2.22 ===　　　　　解答は p.219

定理の証明にならって，次の関数の n 次導関数を求めなさい．

（1） $y = \cos 3x$　　（2） $y = e^{-x}$　　（3） $y = \dfrac{1}{\sqrt{x}}$

3 マクローリン展開

ここでは微分を使って関数を多項式で近似することを考えよう。

定理 2.19 [テイラー展開]

関数 $f(x)$ が a を含む区間 I において何回でも微分可能とする。このとき，ある条件の下で $f(x)$ は次のようにベキ級数展開される。

$$f(x) = f(a) + \frac{f'(a)}{1!}(x-a) + \frac{f''(a)}{2!}(x-a)^2 + \cdots + \frac{f^{(n)}(a)}{n!}(x-a)^n + \cdots$$

定理 2.20 [マクローリン展開]

関数 $f(x)$ が 0 を含む区間 I において何回でも微分可能とする。このとき，ある条件の下で $f(x)$ は次のようにベキ級数展開される。

$$f(x) = f(0) + \frac{f'(0)}{1!}x + \frac{f''(0)}{2!}x^2 + \cdots + \frac{f^{(n)}(0)}{n!}x^n + \cdots$$

《説明》 $f(x)$ が多項式でない場合，n 次多項式で近似しようとすると表わしきれない部分が生じる。それを R_n とおくと

$$f(x) = (n\text{次多項式}) + R_n$$

とかくことができる。この R_n を**剰余項**という。

もし，多項式の次数 n をどんどん大きくし，$n \to \infty$ としたとき，$|R_n|$ がどんどん小さくなり $R_n \to 0$ となるなら，$f(x)$ は**ベキ級数**とよばれる多項式の極限で表わすことができる。

テイラー展開の証明はロルの定理を用いて行う。

テイラー展開において $a=0$ とおいたのがマクローリン展開である。

(説明終)

主な関数のマクローリン展開を紹介しておこう。

定理 2.21

（1） $\sin x = x - \dfrac{1}{3!}x^3 + \dfrac{1}{5!}x^5 - \cdots + \dfrac{(-1)^m}{(2m+1)!}x^{2m+1} + \cdots$

（2） $\cos x = 1 - \dfrac{1}{2!}x^2 + \dfrac{1}{4!}x^4 - \cdots + \dfrac{(-1)^m}{(2m)!}x^{2m} + \cdots$

$(-\infty < x < \infty)$

【略証明】 $f(x)$ のマクローリン展開は

$$f(x) = f(0) + \dfrac{f'(0)}{1!}x + \dfrac{f''(0)}{2!}x^2 + \cdots + \dfrac{f^{(n)}(0)}{n!}x^n + \cdots$$

なので，$f(x)$ の n 次導関数 $f^{(n)}(x)$ が必要である。

（1） $f(x) = \sin x$ とおくと定理 2.17 (p.141) より

$$f^{(n)}(x) = \begin{cases} \sin x & (n=4m) \\ \cos x & (n=4m+1) \\ -\sin x & (n=4m+2) \\ -\cos x & (n=4m+3) \end{cases} \quad (m=0,1,2,3,\cdots)$$

の4通りに表わされた。$x=0$ での値を

$$f^{(n)}(0) = \begin{cases} \sin 0 = 0 & (n=4m) \\ \cos 0 = 1 & (n=4m+1) \\ -\sin 0 = 0 & (n=4m+2) \\ -\cos 0 = -1 & (n=4m+3) \end{cases} \longrightarrow \begin{matrix} 0 & (n=2m) \\ (-1)^m & (n=2m+1) \end{matrix}$$

と2通りにまとめておくと

$$\sin x = 0 + \dfrac{1}{1!}x + \dfrac{0}{2!}x^2 + \dfrac{-1}{3!}x^3 + \cdots + \dfrac{0}{(2m)!}x^{2m}$$
$$+ \dfrac{(-1)^m}{(2m+1)!}x^{2m+1} + \cdots$$
$$= x - \dfrac{1}{3!}x^3 + \cdots + \dfrac{(-1)^m}{(2m+1)!}x^{2m+1} + \cdots$$

（2）も同様に導ける。

両方とも $-\infty < x < \infty$ の範囲で $R_n \to 0\ (n\to\infty)$ となる。 (略証明終)

定理 2.22

(1) $\quad e^x = 1 + \dfrac{1}{1!}x + \dfrac{1}{2!}x^2 + \cdots + \dfrac{1}{n!}x^n + \cdots \qquad (-\infty < x < \infty)$

(2) $\quad \log(1+x) = x - \dfrac{1}{2}x^2 + \dfrac{1}{3}x^3 - \cdots + \dfrac{(-1)^{n-1}}{n}x^n + \cdots \quad (-1 < x \leqq 1)$

【略証明】 (1) $f(x) = e^x$ とおくと定理 2.18 (p.142) の (1) より

$$f^{(n)}(x) = e^x \text{ なので } f^{(n)}(0) = e^0 = 1 \quad (n = 0, 1, 2, 3, \cdots)$$

$$\therefore \quad e^x = 1 + \dfrac{1}{1!}x + \dfrac{1}{2!}x^2 + \cdots + \dfrac{1}{n!}x^n + \cdots$$

また，$-\infty < x < \infty$ において $R_n \to 0 \ (n \to \infty)$ となる。

(2) $f(x) = \log(1+x)$ とおくと定理 2.18 の (2) と同様にして

$$f^{(n)}(x) = \dfrac{(-1)^{n-1}(n-1)!}{(1+x)^n} \qquad (n = 1, 2, 3, \cdots)$$

$$\therefore \quad \dfrac{f^{(n)}(0)}{n!} = \dfrac{(-1)^{n-1}(n-1)!}{n!}$$

$$= \dfrac{(-1)^{n-1}(n-1)(n-2)\cdots 2 \cdot 1}{n(n-1)\cdots 2 \cdot 1}$$

$$= \dfrac{(-1)^{n-1}}{n} \qquad (n = 1, 2, 3, \cdots)$$

また，$f(0) = \log 1 = 0$ なので

$$\log(1+x) = 0 + \dfrac{(-1)^0}{1}x + \dfrac{(-1)^1}{2}x^2 + \cdots$$

$$\qquad\qquad + \dfrac{(-1)^{n-1}}{n}x^n + \cdots$$

$$= x - \dfrac{1}{2}x^2 + \cdots + \dfrac{(-1)^{n-1}}{n}x^n + \cdots$$

剰余項 R_n についての条件 $R_n \to 0 \ (n \to \infty)$ より，この展開は $-1 < x \leqq 1$ の範囲に制限される。（略証明終）

> まず $f^{(n)}(x)$ を求めるんだね。

$$n! = 1 \cdot 2 \cdot 3 \cdots n$$
$$0! = 1$$

例題 2.23

定理 2.21，定理 2.22 を使って，次の関数を 3 次多項式で近似してみよう．

（1） $y=\log(1-x)$　　（2） $y=e^x \sin x$

解　（1）　定理 2.22（左頁）より $\log(1+x)$ を 3 次の多項式で近似すると

$$\log(1+x) \fallingdotseq x - \frac{1}{2}x^2 + \frac{1}{3}x^3$$

この x のところに $-x$ を代入すると

$$\log(1-x) \fallingdotseq (-x) - \frac{1}{2}(-x)^2 + \frac{1}{3}(-x)^3$$

$$\therefore \quad \log(1-x) \fallingdotseq -x - \frac{1}{2}x^2 - \frac{1}{3}x^3$$

（2）　定理 2.22（左頁）と定理 2.21（p.145）より，e^x と $\sin x$ をそれぞれ 3 次多項式で近似すると

$$e^x \sin x \fallingdotseq \left(1 + \frac{1}{1!}x + \frac{1}{2!}x^2 + \frac{1}{3!}x^3\right)\left(x - \frac{1}{3!}x^3\right)$$

$$= \left(1 + x + \frac{1}{2}x^2 + \frac{1}{6}x^3\right)\left(x - \frac{1}{6}x^3\right)$$

これを展開して x^4 以上の項を省略すれば

$$e^x \sin x \fallingdotseq x + x^2 + \frac{1}{3}x^3$$

（解終）

《説明》　$x=0$ の近くでは求めた 3 次関数のグラフはもとの関数のグラフとほとんど一致する（右図参照）．　（説明終）

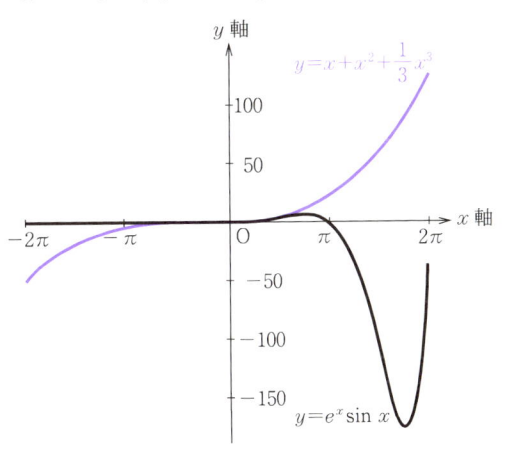

練習問題 2.23　　　　　　　解答は p.219

定理 2.21，定理 2.22 を利用して次の関数を 3 次多項式で近似しなさい．

（1）　$y = e^{2x}$　　（2）　$y = x\cos x$

定理 2.23 [二項展開]

実数 α (ただし $\alpha \neq 0, 1, 2, 3, \cdots$) に対し

$$(1+x)^\alpha = \binom{\alpha}{0} + \binom{\alpha}{1}x + \binom{\alpha}{2}x^2 + \cdots + \binom{\alpha}{n}x^n + \cdots \quad (|x|<1)$$

ただし $\binom{\alpha}{k} = \dfrac{\alpha(\alpha-1)(\alpha-2)\cdots(\alpha-k+1)}{k!}$, $\binom{\alpha}{0}=1$

《説明》 この二項展開は，二項定理

$$(a+b)^n = {}_nC_0 a^n b^0 + {}_nC_1 a^{n-1} b^1 + \cdots + {}_nC_k a^{n-k} b^k + \cdots + {}_nC_n a^0 b^n$$

の一般化である。 (説明終)

【略証明】 $f(x)=(1+x)^\alpha$ とおいて，まず $f^{(n)}(x)$ と $f^{(n)}(0)$ を求めよう。

$f'(x) = \alpha(1+x)^{\alpha-1}$ $\qquad\qquad f'(0) = \alpha$

$f''(x) = \alpha(\alpha-1)(1+x)^{\alpha-2}$ $\qquad f''(0) = \alpha(\alpha-1)$

$f'''(x) = \alpha(\alpha-1)(\alpha-2)(1+x)^{\alpha-3}$ $\qquad f'''(0) = \alpha(\alpha-1)(\alpha-2)$

$\vdots \qquad\qquad\qquad\qquad\qquad\qquad \vdots$

$f^{(n)}(x) = \alpha(\alpha-1)\cdots(\alpha-n+1)(1+x)^{\alpha-n}$ $\qquad f^{(n)}(0) = \alpha(\alpha-1)\cdots(\alpha-n+1)$

$\vdots \qquad\qquad\qquad\qquad\qquad\qquad \vdots$

ゆえに $f(x)=(1+x)^\alpha$ のマクローリン展開は

$$(1+x)^\alpha = f(0) + \frac{f'(0)}{1!}x + \frac{f''(0)}{2!}x^2 + \cdots + \frac{f^{(n)}(0)}{n!}x^n + \cdots$$

$$= 1 + \frac{\alpha}{1!}x + \frac{\alpha(\alpha-1)}{2!}x^2 + \cdots + \frac{\alpha(\alpha-1)\cdots(\alpha-n+1)}{n!}x^n + \cdots$$

$$= \binom{\alpha}{0} + \binom{\alpha}{1}x + \binom{\alpha}{2}x^2 + \cdots + \binom{\alpha}{n}x^n + \cdots$$

剰余項 R_n についての条件 $R_n \to 0$ $(n \to \infty)$ より $|x|<1$ の範囲に制限される。

(略証明終)

例題 2.24

二項展開を用いて次の関数を3次多項式で近似してみよう。

(1) $y=\sqrt{1+x}$　　(2) $y=\dfrac{1}{1-x}$

解 (1) $y=(1+x)^{\frac{1}{2}}$ なので，二項展開において $a=\dfrac{1}{2}$ とおき，x^3 の項までとると

$$(1+x)^{\frac{1}{2}} \fallingdotseq \binom{\frac{1}{2}}{0}+\binom{\frac{1}{2}}{1}x+\binom{\frac{1}{2}}{2}x^2+\binom{\frac{1}{2}}{3}x^3 \quad (|x|<1)$$

それぞれの係数を計算しよう。

$$\binom{\frac{1}{2}}{0}=1, \quad \binom{\frac{1}{2}}{1}=\frac{\frac{1}{2}}{1!}=\frac{1}{2}, \quad \binom{\frac{1}{2}}{2}=\frac{\frac{1}{2}\left(\frac{1}{2}-1\right)}{2!}=-\frac{1}{8}$$

$$\binom{\frac{1}{2}}{3}=\frac{\frac{1}{2}\left(\frac{1}{2}-1\right)\left(\frac{1}{2}-2\right)}{3!}=\frac{1}{16}$$

$$\therefore \quad \sqrt{1+x} \fallingdotseq 1+\frac{1}{2}x-\frac{1}{8}x^2+\frac{1}{16}x^3 \quad (|x|<1)$$

(2) $y=(1-x)^{-1}$ なので，二項展開において $a=-1$，x を $-x$ におきかえて3次の項までとると

$$(1-x)^{-1} \fallingdotseq \binom{-1}{0}+\binom{-1}{1}(-x)+\binom{-1}{2}(-x)^2+\binom{-1}{3}(-x)^3 \quad (|-x|<1)$$

$$\binom{-1}{0}=1, \quad \binom{-1}{1}=\frac{-1}{1!}=-1, \quad \binom{-1}{2}=\frac{-1\cdot(-1-1)}{2!}=1,$$

$$\binom{-1}{3}=\frac{1\cdot(-1-1)(-1-2)}{3!}=-1$$

$$\therefore \quad \frac{1}{1-x} \fallingdotseq 1+x+x^2+x^3 \quad (|x|<1) \qquad\text{(解終)}$$

練習問題 2.24 解答は p. 220

$y=\dfrac{1}{\sqrt{1+x}}$ を3次多項式で近似しなさい。

§4 関数の増減とグラフの凸凹

ここでは導関数を利用して関数のグラフの概形を描くことを勉強しよう。
まず1次導関数を調べることにより次のことがわかる。

定理 2.24

関数 $y=f(x)$ が a を含む区間で微分可能とする。このとき
(1)　$f'(a)>0 \Longrightarrow f(x)$ は $x=a$ において増加の状態
(2)　$f'(a)<0 \Longrightarrow f(x)$ は $x=a$ において減少の状態
である。

【証明】　微分係数の定義より
$$f'(a)=\lim_{h\to 0}\frac{f(a+h)-f(a)}{h}$$
であった。

(1)　$f'(a)>0$ ということは，$|h|$ が十分小さいところでは $\dfrac{f(a+h)-f(a)}{h}>0$ を意味する。つまり

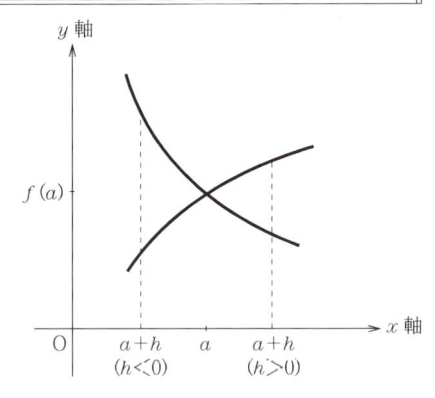

$$f'(a)>0 \Longrightarrow \begin{cases} h>0 \text{ のとき } & f(a+h)-f(a)>0 \\ h<0 \text{ のとき } & f(a+h)-f(a)<0 \end{cases}$$

ゆえに $f'(a)>0$ なら $x=a$ で増加の状態である。

(2)　$f'(a)<0$ ということは，$|h|$ が十分小さいところでは $\dfrac{f(a+h)-f(a)}{h}<0$ を意味する。つまり

$$f'(a)<0 \Longrightarrow \begin{cases} h>0 \text{ のとき } & f(a+h)-f(a)<0 \\ h<0 \text{ のとき } & f(a+h)-f(a)>0 \end{cases}$$

ゆえに $f'(a)<0$ なら $x=a$ で減少の状態である。　　　　　　（証明終）

定義

関数 $y=f(x)$ が $x=a$ を境として増加の状態から減少の状態に変化するとき, $y=f(x)$ は $x=a$ において極大になるといい, $f(a)$ を極大値という。

逆に $y=f(x)$ が $x=a$ を境として減少の状態から増加の状態に変化するとき, $y=f(x)$ は $x=a$ において極小になるといい, $f(a)$ を極小値という。

極大値, 極小値を合わせて極値という。

《説明》 $y=f(x)$ が $x=a$ において極大になるということは, $x=a$ の十分近くでは $f(a)$ の値が一番大きい, つまり $x=a$ 付近で最大という意味である。$x=a$ において極小になるということは, $x=a$ の十分近くでは $f(a)$ の値が一番小さい, つまり $x=a$ 付近で最小という意味である。

また, この極大, 極小を定理 2.24 に従って微分係数を使い表に表わしてみると下のようになる。このような表を $y=f(x)$ の増減表という。　　　（説明終）

x	$\cdots$	a	$\cdots$
$f'(x)$	$+$		$-$
$f(x)$	↗ 増加	$f(a)$ 極大	↘ 減少

x	$\cdots$	a	$\cdots$
$f'(x)$	$-$		$+$
$f(x)$	↘ 減少	$f(a)$ 極小	↗ 増加

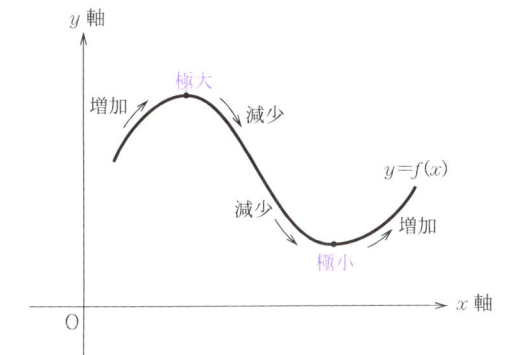

極大は山の頂上
極小は谷底だね。

定理 2.25

$y=f(x)$ が a を含む区間で微分可能とする。このとき
$$x=a \text{ で極値をとれば } f'(a)=0$$
である。

【証明】 $x=a$ で極大値をとるとすると，増加から減少の状態に変わるので，
$h>0$ のとき $f(a+h)-f(a)<0$, $h<0$ のとき $f(a+h)-f(a)<0$

∴ $\lim_{h \to +0} \dfrac{f(a+h)-f(a)}{h} \leqq 0,$ $\lim_{h \to -0} \dfrac{f(a+h)-f(a)}{h} \geqq 0$

となる。しかし，仮定より微分係数 $f'(a)$ は存在するので $f'(a)=0$

$x=a$ で極小値をとる場合も同様にして示される。 (証明終)

《説明》 この定理は，
$$x=a \text{ で極値をとる} \Longrightarrow f'(a)=0$$
を言っているだけで
$$f'(a)=0 \Longrightarrow x=a \text{ で極値をとる}$$
とは言っていないので注意しよう。$f'(a)=0$ となる a は，あくまでも極値をとる候補であり，本当に極値をとるかどうかは，その前後の $f'(x)$ の正負を調べなければいけない。たとえば，右図の状態を増減表に表わしてみると下のようになる。 (説明終)

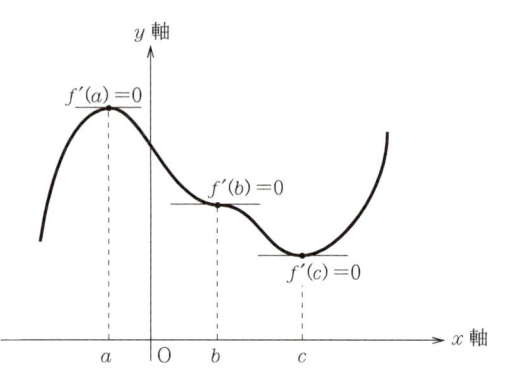

x	$\cdots$	a	$\cdots$	b	$\cdots$	c	$\cdots$
$f'(x)$	+	0	−	0	−	0	+
$f(x)$	↗ 増加	$f(a)$ 極大	↘ 減少	$f(b)$	↘ 減少	$f(c)$ 極小	↗ 増加

§4 関数の増減とグラフの凸凹

さらに2次導関数を調べることにより，次のことがわかる．

定理 2.26

関数 $y=f(x)$ が a を含む区間で2回微分可能とする．このとき
(1) $f''(a)>0 \Longrightarrow f(x)$ は $x=a$ において下に凸の状態
(2) $f''(a)<0 \Longrightarrow f(x)$ は $x=a$ において上に凸の状態
である．

【証明】 定理2.24(p.150)における $y=f(x)$ を $y=f'(x)$ におきかえると
(1) $f''(a)>0 \Longrightarrow f'(x)$ は $x=a$ において増加の状態
(2) $f''(a)<0 \Longrightarrow f'(x)$ は $x=a$ において減少の状態
微分係数はその点での接線の傾きを表わしていたので，これらをかき直すと
(1) $f''(a)>0 \Longrightarrow x=a$ において接線の傾きが増えつつある
$\Longrightarrow x=a$ で下に凸
(2) $f''(a)<0 \Longrightarrow x=a$ において接線の傾きが減りつつある
$\Longrightarrow x=a$ で上に凸

となる(下図参照)． (証明終)

《説明》 増減表に

増加かつ下に凸の状態なら ↗，増加かつ上に凸の状態なら ⌒
減少かつ下に凸の状態なら ↘，減少かつ上に凸の状態なら ⌢

の記号を記入しておくとグラフの概形を描きやすい． (説明終)

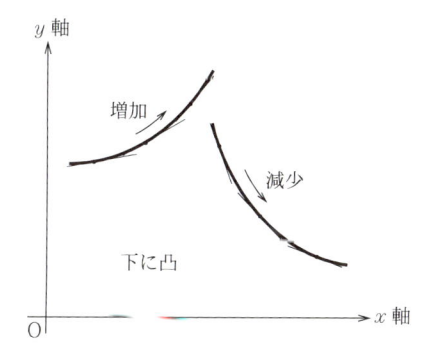

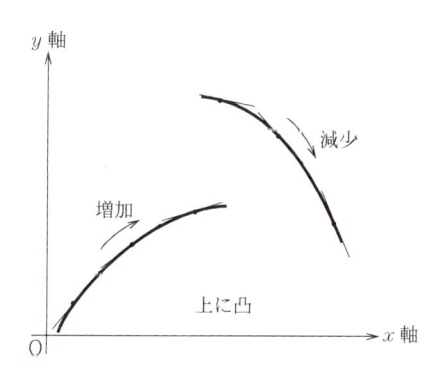

例題 2.25

$y = x^3 - 3x^2 + 1$ について，y'，y'' や $x \to \pm\infty$ のときの状況などを調べてグラフの概形を描いてみよう。

解 $y' = 3x^2 - 6x = 3x(x-2)$

$y' = 0$ のとき $x = 0, 2$。この前後で y' が+か-か調べて増減表に記入しよう。

$y'' = 6x - 6 = 6(x-1)$

$y'' = 0$ のとき $x = 1$。この前後で y'' が+か-かを調べて増減表に記入しよう。

> 増減表をしっかりかこう。

x	$-\infty$	$\cdots$	0	$\cdots$	1	$\cdots$	2	$\cdots$	$+\infty$
y'		$+$	0	$-$	$-$	$-$	0	$+$	
y''		$-$	$-$	$-$	0	$+$	$+$	$+$	
y	$-\infty$	⌒	1	⌒	-1	⌣	-3	⌣	$+\infty$

　　　　　　　　　極大　　　　　　　　極小

$x \to \pm\infty$ のときの極限値を調べると

$$\lim_{x \to +\infty} y = \lim_{x \to +\infty} \{x^2(x-3) + 1\}$$
$$= (+\infty)(+\infty) + 1 = +\infty$$
$$\lim_{x \to -\infty} y = \lim_{x \to -\infty} \{x^2(x-3) + 1\}$$
$$= (+\infty)(-\infty) + 1 = -\infty$$

でき上がった増減表をもとにグラフを描くと右図のようになる。x 軸との交点はきちんと出ないので，$x = -1$ や 3 のときの y の値を参考にして描こう。

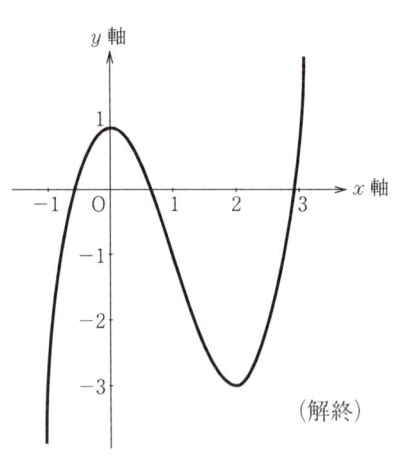

(解終)

練習問題 2.25　　　　　　　　　解答は p.221

次の関数のグラフを描きなさい。

（1）$y = x^3 - 3x^2 - 9x + 1$　　（2）$y = \dfrac{1}{4}x^4 - \dfrac{2}{3}x^3$

§5 偏微分と極値

1 偏導関数

2変数関数 $z=f(x,y)$ の微分を考えよう。

2変数関数とは2つの独立変数をもった関数で，グラフは一般的には曲面になるのであった(p.94)。

定義

x, y のある領域 D のすべての点 (x, y) において
$$\lim_{h \to 0} \frac{f(x+h, y) - f(x, y)}{h}$$
が存在するとき，$z=f(x,y)$ は D において x に関して偏微分可能という。

また，その極限を
$$f_x, \quad f_x(x,y), \quad \frac{\partial f}{\partial x}, \quad z_x, \quad \frac{\partial z}{\partial x}$$
などで表わし，$z=f(x,y)$ の x に関する偏導関数という。

同様に
$$\lim_{k \to 0} \frac{f(x, y+k) - f(x, y)}{k}$$
が存在するとき，$z=f(x,y)$ は D において y に関して偏微分可能という。

また，その極限を
$$f_y, \quad f_y(x,y), \quad \frac{\partial f}{\partial y}, \quad z_y, \quad \frac{\partial z}{\partial y}$$
などで表わし，$z=f(x,y)$ の y に関する偏導関数という。

《説明》 偏導関数は実質的には1変数関数の導関数と同じである。

y を定数と考えて x の変化だけで微分を考えるのが x に関する偏導関数であり，x を定数と考えて y の変化だけで微分を考えるのが y に関する偏導関数である。偏導関数を求めることを偏微分するという。　　　　　　(説明終)

例題 2.26

(1) $z = x^2 + y^2$ について z_x, z_y を求めてみよう。

(2) $f(x, y) = xy + 1$ について $f_x(x, y)$, $f_y(x, y)$ を求めてみよう。

(3) $f(x, y) = \dfrac{x}{y}$ について $\dfrac{\partial f}{\partial x}$, $\dfrac{\partial f}{\partial y}$ を求めてみよう。

【解】 $z_x, f_x(x, y), \dfrac{\partial f}{\partial x}$ はいずれも x についての偏微分。つまり y を定数と思って x で微分する。$z_y, f_y(x, y), \dfrac{\partial f}{\partial y}$ はいずれも y についての偏微分。x を定数と思って y で微分すればよい。

(1) $z_x = 2x + 0 = \boxed{2x}$

$z_y = 0 + 2y = \boxed{2y}$

(2) $f_x(x, y) = 1 \cdot y + 0 = \boxed{y}$

$f_y(x, y) = x \cdot 1 + 0 = \boxed{x}$

(3) $f(x, y) = x \cdot \dfrac{1}{y} = x \cdot y^{-1}$ とかけるので

$\dfrac{\partial f}{\partial x} = 1 \cdot \dfrac{1}{y} = \boxed{\dfrac{1}{y}}$

$\dfrac{\partial f}{\partial y} = x \cdot \dfrac{\partial}{\partial y}(y^{-1}) = x \cdot (-y^{-2}) = \boxed{-\dfrac{x}{y^2}}$

（解終）

$f_x : y$ を定数と思って x で微分
$f_y : x$ を定数と思って y で微分 だよ。

練習問題 2.26　　　解答は p.223

(1) $z = 3x^2 - 2xy + y^3$ について z_x, z_y を求めなさい。

(2) $f(x, y) = x \sin y$ について $f_x(x, y)$, $f_y(x, y)$ を求めなさい。

(3) $f(x, y) = \dfrac{\log x}{y}$ について $\dfrac{\partial f}{\partial x}$, $\dfrac{\partial f}{\partial y}$ を求めなさい。

例題 2.27

（1） $z = \dfrac{x}{x^2+y^2}$ について z_x を求めてみよう。

（2） $f(x, y) = (x^2 - xy + y^2)^3$ について $f_y(x, y)$ を求めてみよう。

（3） $f(x, y) = \sin(3x + 2y)$ について $\dfrac{\partial f}{\partial x}$ を求めてみよう。

[解] 合成関数の微分公式 (p.126) を使うが，1 変数では微分するところを 2 変数では偏微分することになるので気をつけて．

（1） 商の微分公式を使って

$$z_x = \frac{(x)_x(x^2+y^2) - x(x^2+y^2)_x}{(x^2+y^2)^2}$$

$$= \frac{1 \cdot (x^2+y^2) - x \cdot 2x}{(x^2+y^2)^2} = \frac{x^2+y^2 - 2x^2}{(x^2+y^2)^2} = \boxed{\frac{y^2 - x^2}{(x^2+y^2)^2}}$$

（2） $f_y(x, y) = 3(x^2 - xy + y^2)^2 \cdot (x^2 - xy + y^2)_y$

$$= 3(x^2 - xy + y^2)^2 (0 - x + 2y) = \boxed{3(x^2 - xy + y^2)^2 (2y - x)}$$

（3） $\dfrac{\partial f}{\partial x} = \cos(3x + 2y) \cdot \dfrac{\partial}{\partial x}(3x + 2y)$

$$= \cos(3x + 2y) \cdot (3 + 0) = \boxed{3\cos(3x + 2y)} \hspace{2em} \text{(解終)}$$

$$\left\{ \begin{array}{l} \left(\dfrac{f}{g}\right)_x = \dfrac{f_x \cdot g - f \cdot g_x}{g^2} \\ \left(\dfrac{1}{g}\right)_y = -\dfrac{g_y}{g^2} \end{array} \right.$$

練習問題 2.27　　　　　　　　　　　解答は p.223

（1） $z = \dfrac{x}{x^2 + y^2}$ について z_y を求めなさい．

（2） $f(x, y) = (1 - x^2 - y^2)^2$ について $f_x(x, y)$ を求めなさい．

（3） $f(x, y) = e^{xy}$ について $\dfrac{\partial f}{\partial y}$ を求めなさい．

2　2次偏導関数

$z=f(x,y)$ の偏導関数 $f_x(x,y)$, $f_y(x,y)$ がさらに偏微分可能なとき，次のようにそれらの偏導関数を考えることができる。

$$\{f_x(x,y)\}_x = f_{xx}(x,y), \quad \{f_y(x,y)\}_x = f_{yx}(x,y)$$
$$\{f_x(x,y)\}_y = f_{xy}(x,y), \quad \{f_y(x,y)\}_y = f_{yy}(x,y)$$

これを 2 次偏導関数 という。$\dfrac{\partial}{\partial x}$, $\dfrac{\partial}{\partial y}$ の記号を使ってかくと

$$\frac{\partial}{\partial x}\left(\frac{\partial f}{\partial x}\right) = \frac{\partial^2 f}{\partial x^2}, \quad \frac{\partial}{\partial x}\left(\frac{\partial f}{\partial y}\right) = \frac{\partial^2 f}{\partial x \partial y}$$
$$\frac{\partial}{\partial y}\left(\frac{\partial f}{\partial x}\right) = \frac{\partial^2 f}{\partial y \partial x}, \quad \frac{\partial}{\partial y}\left(\frac{\partial f}{\partial y}\right) = \frac{\partial^2 f}{\partial y^2}$$

となる。$f_{xx}(x,y), f_{xy}(x,y), \cdots$ の記号の方が簡単であるが，偏微分方程式などでは "∂" がよく使われるので，両方の記号に慣れておこう。

また，偏微分の順序については次の定理がある。

定理 2.27

$f_{xy}(x,y)$ と $f_{yx}(x,y)$ がともに連続な点 (a,b) では，次式が成立する。
$$f_{xy}(a,b) = f_{yx}(a,b)$$

《説明》 $f_{xy}(x,y)$ と $f_{yx}(x,y)$ が連続な点では，偏微分の順に関係なく微分係数は一致する。証明は極限のことを少し詳しく調べなくてはならないので省略する。　　　　　　　　　　　　　　　　　　　　　　　　　　　（説明終）

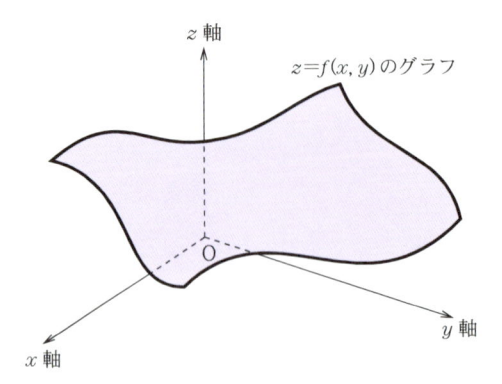

例題 2.28

$z = x^3 - 5xy^2 + 2$ について

$z_{xx}, \quad z_{xy}, \quad \dfrac{\partial^2 z}{\partial y^2}, \quad \dfrac{\partial^2 z}{\partial x \partial y}$ を求めてみよう。

解 両方の偏微分の記号に慣れよう。

$z_{xx} = (z_x)_x = (3x^2 - 5 \cdot 1 \cdot y^2 + 0)_x = (3x^2 - 5y^2)_x = 3 \cdot 2x - 0 = \boxed{6x}$

$z_{xy} = (z_x)_y = (3x^2 - 5y^2)_y = 0 - 5 \cdot 2y = \boxed{-10y}$

$\dfrac{\partial^2 z}{\partial y^2} = \dfrac{\partial}{\partial y}\left(\dfrac{\partial z}{\partial y}\right) = \dfrac{\partial}{\partial y}(0 - 5x \cdot 2y + 0)$

$\qquad\qquad = \dfrac{\partial}{\partial y}(-10xy) = -10x \cdot 1 = \boxed{-10x}$

$\dfrac{\partial^2 z}{\partial x \partial y} = \dfrac{\partial}{\partial x}\left(\dfrac{\partial z}{\partial y}\right) = \dfrac{\partial}{\partial x}(-10xy) = -10 \cdot 1 \cdot y = \boxed{-10y}$ （解終）

$z_x = \dfrac{\partial z}{\partial x}$：$y$ を定数と思って x で微分

$z_y = \dfrac{\partial z}{\partial y}$：$x$ を定数と思って y で微分

練習問題 2.28 解答は p.223

$z = 3x^2 + 4xy - 2y^3 + 1$ について

$\dfrac{\partial^2 z}{\partial x^2}, \quad \dfrac{\partial^2 z}{\partial y \partial x}, \quad z_{yx}$ を求めなさい。

3 2変数関数の極値

2変数関数の場合，1変数関数のように微分を使ってグラフを描くことはなかなか難しいが，これから勉強するように極値を求めることはできる。

定義

$z=f(x,y)$ について，点 $A(a,b)$ に十分近い点 (x,y) に対して常に
$$f(x,y)<f(a,b)$$
が成り立っているとき，点 A で $z=f(x,y)$ は極大であるといい，$f(a,b)$ の値を極大値という。逆に
$$f(x,y)>f(a,b)$$
が成り立っているとき，点 A で $z=f(x,y)$ は極小であるといい，$f(a,b)$ の値を極小値という。極大値と極小値を合わせて極値という。

《説明》 極値の考え方は1変数関数のときと同じである。その周辺で一番高いところが極大値で，一番低いところが極小値である。しかしそれらを見つけるのは少しめんどうになる。 (説明終)

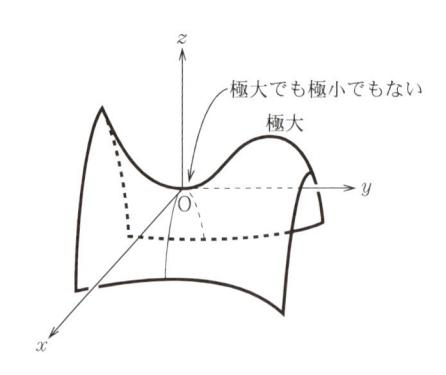

定理 2.28

点 (a, b) において $z = f(x, y)$ が極値をとれば
$$f_x(a, b) = f_y(a, b) = 0$$
である。

【証明】 (a, b) で極大値をとるとしよう。もし $f_x(a, b) > 0$ とすると、x の1変数関数 $f(x, b)$ は $x = a$ において単調増加の関数となり、$f(a, b)$ が極大値であることに反する。また $f_x(a, b) < 0$ としても同様に矛盾が生じる。ゆえに $f_x(a, b) = 0$。まったく同様にして $f_y(a, b) = 0$ も示せる。 (証明終)

定義

$f_x(a, b) = f_y(a, b) = 0$ をみたす点 (a, b) を $z = f(x, y)$ の**停留点**という。

《説明》 定理 2.28 は,
$$(a, b) で極値をとれば f_x(a, b) = f_y(a, b) = 0$$
と言っているのであって、$f_x(a, b) = f_y(a, b) = 0$ であっても点 (a, b) で極値をとるとは限らない。しかし $f_x(a, b) = f_y(a, b) = 0$ であれば、左頁図の原点でのように、x 軸方向、y 軸方向のどちらの接線の傾きも0になるので、このような点全部を停留点という。 (説明終)

例題 2.29

$z = x^3 + 3xy - 3y$ の停留点をすべて求めてみよう。

【解】 z_x, z_y を求めて0とおくと
$$\begin{cases} z_x = 3x^2 + 3y = 0 & \cdots\cdots ① \\ z_y = 3x - 3 = 0 & \cdots\cdots ② \end{cases}$$
この連立方程式を解く。②より $x = 1$、①に代入して $y = -1$。
ゆえに停留点は $(1, -1)$ だけ。 (解終)

練習問題 2.29   解答は p.224

$z = x^3 + 3xy + y^3$ の停留点をすべて求めなさい。

定理 2.29 [極値の判定]

$z=f(x,y)$ が点 (a,b) を含む領域で定義されている。この領域で 2 次偏導関数が連続であるとし，
$$D(x,y)=f_{xy}(x,y)^2-f_{xx}(x,y)f_{yy}(x,y)$$
とおく。このとき $z=f(x,y)$ の停留点 (a,b) に対して次のことが成り立つ。

(1) $D(a,b)<0$ のとき
  $f_{xx}(a,b)>0$ ならば $f(a,b)$ は極小値
  $f_{xx}(a,b)<0$ ならば $f(a,b)$ は極大値
(2) $D(a,b)>0$ のとき
  $f(a,b)$ は極値ではない

《説明》 2 変数関数 $z=f(x,y)$ についても，1 変数のときと同じような平均値の定理やテイラーの定理が成り立っている。それらを使うとこの極値の判定定理を証明することができるのだが証明は省く。定理の中の
$$D(x,y)=f_{xy}(x,y)^2-f_{xx}(x,y)f_{yy}(x,y)$$
はある 2 次式の判別式から出てきたもので，この値により極値の判定ができることになる。ただし $D(x,y)=0$ となってしまう場合は，この定理では判定できない。他の方法によっての判定が必要となる。　　　　　　　　　　（説明終）

$D<0$	$f_{xx}>0$	極小値
	$f_{xx}<0$	極大値
$D>0$	極値ではない	

$D(x,y)$ は 2 次方程式の判別式に似ているよ。

例題 2.30

$f(x, y) = 2x^3 - 6xy - 3y^2$ の極値を求めてみよう。

[解] とりあえず2次偏導関数と $D(x, y)$ まで求めておこう。

$$f_x(x, y) = 6x^2 - 6y, \quad f_y(x, y) = -6x - 6y$$
$$f_{xx}(x, y) = 12x, \quad f_{xy}(x, y) = -6, \quad f_{yy}(x, y) = -6$$
$$D(x, y) = (-6)^2 - 12x \cdot (-6) = 36 + 72x$$

次に $f_x(x, y) = f_y(x, y) = 0$ とおいて停留点を求める。

$$\begin{cases} 6x^2 - 6y = 0 \\ -6x - 6y = 0 \end{cases} \text{より} \quad \begin{cases} x^2 - y = 0 \cdots ① \\ x + y = 0 \cdots ② \end{cases} \quad \text{②より } y = -x \cdots ③$$

③を①へ代入して $x^2 + x = 0$ ∴ $x(x+1) = 0$ ∴ $x = 0, -1$

③へ代入して $x = 0$ のとき $y = 0$, $x = -1$ のとき $y = 1$。

ゆえに停留点は $(0, 0)$, $(-1, 1)$。

最後にこれらが極値を与えるかどうか定理 2.29 を使って判定しよう。

$(0, 0)$ のとき

$\quad D(0, 0) = 36 + 72 \cdot 0 = 36 > 0 \quad$ ゆえに $f(0, 0) = 0$ は極値ではない。

$(-1, 1)$ のとき

$\quad D(-1, 1) = 36 + 72 \cdot (-1) = -36 < 0 \quad$ ゆえに $f(-1, 1)$ は極値である。

$\quad f_{xx}(-1, 1) = 12 \cdot (-1) = -12 < 0$ なので極大値である。

$$f(-1, 1) = 2(-1)^3 - 6(-1) \cdot 1 - 3 \cdot 1^2 = 1$$

以上より $(-1, 1)$ において極大値 1 をとる。 (解終)

練習問題 2.30 解答は p.224

次の関数の極値を求めなさい。

(1) $f(x, y) = x^3 + 3xy + y^3$ (2) $f(x, y) = x^4 - 4xy + 2y^2$

第3章 積　分

§1　不定積分

微分の"逆"として不定積分の考え方を学ぼう。

定義

関数 $f(x)$ に対して
$$F'(x) = f(x)$$
となる関数 $F(x)$ を $f(x)$ の**原始関数**という。

《説明》　微分すると $f(x)$ になる関数 $F(x)$ がもし存在すれば，それを $f(x)$ の原始関数という。原始関数は必ずしもよく知られた関数で表わせるとは限らない。　　　　　　　　　　　　　　　　　　　　　　　　　（説明終）

定理 2.30

$F(x), G(x)$ がともに $f(x)$ の原始関数のとき
$$F(x) = G(x) + C$$
となる定数 C が存在する。

【証明】　$F(x), G(x)$ はそれぞれ $f(x)$ の原始関数なので，定義より
$$F'(x) = f(x), \quad G'(x) = f(x)$$
が成立している。今，$H(x) = F(x) - G(x)$ とおくと $H'(x) = 0$ が成立する。
　∵）　$H'(x) = \{F(x) - G(x)\}' = F'(x) - G'(x) = f(x) - f(x) = 0$
ゆえに定理 2.16 (p.139) より $H(x) = C$（定数）となり，$F(x) - G(x) = C$ が成立する。
　　　∴　$F(x) = G(x) + C$　　（C は定数）　　　　　　　（証明終）

《説明》　この定理により，$f(x)$ の原始関数 $F(x)$ が1つ見つかればどんな定数 C をもってきても $F(x) + C$ はすべて $f(x)$ の原始関数となり，また逆に $F(x) + C$（C：定数）の形の関数はすべて $f(x)$ の原始関数となる。（説明終）

§1 不定積分

定義

$F(x)$ を $f(x)$ の原始関数の1つとする。このとき
$$F(x) + C \quad (C：任意定数)$$
を $f(x)$ の不定積分といい
$$\int f(x)\,dx$$
と表わす。また C を積分定数という。

《説明》 定理2.30より，$f(x)$ の原始関数の1つ $F(x)$ を使えば $f(x)$ の原始関数はすべて
$$F(x) + C \quad (C：定数)$$
の形に表わせることがわかった。この無数にある原始関数全体を $f(x)$ の不定積分とよび，記号
$$\int f(x)\,dx$$
を使う。つまり
$$\int f(x)\,dx = F(x) + C$$
となる。不定積分を求めることを"積分する"という。また不定積分を求める際に積分定数 C を省略することもある。　　　　　　　　　　(説明終)

$\int$ は "インテグラル" と読むよ。

不定積分について，次の定理が成立する。

定理 2.31

$$\left\{ \int f(x)\,dx \right\}' = f(x)$$

定理 2.32

(1) $\displaystyle\int cf(x)\,dx = c\int f(x)\,dx \quad (c：定数)$

(2) $\displaystyle\int \{f(x) \pm g(x)\}\,dx = \int f(x)\,dx \pm \int g(x)\,dx \quad (複号同順)$

---

§2 初等関数の不定積分

初等関数の微分の公式より，すぐに次の不定積分の公式が導ける。

公式 2.8

(1) $\int 1\,dx = x + C$

(2) $\int x^a\,dx = \dfrac{1}{a+1}x^{a+1} + C$

$\qquad\qquad (a:\text{定数},\ a \neq -1)$

(3) $\int \dfrac{1}{x}\,dx = \log x + C \qquad (x>0)$

$(x^a)' = ax^{a-1}$ —— p.136

$(\log x)' = \dfrac{1}{x} \quad (x>0)$ —— p.134

《説明》 （1）は（2）において $a=0$ の場合となるので，-1 以外のすべての実数 a について（2）の公式が成立する。$a=-1$ の場合が（3）で，別扱いとなるので気をつけよう。 （説明終）

$\int x^{-1}dx$ だけ別扱いだね。

三角関数の方も符号をまちがえそう。

公式 2.9

(1) $\int \sin x\,dx = -\cos x + C$

(2) $\int \cos x\,dx = \sin x + C$

(3) $\int \dfrac{1}{\cos^2 x}\,dx = \tan x + C$

$(\sin x)' = \cos x$
$(\cos x)' = -\sin x$
$(\tan x)' = \dfrac{1}{\cos^2 x}$
—— p.131

《説明》 この公式も微分公式よりすぐに導ける。微分と積分がごちゃごちゃにならないようにしっかり覚えよう。 （説明終）

例題 2.31

次の関数の不定積分を求めてみよう。

(1) $y = 1 - x^2$ (2) $y = 2x + \dfrac{1}{x}$ (3) $y = \sqrt{x}$

(4) $y = \dfrac{1}{\sqrt{x}}$

解 $\dfrac{1}{x}$ だけ別公式なので，その他は全部指数を使った形に直してから積分する。積分定数は最後に全部まとめて1つ "$+C$" としておけばよい。

(1) $\displaystyle\int y\,dx = \int (1 - x^2)\,dx$

$\qquad = x - \dfrac{1}{2+1} x^{2+1} + C = \boxed{x - \dfrac{1}{3} x^3 + C}$

$\boxed{\begin{array}{l} \dfrac{1}{x^a} = x^{-a} \\ \sqrt[m]{x^n} = x^{\frac{n}{m}} \end{array}}$

(2) $\displaystyle\int y\,dx = \int \left(2x + \dfrac{1}{x}\right) dx$

$\qquad = 2 \cdot \dfrac{1}{1+1} x^{1+1} + \log x + C$

$\qquad = \boxed{x^2 + \log x + C}$

(3) $\displaystyle\int y\,dx = \int x^{\frac{1}{2}} dx = \dfrac{1}{\frac{1}{2} + 1} x^{\frac{1}{2}+1} + C$

$\qquad = \dfrac{1}{\frac{3}{2}} x^{\frac{3}{2}} + C = \dfrac{2}{3} x^{\frac{3}{2}} + C = \boxed{\dfrac{2}{3} \sqrt{x^3} + C}$

$\boxed{\begin{array}{l} \displaystyle\int 1\,dx = x + C \\ \displaystyle\int x^a dx = \dfrac{1}{a+1} x^{a+1} + C \\ \qquad\qquad\qquad (a \neq -1) \\ \displaystyle\int \dfrac{1}{x}\,dx = \log x + C \\ \qquad\qquad\qquad (x > 0) \end{array}}$

(4) $\displaystyle\int y\,dx = \int x^{-\frac{1}{2}} dx = \dfrac{1}{-\frac{1}{2}+1} x^{-\frac{1}{2}+1} + C = \dfrac{1}{\frac{1}{2}} x^{\frac{1}{2}} + C$

$\qquad = \boxed{2\sqrt{x} + C}$

（解終）

練習問題 2.31   解答は p.226

次の関数の不定積分を求めなさい。

(1) $y = 2x^3 + 3x + \dfrac{1}{x^2} - \dfrac{4}{x}$ (2) $y = \dfrac{1}{x} - \dfrac{2}{\sqrt[3]{x}}$

=== 例題 2.32 ===

次の関数の不定積分を求めてみよう。

(1) $y = 1 - \sin x + 2\cos x$　　(2) $y = \dfrac{1}{x} + \dfrac{1}{\cos^2 x}$

解 公式を見ながら積分しよう。

(1) $\displaystyle\int y\, dx = x - (-\cos x) + 2\sin x + C = \boxed{x + \cos x + 2\sin x + C}$

(2) $\displaystyle\int y\, dx = \boxed{\log x + \tan x + C}$　　　　　　　　　　　(解終)

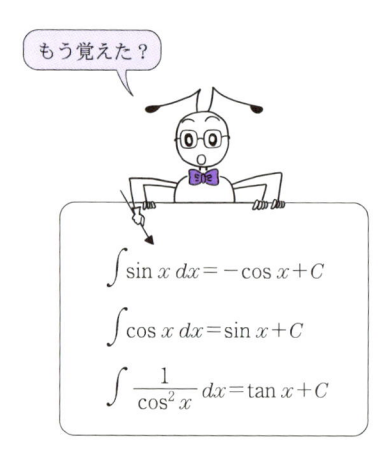

もう覚えた？

$$\int \sin x\, dx = -\cos x + C$$
$$\int \cos x\, dx = \sin x + C$$
$$\int \dfrac{1}{\cos^2 x}\, dx = \tan x + C$$

=== 練習問題 2.32 ===　　　　　　　　　　　　　解答は p.226

次の関数の不定積分を求めなさい。

(1) $y = \cos x + \dfrac{3}{\cos^2 x} - \dfrac{1}{x^2}$　　(2) $y = 3\sqrt{x} - 4\sin x$

公式 2.10

$$\int e^x dx = e^x + C$$

$(e^x)' = e^x$
—— p.134

《説明》 特別な数 e を底にもつ指数関数 $y = e^x$ だけに成立する公式。一般の指数関数 $y = a^x$ には成立しないので注意。 (説明終)

例題 2.33

次の関数の不定積分を求めてみよう。

(1) $y = x^2 + x^e - e^x$ 　(2) $y = 2e + 3e^x - ex$

「e^x」は微分も積分もかわらないよ。

解 e は定数であることを忘れないように。

(1) $\displaystyle\int y\,dx = \frac{1}{2+1}x^{2+1} + \frac{1}{e+1}x^{e+1} - e^x + C$

$\displaystyle\qquad = \frac{1}{3}x^3 + \frac{1}{e+1}x^{e+1} - e^x + C$

$\displaystyle\int x^a dx = \frac{1}{a+1}x^{a+1} + C$
$(a \neq -1)$
—— p.166

(2) $\displaystyle\int y\,dx = 2ex + 3e^x - e \cdot \frac{1}{1+1}x^{1+1} + C$

$\displaystyle\qquad = 2ex + 3e^x - \frac{e}{2}x^2 + C$

(解終)

e：特別な定数（ネピアの数）
e^x：特別な指数関数

練習問題 2.33　　　　　　解答は p.226

$y = \dfrac{e}{x^e} + e^x - e^3$ の不定積分を求めなさい。

§3 置換積分と部分積分

1 置換積分

より複雑な関数の不定積分を求めるには，ここで紹介する置換積分や次に出てくる部分積分のようなテクニックが必要となる。

定理 2.33　[置換積分]

$x = g(u)$ が微分可能ならば，次の式が成立する。

$$\int f(x)\,dx = \int f(g(u))\,g'(u)\,du$$

【証明】　$f(x)$ の原始関数の1つを $F(x)$ とすると

$$\int f(x)\,dx = F(x) + C \quad (C：積分定数)$$

とかける。この両辺を u で微分すると

$$\frac{d}{du}\left\{\int f(x)\,dx\right\} = \frac{d}{du}F(x) + 0$$

$$= \frac{d}{dx}F(x) \cdot \frac{dx}{du} = f(x) \cdot \frac{dx}{du}$$

合成関数の微分公式

$$\frac{dy}{dx} = \frac{dy}{du}\frac{du}{dx}$$

$x = g(u)$ とおくと

$$\frac{d}{du}\left\{\int f(x)\,dx\right\} = f(g(u))\,g'(u)$$

不定積分の定義より

$$\int f(x)\,dx = \int f(g(u))\,g'(u)\,du + C \qquad (証明終)$$

《説明》　この置換積分の公式の左辺と右辺をみてみると，形式的には

$$dx = g'(u)\,du$$

という関係式により，左辺を変形すればよいことになる。また，この公式は次のようにもかき直せる。

$$\int f(x)\,dx = \int f(g(u))\frac{dx}{du}\,du$$

置換 $x = g(u)$ は，変形して $u = h(x)$ として公式を使ってもよい。

(説明終)

==== 例題 2.34 ====

次の不定積分を求めてみよう。

(1) $\displaystyle\int (2x+1)^5 dx$

(2) $\displaystyle\int \sin 2x\, dx$

―― 置換積分 ――
$x=g(u)$ (または $u=h(x)$) とおくと
$$\int f(x)\,dx = \int f(g(u))g'(u)\,du$$
$$\int f(x)\,dx = \int f(g(u))\frac{dx}{du}\,du$$

解 何を u とおくか考えよう。

(1) $u=2x+1$ とおいて,両辺を x で微分すると

$$\frac{du}{dx}=(2x+1)' \quad \text{これより} \quad \frac{du}{dx}=2 \quad \therefore \quad dx=\frac{1}{2}du$$

置換積分の公式に代入すると

$$与式 = \int u^5 \cdot \frac{1}{2}\,du = \frac{1}{2}\int u^5\,du = \frac{1}{2}\cdot\frac{1}{5+1}u^{5+1}+C = \frac{1}{12}u^6+C$$

u をもとにもどすと

$$= \frac{1}{12}(2x+1)^6+C$$

(2) $u=2x$ とおいて,両辺を x で微分すると

$$\frac{du}{dx}=(2x)' \quad \frac{du}{dx}=2 \quad \therefore \quad dx=\frac{1}{2}du$$

置換積分の公式に代入して計算。最後は x の関数にもどしておく。

$$与式 = \int \sin u \cdot \frac{1}{2}\,du = \frac{1}{2}\int \sin u\,du$$
$$= \frac{1}{2}(-\cos u)+C$$
$$= -\frac{1}{2}\cos 2x+C$$

(解終)

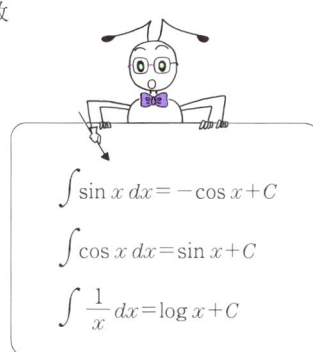

$$\int \sin x\,dx = -\cos x+C$$
$$\int \cos x\,dx = \sin x+C$$
$$\int \frac{1}{x}\,dx = \log x+C$$

==== 練習問題 2.34 ==== 解答は p.227

次の不定積分を求めなさい。

(1) $\displaystyle\int \frac{1}{4x-1}\,dx$ (2) $\displaystyle\int \cos(3x+2)\,dx$

例題 2.35

次の不定積分を求めてみよう。

(1) $\displaystyle\int \sin^2 x \cos x \, dx$　　(2) $\displaystyle\int (e^x-1)^3 e^x dx$　　(3) $\displaystyle\int \frac{x}{x^2+1} dx$

　　$(u=\sin x)$　　　　　　$(u=e^x-1)$　　　　　　$(u=x^2+1)$

解 (1) $u=\sin x$ とおいて両辺を x で微分すると

$$\frac{du}{dx}=(\sin x)'=\cos x \quad \text{これより} \quad \cos x \, dx = du$$

∴ 与式 $=\displaystyle\int (\sin x)^2 \cos x \, dx = \int u^2 du = \frac{1}{3}u^3 + C = \frac{1}{3}(\sin x)^3 + C$

$$=\boxed{\frac{1}{3}\sin^3 x + C}$$

(2) $u=e^x-1$ とおいて両辺を x で微分すると

$$\frac{du}{dx}=(e^x-1)'=e^x \quad \text{これより} \quad e^x dx = du$$

∴ 与式 $=\displaystyle\int (e^x-1)^3 e^x dx = \int u^3 du = \frac{1}{4}u^4 + C = \boxed{\frac{1}{4}(e^x-1)^4 + C}$

(3) $u=x^2+1$ とおいて両辺を x で微分すると

$$\frac{du}{dx}=(x^2+1)'=2x \quad \text{これより} \quad x \, dx = \frac{1}{2}du$$

∴ 与式 $=\displaystyle\int \frac{1}{x^2+1}\cdot x \, dx = \int \frac{1}{u}\cdot\frac{1}{2}du = \frac{1}{2}\log u + C$

$$=\boxed{\frac{1}{2}\log(x^2+1) + C}$$ 　　　　　（解終）

$$\boxed{\int \frac{1}{x}dx = \log x + C}$$

練習問題 2.35　　　解答は p.227

次の不定積分を求めなさい。

(1) $\displaystyle\int \frac{\sin x}{\cos^2 x} dx$　　(2) $\displaystyle\int x(x^2-1)^4 dx$　　(3) $\displaystyle\int \frac{(\log x)^2}{x} dx$

　　$(u=\cos x)$　　　　　$(u=x^2-1)$　　　　　$(u=\log x)$

置換積分を使うと次の公式が導ける。

公式 2.11

(1) $\displaystyle\int (px+q)^a dx = \frac{1}{p}\frac{1}{a+1}(px+q)^{a+1}+C$ $\quad (p\neq 0,\ a\neq -1)$

(2) $\displaystyle\int \frac{1}{px+q} dx = \frac{1}{p}\log(px+q)+C$ $\quad (p\neq 0,\ px+q>0)$

(3) $\displaystyle\int \sin ax\, dx = -\frac{1}{a}\cos ax + C$

(4) $\displaystyle\int \cos ax\, dx = \frac{1}{a}\sin ax + C$ $\quad (a\neq 0)$

(5) $\displaystyle\int e^{ax} dx = \frac{1}{a}e^{ax}+C$

例題 2.36

上の公式を使って次の不定積分を求めてみよう。

(1) $\displaystyle\int (5x+2)^4 dx$ (2) $\displaystyle\int \sin 3x\, dx$ (3) $\displaystyle\int e^{-x} dx$

解 (1) 与式 $=\dfrac{1}{5}\cdot\dfrac{1}{4+1}(5x+2)^{4+1}+C = \dfrac{1}{25}(5x+2)^5+C$

(2) 与式 $= -\dfrac{1}{3}\cos 3x + C$

(3) 与式 $= \displaystyle\int e^{-1\cdot x} dx = \dfrac{1}{-1}e^{-1\cdot x}+C = -e^{-x}+C$

(解終)

練習問題 2.36　　　　　　　　　　　　　　　　解答は p.228

上の公式を使って次の不定積分を求めなさい。

(1) $\displaystyle\int \frac{1}{(3x-1)^3} dx$ (2) $\displaystyle\int \frac{1}{7x+1} dx$ (3) $\displaystyle\int e^{\frac{x}{3}} dx$

2 部分積分

> **定理 2.34** ［部分積分］
>
> $f(x)$, $g(x)$ がともに微分可能ならば，次の式が成立する。
> $$\int f(x)g'(x)\,dx = f(x)g(x) - \int f'(x)g(x)\,dx$$

【証明】 積の微分より
$$\{f(x)g(x)\}' = f'(x)g(x) + f(x)g'(x)$$
が成立していた。これより
$$f(x)g'(x) = \{f(x)g(x)\}' - f'(x)g(x)$$
この両辺の不定積分を考えると
$$\int f(x)g'(x)\,dx = \int \{f(x)g(x)\}'dx - \int f'(x)g(x)\,dx$$
$$= f(x)g(x) - \int f'(x)g(x)\,dx + C$$

ゆえに定理が成立する。　　　　　　　　　　　　　　　　　　　　　　（証明終）

《**説明**》 定理の式においては，積分定数は右辺の不定積分に含まれている。

　この公式はなかなか使いづらい。公式の右辺の $\int f'(x)g(x)\,dx$ が求まるように左辺における $f(x)$ と $g'(x)$ を決めなくてはいけない。決まればそれぞれ微分と積分をして，次のように書き出しておく。

$$f(x) \xrightarrow{\text{微分}} f'(x)$$
$$g'(x) \xrightarrow{\text{積分}} g(x)$$

$$\int f(x)g'(x)\,dx = \underbrace{f(x)g(x)}_{①} - \int \underbrace{g(x)f'(x)}_{②}\,dx$$

これを見ながら公式の右辺をかけばよい。もし②の部分がうまく積分できないときは $f(x)$ と $g'(x)$ を入れかえてやり直せばよい。例題で練習しよう。

　　　　　　　　　　　　　　　　　　　　　　　　　　　　　　　　（説明終）

例題 2.37

部分積分を使って，次の不定積分を求めてみよう．

(1) $\displaystyle\int xe^x\,dx$ (2) $\displaystyle\int x\sin x\,dx$ (3) $\displaystyle\int \log x\,dx$

解 どちらを $f(x)$，どちらを $g'(x)$ にするかが問題。$\displaystyle\int f'(x)g(x)\,dx$ が求まらないようなら逆にしてやり直せばよい．

(1) $f(x)=x$, $g'(x)=e^x$ とおいて $f(x)$, $g'(x)$ を下のように求めておき，矢印に沿って部分積分を行うと

$$\text{与式}=\underbrace{xe^x}_{①}-\int \underbrace{e^x\cdot 1}_{②}\,dx$$
$$=xe^x-\int e^x\,dx=\boxed{xe^x-e^x+C}$$

$f=x \xrightarrow{\text{微分}} f'=1$
$g'=e^x \xrightarrow{\text{積分}} g=e^x$

(2) $f(x)=x$, $g'(x)=\sin x$ とおいて，それぞれ微分と積分をしておく．矢印に沿って部分積分を行うと

$$\text{与式}=\underbrace{x(-\cos x)}_{①}-\int \underbrace{(-\cos x)\cdot 1}_{②}\,dx$$
$$=-x\cos x+\int \cos x\,dx=\boxed{-x\cos x+\sin x+C}$$

$f=x \xrightarrow{\text{微分}} f'=1$
$g'=\sin x \xrightarrow{\text{積分}} g=-\cos x$

(3) 部分積分の特別な使い方をして求める．
$\log x=1\cdot\log x$ とみなし
$f(x)=\log x$, $g'(x)=1$ とおくと

$$\text{与式}=\underbrace{\log x\cdot x}_{①}-\int \underbrace{x\cdot\frac{1}{x}}_{②}\,dx$$
$$=x\log x-\int 1\,dx=\boxed{x\log x-x+C}$$

$f=\log x \xrightarrow{\text{微分}} f'=\dfrac{1}{x}$
$g'=1 \xrightarrow{\text{積分}} g=x$

練習問題 2.37 解答は p.228

部分積分を使って次の不定積分を求めなさい．

(1) $\displaystyle\int xe^{2x}\,dx$ (2) $\displaystyle\int x\cos x\,dx$ (3) $\displaystyle\int x\log x\,dx$

§4 定積分と面積

1 定 積 分

今まで学んで来た不定積分の考え方は，"$F'(x)=f(x)$ となる $F(x)$ を求めること"だったので，"微分方程式の解を求めた"と言ってもよい。これに対して，これから学ぶ定積分の考え方はまったく異なっている。定積分は"図形の面積をいかに求めるか"ということから出発している。

$[a, b]$ 上で関数 $y=f(x)$ を考えよう。

この区間で $f(x) \geqq 0$ のとき，右図の色のついた部分の面積 S を求めるにはどうしたらよいだろう。

次のように考えてみよう。

まず $[a, b]$ を細かく

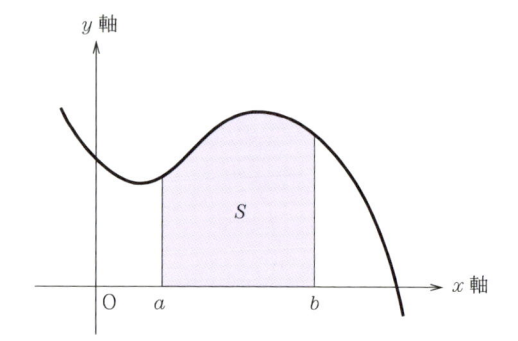

$$a=x_0<x_1<\cdots<x_i<\cdots<x_n=b$$

と分ける。そしてこれらの点 $x_0, x_1, \cdots, x_n$ を使って下図左のように図形を分割してみよう。全体の面積 S はこれらの細長い図形の面積 S_i の総和となる。それでは細長い図形 S_i の面積を出すにはどうすればよいのだろう。一つの方法として長方形の面積で近似する方法がある。

$x_{i-1} \leqq t_i < x_i$ であるような点 t_i をとり，S_i を底辺の長さ (x_i-x_{i-1})，高さ $f(t_i)$ の長方形の面積で近似する（下図右）。つまり $S_i \fallingdotseq (x_i-x_{i-1})f(t_i)$。

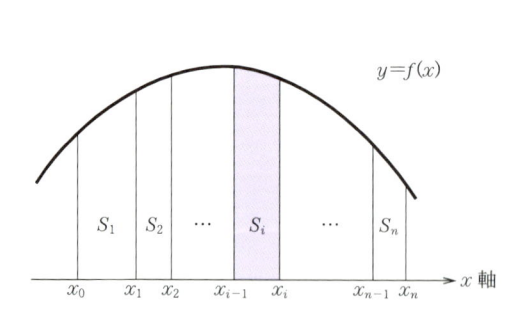

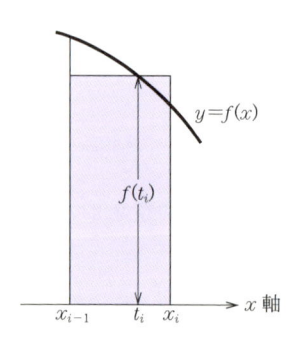

この方法で全体の図形の面積 S を近似してみると
$$S = \sum_{i=1}^{n} S_i \fallingdotseq \sum_{i=1}^{n} (x_i - x_{i-1}) f(t_i)$$
となる。右辺の式を**リーマン和**という。これで定積分を定義する準備ができた。これまで $f(x) \geqq 0$ の場合を考えて面積の近似を考えてきたが、一般の関数 $y = f(x)$ に対して、定積分を次のように定義しよう。

定義

関数 $y = f(x)$ が $[a, b]$ 上で有限の値をとるとする。$[a, b]$ の分割を限りなく細かくするとき、リーマン和
$$R = \sum_{i=1}^{n} (x_i - x_{i-1}) f(t_i) \quad (x_{i-1} \leqq t_i < x_i)$$
が、各 t_i の選び方に関係なく一定の値に限りなく近づくならば、$f(x)$ は $[a, b]$ で定積分可能といい、その一定の値を次の記号で表わす。
$$\int_a^b f(x)\, dx$$

定積分の可能性については、次の定理があるので、通常取り扱う関数については、あまり心配いらない。

定理 2.35

関数 $y = f(x)$ が $[a, b]$ 上で連続ならば定積分可能である。

また、定積分の定義においては関数 $y = f(x)$ を $[a, b]$ 上で考えたので $a < b$ であった。この制約をはずすために次のように定義を追加しておこう。

$\int_a^b$ は "インテグラル a, b" と読むよ。

定義

$$\int_a^a f(x)\, dx = 0$$
$$\int_a^b f(x)\, dx = -\int_b^a f(x)\, dx$$

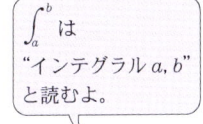

さらに，定義より次の定積分の性質も導ける。

定理 2.36

(1) $\displaystyle\int_a^b cf(x)\,dx = c\int_a^b f(x)\,dx$ （c は定数）

(2) $\displaystyle\int_a^b \{f(x) \pm g(x)\}\,dx = \int_a^b f(x)\,dx \pm \int_a^b g(x)\,dx$ （複号同順）

(3) $\displaystyle\int_a^b f(x)\,dx + \int_b^c f(x)\,dx = \int_a^c f(x)\,dx$

(4) $[a, b]$ 上において $f(x) \leq g(x) \implies \displaystyle\int_a^b f(x)\,dx \leq \int_a^b g(x)\,dx$

(5) $\displaystyle\left|\int_a^b f(x)\,dx\right| \leq \int_a^b |f(x)|\,dx$

定理 2.37 ［積分の平均値の定理］

関数 $y=f(x)$ が $[a, b]$ 上で連続ならば
$$\int_a^b f(x)\,dx = f(c)(b-a) \quad (a < c < b)$$
となる c が少なくとも 1 つ存在する。

《説明》 $f(x) \geq 0$ の場合で説明しよう。$\displaystyle\int_a^b f(x)\,dx$ は下図の色のついた部分の面積を表わしている。この面積に等しい面積をもつ長方形を区間 $[a, b]$ 上に作ることができるというのがこの定理。定理 2.36 (4) と連続関数の性質を使って証明することができる。　　　　　　　　　　　　　　　　　（説明終）

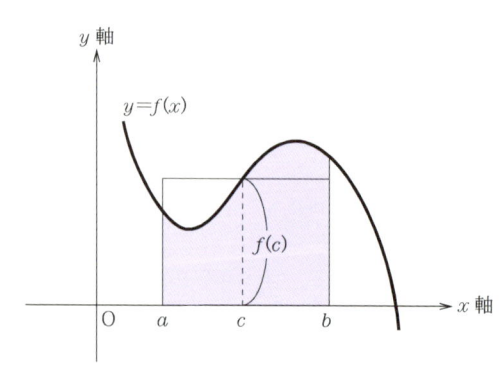

さあ，いよいよ不定積分と定積分をつなげる次の定理にいこう。

定理 2.38　[微分積分学の基本定理]

関数 $y=f(x)$ が $[a, b]$ 上で連続とする。
$$S(x) = \int_a^x f(t)\,dt \qquad (a \leq x \leq b)$$
とおくと，次のことが成り立つ。
（1）　$S(x)$ は $f(x)$ の原始関数の1つである。
（2）　$F(x)$ を $f(x)$ の任意の原始関数とすると
$$\int_a^b f(x)\,dx = F(b) - F(a)$$
が成立する。

《説明》　この定理は，$f(x)$ の原始関数を定積分を使って求めてあるところがすばらしい。この定理を使えば，$f(x)$ の原始関数が1つでもわかれば定積分の値を求めることができる。

定積分の値を求める際に，原始関数 $F(x)$ を使って
$$\int_a^b f(x)\,dx = \bigl[F(x)\bigr]_a^b$$
$$= F(b) - F(a)$$
とかくと便利である。

証明は $S(x)$ を定義に従って微分し，積分の平均値の定理(前頁)を使って行う。　　　　（説明終）

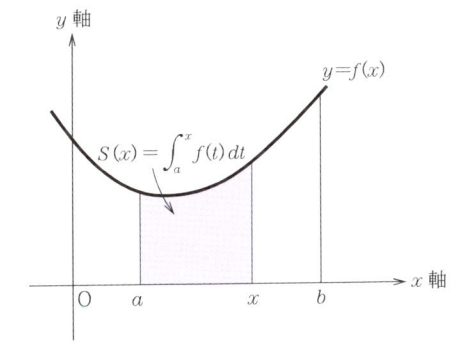

> 定積分の定義は大変だったけど，この定理があれば不定積分を使って計算できるね。

例題 2.38

次の定積分の値を求めてみよう。

(1) $\int_0^1 (1+x^2)\,dx$　　(2) $\int_0^1 e^{2x}\,dx$　　(3) $\int_0^{\frac{\pi}{3}} \sin x\,dx$

解 不定積分における積分定数 C を一番簡単な 0 とおいて原始関数を 1 つ求め，それに上と下の値を代入すればよい。

(1) 与式 $= \left[x + \dfrac{1}{3}x^3\right]_0^1 = \left(1 + \dfrac{1}{3}\cdot 1^3\right) - \left(0 + \dfrac{1}{3}\cdot 0^3\right) = \left(1 + \dfrac{1}{3}\right) - 0 = \boxed{\dfrac{4}{3}}$

(2) 与式 $= \left[\dfrac{1}{2}e^{2x}\right]_0^1 = \dfrac{1}{2}(e^{2\cdot 1} - e^{2\cdot 0})$

$= \dfrac{1}{2}(e^2 - e^0) = \boxed{\dfrac{1}{2}(e^2 - 1)}$　　　　　$e^0 = 1$

(3) 与式 $= \left[-\cos x\right]_0^{\pi/3} = -\cos\dfrac{\pi}{3} - (-\cos 0)$

$= -\dfrac{1}{2} + 1 = \boxed{\dfrac{1}{2}}$

(解終)

定積分

$\int_a^b f(x)\,dx = \left[F(x)\right]_a^b = F(b) - F(a)$

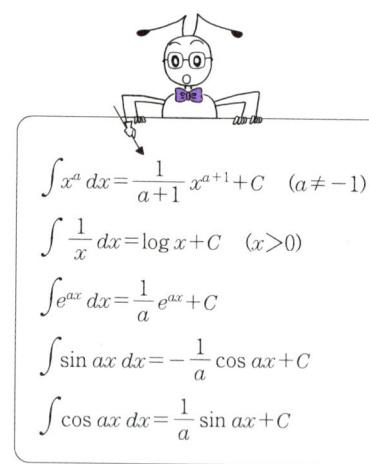

$\int x^a\,dx = \dfrac{1}{a+1}x^{a+1} + C \quad (a \neq -1)$

$\int \dfrac{1}{x}\,dx = \log x + C \quad (x > 0)$

$\int e^{ax}\,dx = \dfrac{1}{a}e^{ax} + C$

$\int \sin ax\,dx = -\dfrac{1}{a}\cos ax + C$

$\int \cos ax\,dx = \dfrac{1}{a}\sin ax + C$

練習問題 2.38　　　　　　　　　　　　　　　　　　　解答は p.229

次の定積分の値を求めなさい。

(1) $\int_1^3 \dfrac{1}{x}\,dx$　　(2) $\int_0^1 e^{-x}\,dx$　　(3) $\int_{\frac{\pi}{6}}^{\frac{\pi}{4}} \cos 2x\,dx$

置換積分と部分積分にも定積分の公式が成立する。

定理 2.39

$x=g(u)$ が微分可能で，$a=g(\alpha)$，$b=g(\beta)$ ならば次の式が成立する。

$$\int_a^b f(x)\,dx = \int_\alpha^\beta f(g(u))\,g'(u)\,du \qquad \begin{array}{c|c} x & a \to b \\ \hline u & \alpha \to \beta \end{array}$$

例題 2.39

次の定積分の値を求めてみよう。

(1) $\displaystyle\int_0^1 (2x-1)^3\,dx$ $(u=2x-1)$ (2) $\displaystyle\int_0^1 x e^{x^2}\,dx$ $(u=x^2)$

解 (1) $u=2x-1$ とおいて両辺を x で微分すると

$$\dfrac{du}{dx}=2 \quad\therefore\quad dx=\dfrac{1}{2}du \quad \text{また} \quad \begin{array}{c|c} x & 0 \to 1 \\ \hline u & -1 \to 1 \end{array}$$

$$\therefore\ \text{与式}=\int_{-1}^1 u^3\cdot\dfrac{1}{2}\,du=\dfrac{1}{2}\int_{-1}^1 u^3\,du=\dfrac{1}{2}\left[\dfrac{1}{4}u^4\right]_{-1}^1$$

$$=\dfrac{1}{2}\cdot\dfrac{1}{4}\{1^4-(-1)^4\}=\boxed{0}$$

(2) $u=x^2$ とおいて両辺を x で微分すると

$$\dfrac{du}{dx}=2x \quad\therefore\quad x\,dx=\dfrac{1}{2}du \quad \text{また} \quad \begin{array}{c|c} x & 0 \to 1 \\ \hline u & 0 \to 1 \end{array}$$

$$\therefore\ \text{与式}=\int_0^1 e^{x^2}\,x\,dx=\int_0^1 e^u\cdot\dfrac{1}{2}\,du$$

$$=\dfrac{1}{2}\int_0^1 e^u\,du=\dfrac{1}{2}\left[e^u\right]_0^1=\dfrac{1}{2}(e^1-e^0)$$

$$=\boxed{\dfrac{1}{2}(e-1)}$$

(解終)

区間もかわるよ。

練習問題 2.39　　　　　　　　　　　　　　　　　　解答は p.229

次の定積分の値を求めなさい。

(1) $\displaystyle\int_0^{\frac{\pi}{2}} \cos\left(x-\dfrac{\pi}{6}\right)dx$ $\left(u=x-\dfrac{\pi}{6}\right)$ (2) $\displaystyle\int_0^1 x\sqrt{1+x^2}\,dx$ $(u=1+x^2)$

定理 2.40

$f(x)$, $g(x)$ がともに微分可能ならば，次の式が成立する。

$$\int_a^b f(x) g'(x) \, dx = \left[f(x) g(x) \right]_a^b - \int_a^b f'(x) g(x) \, dx$$

例題 2.40

次の定積分の値を求めてみよう。

(1) $\displaystyle \int_0^{\frac{\pi}{2}} x \sin x \, dx$　　(2) $\displaystyle \int_1^e x \log x \, dx$

解 (1) 与式 $= \left[-x \cos x \right]_0^{\pi/2} - \displaystyle \int_0^{\frac{\pi}{2}} (-\cos x) \, dx$

$= \left\{ -\dfrac{\pi}{2} \cos \dfrac{\pi}{2} - (-0 \cdot \cos 0) \right\}$

$\quad + \displaystyle \int_0^{\frac{\pi}{2}} \cos x \, dx$

$= \left(-\dfrac{\pi}{2} \cdot 0 + 0 \right) + \left[\sin x \right]_0^{\pi/2}$

$= \sin \dfrac{\pi}{2} - \sin 0 = 1 - 0 = \boxed{1}$

$x \xrightarrow{微分} 1$

$\sin x \xrightarrow[積分]{} -\cos x$

(2) 与式 $= \left[\dfrac{1}{2} x^2 \log x \right]_1^e - \displaystyle \int_1^e \dfrac{1}{2} x^2 \cdot \dfrac{1}{x} \, dx$

$= \left\{ \dfrac{1}{2} e^2 \log e - \dfrac{1}{2} \cdot 1 \cdot \log 1 \right\} - \dfrac{1}{2} \displaystyle \int_1^e x \, dx$

$= \left(\dfrac{1}{2} e^2 \cdot 1 - \dfrac{1}{2} \cdot 0 \right) - \dfrac{1}{2} \left[\dfrac{1}{2} x^2 \right]_1^e$

$= \dfrac{1}{2} e^2 - \dfrac{1}{4} (e^2 - 1) = \boxed{\dfrac{1}{4} (e^2 + 1)}$

$\log x \xrightarrow{微分} \dfrac{1}{x}$

$x \xrightarrow[積分]{} \dfrac{1}{2} x^2$

(解終)

練習問題 2.40　　　　　　　　　　　解答は p. 230

次の定積分の値を求めなさい。

(1) $\displaystyle \int_0^1 x e^x \, dx$　　(2) $\displaystyle \int_0^{\frac{\pi}{3}} x \cos x \, dx$

2 面　積

定積分を定義するときに説明したように，定積分は"面積をいかに求めるか"ということから出発していた。このことより，次の定理が成り立つ。

定理 2.41

$[a, b]$ において $f(x)$ が連続で $f(x) \geqq 0$ のとき，この区間において，$y = f(x)$ のグラフと x 軸とではさまれてできる図形の面積 S は

$$S = \int_a^b f(x)\,dx$$

である。

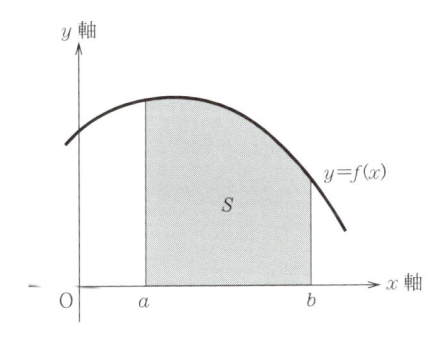

定理 2.42

$[a, b]$ において $f(x), g(x)$ がともに連続で，$f(x) \geqq g(x)$ のとき，この区間において $y = f(x)$ と $y = g(x)$ のグラフにはさまれてできる図形の面積 S は

$$S = \int_a^b \{f(x) - g(x)\}\,dx$$

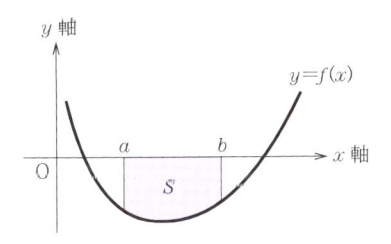

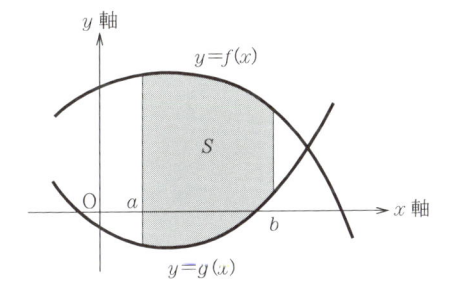

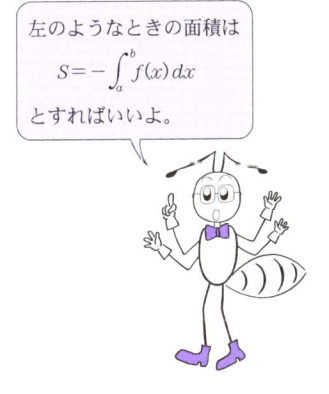

である。

左のようなときの面積は
$$S = -\int_a^b f(x)\,dx$$
とすればいいよ。

=== 例題 2.41 ===

(1) 放物線 $y=x(1-x)$ と x 軸で囲まれる部分の面積 S_1 を求めてみよう。

(2) 双曲線 $xy=3$ と直線 $y=-x+4$ とで囲まれる部分の面積 S_2 を求めてみよう。

解 (1) まず $y=x(1-x)$ のグラフの概形をかこう。これは上に凸の放物線で，$x=0$ と 1 で x 軸と交わる。ゆえに右図の色のついた部分の面積 S_1 を求めることになる。この図形は区間 $[0,1]$ 上にできているので次の定積分で求まる。

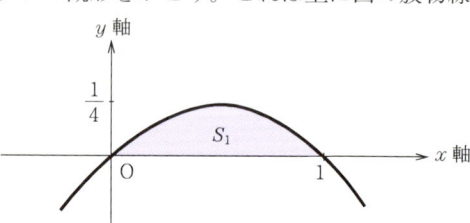

$$S_1 = \int_0^1 x(1-x)\,dx = \int_0^1 (x-x^2)\,dx = \left[\frac{1}{2}x^2 - \frac{1}{3}x^3\right]_0^1 = \left(\frac{1}{2} - \frac{1}{3}\right) = \boxed{\frac{1}{6}}$$

(2) 双曲線と直線の交点の x 座標を求めると

$$\frac{3}{x} = -x+4 \ \text{より} \quad x^2-4x+3=0, \ (x-3)(x-1)=0 \quad \therefore \quad x=1, 3$$

2つのグラフは右図のようになるので

$$S_2 = \int_1^3 \left(-x+4-\frac{3}{x}\right)dx$$
$$= \left[-\frac{1}{2}x^2 + 4x - 3\log x\right]_1^3$$
$$= \left(-\frac{1}{2}\cdot 3^2 + 4\cdot 3 - 3\cdot \log 3\right)$$
$$\quad -\left(-\frac{1}{2}\cdot 1^2 + 4\cdot 1 - 3\cdot \log 1\right)$$
$$= \boxed{4 - 3\log 3} \qquad (\text{解終})$$

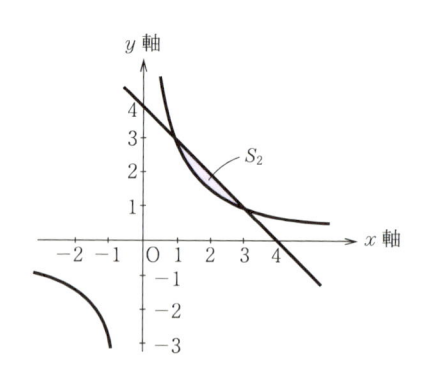

=== 練習問題 2.41 === 解答は p.230

(1) 曲線 $y=\sin x$ $(0 \leqq x \leqq \pi)$ と x 軸とで囲まれた部分の面積を求めなさい。

(2) 放物線 $y=-x^2+2x+3$ と直線 $y=x+1$ とで囲まれた部分の面積を求めなさい。

解答の部

まず自分で解こうね！

第1部　線形代数

練習問題 1.1 (p.3)

（1）$\vec{AB}$ と平行かつ矢印の向きが同じになり，大きさも等しいものは

$\boxed{\vec{DC}}$, $\boxed{\vec{EF}}$, $\boxed{\vec{HG}}$

（2）図形は立方体なので，まず

$|\vec{EH}| = \boxed{1}$

また線分 BG の長さは $\sqrt{2}$ なので

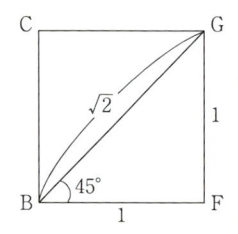

$|\vec{BG}| = \boxed{\sqrt{2}}$

練習問題 1.2 (p.6)

作図の方法が異なっても，向きと大きさは同じになるはず。

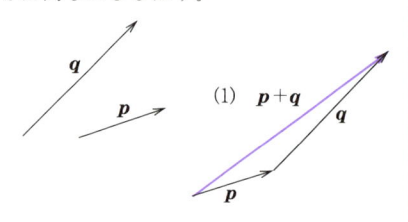

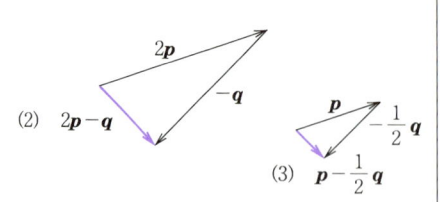

(1) $\boldsymbol{p+q}$

(2) $2\boldsymbol{p-q}$

(3) $\boldsymbol{p} - \dfrac{1}{2}\boldsymbol{q}$

練習問題 1.3 (p.8)

x 成分，y 成分とも "終点－始点" を計算すればよいので

$\vec{AB} = (-1-(-3), 4-2) = \boxed{(2, 2)}$

練習問題 1.4 (p.9)

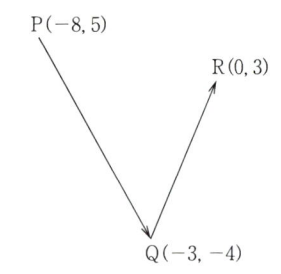

（1）$\vec{PQ} = (-3-(-8), -4-5)$
$\qquad = \boxed{(5, -9)}$

$\vec{QR} = (0-(-3), 3-(-4))$
$\qquad = \boxed{(3, 7)}$

（2）$|\vec{PQ}| = \sqrt{5^2 + (-9)^2} = \boxed{\sqrt{106}}$

$|\vec{QR}| = \sqrt{3^2 + 7^2} = \boxed{\sqrt{58}}$

（3）$\vec{PQ} - 2\vec{QR} = (5, -9) - 2(3, 7)$
$\qquad = (5, -9) - (2\cdot 3, 2\cdot 7)$
$\qquad = (5, -9) - (6, 14)$
$\qquad = (5-6, -9-14)$
$\qquad = \boxed{(-1, -23)}$

第 1 部　線 形 代 数　**187**

練習問題 1.5 (p.11)

各成分とも"終点−始点"なので
$\vec{BA} = (-2-0, 3-(-2), 1-5)$
$= (-2, 5, -4)$
$\vec{BC} = (7-0, 8-(-2), -2-5)$
$= (7, 10, -7)$

練習問題 1.6 (p.12)

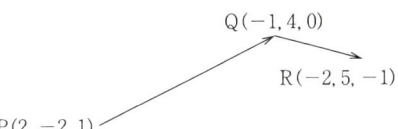

Q(−1, 4, 0)
R(−2, 5, −1)
P(2, −2, 1)

(1)　$\vec{PQ} = (-1-2, 4-(-2), 0-1)$
$= (-3, 6, -1)$
$\vec{QR} = (-2-(-1), 5-4, -1-0)$
$= (-1, 1, -1)$

(2)　$|\vec{PQ}| = \sqrt{(-3)^2 + 6^2 + (-1)^2}$
$= \sqrt{46}$
$|\vec{QR}| = \sqrt{(-1)^2 + 1^2 + (-1)^2}$
$= \sqrt{3}$

(3)　$3\vec{PQ} - 5\vec{QR}$
$= 3(-3, 6, -1) - 5(-1, 1, -1)$
$= (3 \cdot (-3), 3 \cdot 6, 3 \cdot (-1))$
$\quad - (5 \cdot (-1), 5 \cdot 1, 5 \cdot (-1))$
$= (-9, 18, -3) - (-5, 5, -5)$
$= (-9-(-5), 18-5, -3-(-5))$
$= (-4, 13, 2)$

(4)　$|3\vec{PQ} - 5\vec{QR}|$
$= \sqrt{(-4)^2 + 13^2 + 2^2}$
$= \sqrt{189} = 3\sqrt{21}$

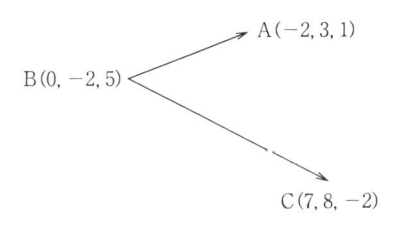

A(−2, 3, 1)
B(0, −2, 5)
C(7, 8, −2)

点の位置は適当に描いていいよ。

練習問題 1.7 (p.13)

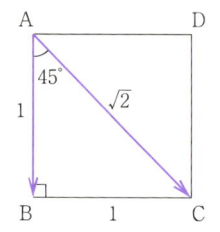

$|\overrightarrow{AC}|=\sqrt{2}$, $\angle BAC=45°$ より
$$\overrightarrow{AB}\cdot\overrightarrow{AC}=|\overrightarrow{AB}||\overrightarrow{AC}|\cos 45°$$
$$=1\cdot\sqrt{2}\cdot\frac{1}{\sqrt{2}}=\boxed{1}$$

```
       A           D
       ┌───────────┐
       │45°\        │
     1 │    \√2     │
       │     \      │
       │      \     │
       └───────┘
       B    1    C
```

練習問題 1.8 (p.15)

(1) 内積を成分で求めると
$$\boldsymbol{a}\cdot\boldsymbol{b}=1\cdot(-2)+2\cdot 2+1\cdot 4=\boxed{6}$$

(2) なす角 θ を使った内積の定義より
$$\boldsymbol{a}\cdot\boldsymbol{b}=|\boldsymbol{a}||\boldsymbol{b}|\cos\theta$$

これより $\cos\theta$ を計算すると
$$\cos\theta=\frac{\boldsymbol{a}\cdot\boldsymbol{b}}{|\boldsymbol{a}||\boldsymbol{b}|}$$
$$=\frac{6}{\sqrt{1^2+2^2+1^2}\sqrt{(-2)^2+2^2+4^2}}$$
$$=\frac{6}{\sqrt{6}\sqrt{24}}=\frac{6}{\sqrt{144}}=\frac{6}{12}=\frac{1}{2}$$

$\cos\theta=\frac{1}{2}$ $(0°\leq\theta\leq 180°)$ なので
$$\boxed{\theta=60°}$$

(3) $k\boldsymbol{a}=k(1,2,1)=(k,2k,k)$
$|k\boldsymbol{a}|=1$ となる k を求める。
$\sqrt{k^2+(2k)^2+k^2}=1$ より $\sqrt{6k^2}=1$
両辺2乗して $6k^2=1$
$$k^2=\frac{1}{6} \quad\therefore\quad \boxed{k=\pm\frac{1}{\sqrt{6}}}$$

練習問題 1.9 (p.17)

(1) 行の数は 4, 列の数は 3 なので, B は $\boxed{4\text{行}3\text{列}}$ の行列。

(2) $(2,3)$ 成分
  $=$ 第 2 行かつ第 3 列の成分
  $=\boxed{-3}$

$$B=\begin{bmatrix} 0 & -1 & 2 \\ -5 & 4 & -3 \\ 6 & -7 & 8 \\ -2 & 0 & -9 \end{bmatrix}$$
← 第 2 行
← 第 3 列

(3) 「6」$=$ 第 3 行かつ第 1 列の成分
  $=\boxed{(3,1)\text{成分}}$

練習問題 1.10 (p.19)

まず, スカラー倍の方から計算して
$$\text{与式}=\begin{bmatrix} 1 & 6 \\ -4 & 5 \end{bmatrix}-\begin{bmatrix} 5\cdot 1 & 5\cdot 3 \\ 5\cdot(-2) & 5\cdot 0 \end{bmatrix}$$
$$=\begin{bmatrix} 1 & 6 \\ -4 & 5 \end{bmatrix}-\begin{bmatrix} 5 & 15 \\ -10 & 0 \end{bmatrix}$$

対応する成分どうしを引くと
$$=\begin{bmatrix} 1-5 & 6-15 \\ -4-(-10) & 5-0 \end{bmatrix}$$
$$=\boxed{\begin{bmatrix} -4 & -9 \\ 6 & 5 \end{bmatrix}}$$

練習問題 1.11 (p.21)

まず積が定義されるかどうか調べてみよう。

$$\underset{(2,2)\text{型}}{C} \times \underset{(2,3)\text{型}}{D} = (2,3)\text{型}$$

より積 CD は定義され，結果は $(2,3)$ 型となる。

$$CD = \begin{bmatrix} 6 & 4 \\ 0 & -5 \end{bmatrix} \begin{bmatrix} 8 & -2 & 5 \\ -7 & 3 & 0 \end{bmatrix}$$

CD の (i,j) 成分 $=$ (C の第 i 行) と (D の第 j 列) の積和なので，計算すると

$$= \begin{bmatrix} 6\cdot 8 + 4\cdot(-7) & 6\cdot(-2)+4\cdot 3 & 6\cdot 5 + 4\cdot 0 \\ 0\cdot 8 + (-5)\cdot(-7) & 0\cdot(-2)+(-5)\cdot 3 & 0\cdot 5 + (-5)\cdot 0 \end{bmatrix}$$

$$= \begin{bmatrix} 20 & 0 & 30 \\ 35 & -15 & 0 \end{bmatrix}$$

次に，

$$\underset{(2,3)\text{型}}{D} \times \underset{(2,2)\text{型}}{C}$$

なので，積 DC は定義されない。

練習問題 1.12 (p.27)

（1） 未知数の数 2 つ，式の数 2 本の連立 1 次方程式。行列で表わすと

$$\begin{bmatrix} 5 & 3 \\ 1 & -1 \end{bmatrix} \begin{bmatrix} x \\ y \end{bmatrix} = \begin{bmatrix} -3 \\ 0 \end{bmatrix}$$

係数行列は $\begin{bmatrix} 5 & 3 \\ 1 & -1 \end{bmatrix}$　拡大係数行列は $\left[\begin{array}{rr|r} 5 & 3 & -3 \\ 1 & -1 & 0 \end{array}\right]$

（2） 未知数の数 2 つ，式の数 3 本の連立 1 次方程式。惑わされずに係数を取り出すだけでよい。行列で表わすと，次の通り。

$$\begin{bmatrix} 4 & 1 \\ -3 & 2 \\ 6 & -5 \end{bmatrix} \begin{bmatrix} x \\ y \end{bmatrix} = \begin{bmatrix} 5 \\ -7 \\ -2 \end{bmatrix}$$

係数行列は $\begin{bmatrix} 4 & 1 \\ -3 & 2 \\ 6 & -5 \end{bmatrix}$　拡大係数行列は $\left[\begin{array}{rr|r} 4 & 1 & 5 \\ -3 & 2 & -7 \\ 6 & -5 & -2 \end{array}\right]$

練習問題 1.13 (p.31)

例題 1.13 と同じ記号を使うと

$$\begin{bmatrix} -3 & -9 & 3 \\ -5 & -7 & 1 \\ 2 & 4 & 0 \end{bmatrix} \xrightarrow{(1)\ ①\times\left(-\frac{1}{3}\right)} \begin{bmatrix} -3\times\left(-\frac{1}{3}\right) & -9\times\left(-\frac{1}{3}\right) & 3\times\left(-\frac{1}{3}\right) \\ -5 & -7 & 1 \\ 2 & 4 & 0 \end{bmatrix}$$

$$= \begin{bmatrix} 1 & 3 & -1 \\ -5 & -7 & 1 \\ 2 & 4 & 0 \end{bmatrix} \xrightarrow{(2)\ ②+①\times 5} \begin{bmatrix} 1 & 3 & -1 \\ -5+1\times 5 & -7+3\times 5 & 1+(-1)\times 5 \\ 2 & 4 & 0 \end{bmatrix}$$

$$= \begin{bmatrix} 1 & 3 & -1 \\ 0 & 8 & -4 \\ 2 & 4 & 0 \end{bmatrix} \xrightarrow{(3)\ ①\leftrightarrow③} \begin{bmatrix} 2 & 4 & 0 \\ 0 & 8 & -4 \\ 1 & 3 & -1 \end{bmatrix}$$

練習問題 1.14 (p.33)

拡大係数行列を取り出し,順次変形してゆくと

$$\begin{bmatrix} 3 & 5 & \vdots & 0 \\ 1 & 2 & \vdots & 1 \end{bmatrix}$$

$$\xrightarrow{(1)\ ①+②\times(-3)} \begin{bmatrix} 3+1\times(-3) & 5+2\times(-3) & \vdots & 0+1\times(-3) \\ 1 & 2 & \vdots & 1 \end{bmatrix}$$

$$= \begin{bmatrix} 0 & -1 & \vdots & -3 \\ 1 & 2 & \vdots & 1 \end{bmatrix}$$

$$\xrightarrow{(2)\ ①\times(-1)} \begin{bmatrix} 0 & 1 & \vdots & 3 \\ 1 & 2 & \vdots & 1 \end{bmatrix}$$

$$\xrightarrow{(3)\ ②+①\times(-2)} \begin{bmatrix} 0 & 1 & \vdots & 3 \\ 1+0\times(-2) & 2+1\times(-2) & \vdots & 1+3\times(-2) \end{bmatrix}$$

$$= \begin{bmatrix} 0 & 1 & \vdots & 3 \\ 1 & 0 & \vdots & -5 \end{bmatrix}$$

$$\xrightarrow{(4)\ ①\leftrightarrow②} \begin{bmatrix} 1 & 0 & \vdots & -5 \\ 0 & 1 & \vdots & 3 \end{bmatrix}$$

最後の結果を連立 1 次方程式に直すと

$$\begin{cases} 1x+0y=-5 \\ 0x+1y=3 \end{cases} \quad \text{つまり} \quad \begin{cases} x=-5 \\ y=3 \end{cases}$$

(表で変形してもよい。)

> 変形Ⅱ ⓘ+ⱼ×k では第 i 行だけ変わって第 j 行はそのままなんだ。

第1部 線形代数 **191**

練習問題 1.15 (p.34)

各行列について，左端より並んでいる 0 の数を調べてみる。

X について	Y について	Z について
第1行 0個	第1行 0個	第1行 1個
第2行 1個	第2行 2個	第2行 2個
第3行 2個		第3行 1個

以上より階段行列は Y 。

練習問題 1.16 (p.37)

（1） 次の変形は一例にすぎない。

B	行基本変形	
$\begin{matrix} 2 & 7 & -1 \\ -1 & -2 & 1 \\ 1 & 5 & 2 \end{matrix}$		(1,1)成分に「1」をもってくる。
$\begin{matrix} 1 & 5 & 2 \\ -1 & -2 & 1 \\ 2 & 7 & -1 \end{matrix}$	①↔③	「1」を使って下の数字を掃き出す。
$\begin{matrix} 1 & 5 & 2 \\ 0 & 3 & 3 \\ 0 & -3 & -5 \end{matrix}$	②+①×1 ③+①×(−2)	(2,2)成分に「1」を作る。
$\begin{matrix} 1 & 5 & 2 \\ 0 & 1 & 1 \\ 0 & -3 & -5 \end{matrix}$	②×$\frac{1}{3}$	「1」を使って下の数字を掃き出す。
$\begin{matrix} 1 & 5 & 2 \\ 0 & 1 & 1 \\ 0 & 0 & -2 \end{matrix}$	③+②×3	階段行列の出来上がり。

上の変形より

$$B \longrightarrow \begin{bmatrix} 1 & 5 & 2 \\ 0 & 1 & 1 \\ 0 & 0 & -2 \end{bmatrix}$$

となったので

$$\operatorname{rank} B = 3$$

（2） (1,1)成分に「1」をつくってから掃き出そう。

C	行基本変形	
$\begin{matrix} 3 & 6 & -9 \\ -2 & 1 & 1 \\ -2 & 4 & -2 \end{matrix}$		
$\begin{matrix} 1 & 2 & -3 \\ -2 & 1 & 1 \\ -2 & 4 & -2 \end{matrix}$	①×$\frac{1}{3}$	
$\begin{matrix} 1 & 2 & -3 \\ 0 & 5 & -5 \\ 0 & 8 & -8 \end{matrix}$	②+①×2 ③+①×2	
$\begin{matrix} 1 & 2 & -3 \\ 0 & 1 & -1 \\ 0 & 8 & -8 \end{matrix}$	②×$\frac{1}{5}$	
$\begin{matrix} 1 & 2 & -3 \\ 0 & 1 & -1 \\ 0 & 0 & 0 \end{matrix}$	③+②×(−8)	

上の変形より

$$C \longrightarrow \begin{bmatrix} 1 & 2 & -3 \\ 0 & 1 & -1 \\ 0 & 0 & 0 \end{bmatrix}$$

となったので

$$\operatorname{rank} C = 2$$

練習問題 1.17 (p.43)

（1）拡大係数行列を階段行列に変形した結果より

$\mathrm{rank}\,A = 1$
$\mathrm{rank}[A \vdots B] = 2$

なので 解なし。

A		B	変形
2	−6	1	
−1	3	1	
−1	3	1	①↔②
2	−6	1	
−1	3	1	
0	0	3	②+①×2

（2）拡大係数行列を階段行列に変形した結果より

$\mathrm{rank}\,A = 1$
$\mathrm{rank}[A \vdots B] = 1$

なので 解有り。
自由度 $= 2 − 1 = 1$

A		B	変形
6	−4	0	
9	−6	0	
3	−2	0	①×$\frac{1}{2}$
3	−2	0	②×$\frac{1}{3}$
3	−2	0	
0	0	0	②+①×(−1)

階段行列を方程式に直すと
$$3x - 2y = 0$$
$y = k$ とおいて代入し x を求めると
$$x = \frac{2}{3}k$$

$$\therefore \begin{cases} x = \dfrac{2}{3}k \\ y = k \end{cases} \quad (k \text{ は任意実数})$$

$\mathrm{rank}\,A = \mathrm{rank}[A \vdots B]$
$\iff$ 解が存在

自由度＝未知数の数 − $\mathrm{rank}\,A$

練習問題 1.18 (p.45)

（1）まず拡大係数行列をなるべく簡単な階段行列に直そう。

A			B	行基本変形
3	2	−4	7	
1	2	0	5	
2	1	−5	8	
1	2	0	5	①↔②
3	2	−4	7	
2	1	−5	8	
1	2	0	5	
0	−4	−4	−8	②+①×(−3)
0	−3	−5	−2	③+①×(−2)
1	2	0	5	
0	1	1	2	②×$\left(-\dfrac{1}{4}\right)$
0	−3	−5	−2	
1	0	−2	1	①+②×(−2)
0	1	1	2	
0	0	−2	4	③+②×3
1	0	−2	1	
0	1	1	2	
0	0	1	−2	③×$\left(-\dfrac{1}{2}\right)$
1	0	0	−3	①+③×2
0	1	0	4	②+③×(−1)
0	0	1	−2	

$\mathrm{rank}\,A = \mathrm{rank}[A \vdots B] = 3$
自由度 $= 3 − 3 = 0$
変形の最後を方程式に直すと

$$\begin{cases} x = −3 \\ y = 4 \\ z = −2 \end{cases}$$

この1組が解である。

(2) 拡大係数行列を階段行列に直すと次のようになる。

	A		B	行基本変形
2	1		0	
5	-2		3	
4	-1		1	
2	1		0	
1	-1		2	②+③×(-1)
4	-1		1	
1	-1		2	①↔②
2	1		0	
4	-1		1	
1	-1		2	
0	3		-4	②+①×(-2)
0	3		-7	③+①×(-4)
1	-1		2	
0	3		-4	
0	0		-3	③+②×(-1)

上の変形結果より

$\mathrm{rank}\,A = 2$, $\mathrm{rank}[A \vdots B] = 3$

となり，**解は存在しない**。

(3) 拡大係数行列を階段行列に直すと次のようになる。

	A			B	行基本変形
2	-1	-3	1	-2	
-2	0	4	0	2	
3	-1	-5	1	-3	
2	-1	-3	1	-2	
1	0	-2	0	-1	②×$\left(-\dfrac{1}{2}\right)$
3	-1	-5	1	-3	
1	0	-2	0	-1	①↔②
2	-1	-3	1	-2	
3	-1	-5	1	-3	
1	0	-2	0	-1	
0	-1	1	1	0	②+①×(-2)
0	-1	1	1	0	③+①×(-3)
1	0	-2	0	-1	
0	-1	1	1	0	
0	0	0	0	0	③+②×(-1)

変形結果より

$\mathrm{rank}\,A = \mathrm{rank}[A \vdots B] = 2$

なので解は存在する。自由度は

自由度＝$4-2=2$

変形の最後を方程式に直すと

$$\begin{cases} a\quad\quad -2c\quad\quad = -1 & \cdots\cdots ① \\ \quad -b+\ c+d = \ 0 & \cdots\cdots ② \end{cases}$$

$c = k_1$, $d = k_2$ とおいて代入すると

$a = 2k_1 - 1$, $b = k_1 + k_2$

以上より解は

$$\begin{cases} a = 2k_1 - 1 \\ b = k_1 + k_2 \\ c = k_1 \\ d = k_2 \end{cases} \quad (k_1, k_2 \text{ は任意の実数})$$

> ①式をみると a と c には関係があるので，この2つを k_1, k_2 とおくことはできないよ。他の組み合わせなら全部大丈夫。

練習問題 1.19 (p.48)

（1）

B		E		行基本変形
2	−5	1	0	
1	−3	0	1	
①	−3	0	1	①↔②
2	−5	1	0	
1	−3	0	1	
0	①	1	−2	②+①×(−2)
1	0	3	−5	①+②×3
0	1	1	−2	
E		B^{-1}		

上の変形より

$$B^{-1} = \begin{bmatrix} 3 & -5 \\ 1 & -2 \end{bmatrix}$$

（2）

C		E		行基本変形
3	2	1	0	
2	2	0	1	
①	0	1	−1	①+②×(−1)
2	2	0	1	
1	0	1	−1	
0	2	−2	3	②+①×(−2)
1	0	1	−1	
0	1	−1	$\frac{3}{2}$	②×$\frac{1}{2}$
E		C^{-1}		

上の変形より

$$C^{-1} = \begin{bmatrix} 1 & -1 \\ -1 & \frac{3}{2} \end{bmatrix} = \frac{1}{2}\begin{bmatrix} 2 & -2 \\ -2 & 3 \end{bmatrix}$$

練習問題 1.20 (p.49)

（1）

B			E			行基本変形
2	−1	5	1	0	0	
1	0	2	0	1	0	
0	5	−6	0	0	1	
①	0	2	0	1	0	①↔②
2	−1	5	1	0	0	
0	5	−6	0	0	1	
1	0	2	0	1	0	
0	−1	1	1	−2	0	②+①×(−2)
0	5	−6	0	0	1	
1	0	2	0	1	0	
0	①	−1	−1	2	0	②×(−1)
0	5	−6	0	0	1	
1	0	2	0	1	0	
0	1	−1	−1	2	0	
0	0	1	5	−10	1	③+②×(−5)
1	0	2	0	1	0	
0	1	−1	−1	2	0	
0	0	①	−5	10	−1	③×(−1)
1	0	0	10	−19	2	①+③×(−2)
0	1	0	−6	12	−1	②+③×1
0	0	1	−5	10	−1	
E			B^{-1}			

上の結果より

$$B^{-1} = \begin{bmatrix} 10 & -19 & 2 \\ -6 & 12 & -1 \\ -5 & 10 & -1 \end{bmatrix}$$

第1部　線形代数　**195**

（2）右の変形結果より

$$C^{-1} = \begin{bmatrix} \dfrac{6}{7} & \dfrac{2}{7} & -\dfrac{11}{7} \\ -\dfrac{4}{7} & \dfrac{1}{7} & \dfrac{5}{7} \\ -\dfrac{3}{7} & -\dfrac{1}{7} & \dfrac{9}{7} \end{bmatrix}$$

$$= \dfrac{1}{7}\begin{bmatrix} 6 & 2 & -11 \\ -4 & 1 & 5 \\ -3 & -1 & 9 \end{bmatrix}$$

C			E			行基本変形
2	−1	3	1	0	0	
3	3	2	0	1	0	
1	0	2	0	0	1	
①	0	2	0	0	1	①↔③
3	3	2	0	1	0	
2	−1	3	1	0	0	
1	0	2	0	0	1	
0	3	−4	0	1	−3	②+①×(−3)
0	−1	−1	1	0	−2	③+①×(−2)
1	0	2	0	0	1	
0	−1	−1	1	0	−2	②↔③
0	3	−4	0	1	−3	
1	0	2	0	0	1	
0	①	1	−1	0	2	②×(−1)
0	3	−4	0	1	−3	
1	0	2	0	0	1	
0	1	1	−1	0	2	
0	0	−7	3	1	−9	③+②×(−3)
1	0	2	0	0	1	
0	1	1	−1	0	2	
0	0	①	$-\dfrac{3}{7}$	$-\dfrac{1}{7}$	$\dfrac{9}{7}$	③×$\left(-\dfrac{1}{7}\right)$
1	0	0	$\dfrac{6}{7}$	$\dfrac{2}{7}$	$-\dfrac{11}{7}$	①+③×(−2)
0	1	0	$-\dfrac{4}{7}$	$\dfrac{1}{7}$	$\dfrac{5}{7}$	②+③×(−1)
0	0	1	$-\dfrac{3}{7}$	$-\dfrac{1}{7}$	$\dfrac{9}{7}$	
E			C^{-1}			

分数の計算に気をつけて。

練習問題 1.21 (p.51)

(1)は絶対値ではないので気をつけて。

(1) $|-5| = -5$

(2) $\begin{vmatrix} 3 & 2 \\ 4 & 1 \end{vmatrix} = 3 \cdot 1 - 2 \cdot 4 = -5$

(3) $\begin{vmatrix} -2 & 0 \\ 7 & 5 \end{vmatrix} = -2 \cdot 5 - 0 \cdot 7 = -10$

―― 1次の行列式 ――
$|a| = a$

練習問題 1.22 (p.53)

(1) $|C| = 1 \cdot (-2) \cdot (-1)$
$\quad + 0 \cdot 3 \cdot (-3) + 2 \cdot 2 \cdot 1$
$\quad - 2 \cdot (-2) \cdot (-3)$
$\quad - 0 \cdot 2 \cdot (-1) - 1 \cdot 3 \cdot 1$
$\quad = 2 + 0 + 4 - 12 - 0 - 3$
$\quad = -9$

(2) $|D| = (-4) \cdot 5 \cdot 1 + 7 \cdot (-1) \cdot 3$
$\quad + (-2) \cdot 0 \cdot 4 - (-2) \cdot 5 \cdot 3$
$\quad - 7 \cdot 0 \cdot 1 - (-4) \cdot (-1) \cdot 4$
$\quad = -20 - 21 + 0 + 30 - 0 - 16$
$\quad = -27$

"サラスの公式" もう覚えた?

練習問題 1.23 (p.55)

(1) $\tilde{b}_{21} = (-1)^{2+1} \begin{vmatrix} -1 & 2 \\ 3 & 4 \end{vmatrix}$

$\quad = (-1)|2| = -2$

$\tilde{b}_{22} = (-1)^{2+2} \begin{vmatrix} -1 & 2 \\ 3 & 4 \end{vmatrix}$

$\quad = (+1)|-1| = -1$

―― 余因子 ――
$\tilde{a}_{ij} = (-1)^{i+j} |a_{ij}|$

(2) $\tilde{c}_{22} = (-1)^{2+2} \begin{vmatrix} 2 & -3 & 2 \\ 1 & 0 & 1 \\ -3 & -2 & 3 \end{vmatrix}$

$\quad = (+1) \begin{vmatrix} 2 & 2 \\ -3 & 3 \end{vmatrix}$

$\quad = 2 \cdot 3 - 2 \cdot (-3) = 12$

$\tilde{c}_{32} = (-1)^{3+2} \begin{vmatrix} 2 & -3 & 2 \\ 1 & 0 & 1 \\ -3 & -2 & 3 \end{vmatrix}$

$\quad = (-1) \begin{vmatrix} 2 & 2 \\ -1 & 1 \end{vmatrix}$

$\quad = (-1)\{2 \cdot 1 - 2 \cdot (-1)\} = -4$

練習問題 1.24 (p.57)

（1） 第2行の成分を左から順に取り出して展開すると

$$\begin{vmatrix} -1 & 2 \\ 3 & -4 \end{vmatrix} = 3 \cdot (-1)^{2+1} \begin{vmatrix} -1 & 2 \\ 3 & -4 \end{vmatrix} + (-4) \cdot (-1)^{2+2} \begin{vmatrix} -1 & 2 \\ 3 & -4 \end{vmatrix}$$

$$= 3 \cdot (-1)|2| + (-4) \cdot (+1)|-1| = -6 + 4 = \boxed{-2}$$

（2） 第2列の成分を上から順に取り出して展開すると

$$\begin{vmatrix} 1 & 2 \\ 3 & -4 \end{vmatrix} = 2 \cdot (-1)^{1+2} \begin{vmatrix} 1 & 2 \\ 3 & -4 \end{vmatrix} + (-4) \cdot (-1)^{2+2} \begin{vmatrix} -1 & 2 \\ 3 & -4 \end{vmatrix}$$

$$= 2 \cdot (-1)|3| + (-4) \cdot (+1)|-1| = -6 + 4 = \boxed{-2}$$

練習問題 1.25 (p.59)

（1） $\begin{vmatrix} -1 & 3 & 4 \\ 2 & 1 & 0 \\ 0 & -3 & -2 \end{vmatrix}$

$$= 2 \cdot (-1)^{2+1} \begin{vmatrix} -1 & 3 & 4 \\ 2 & 1 & 0 \\ 0 & -3 & -2 \end{vmatrix} + 1 \cdot (-1)^{2+2} \begin{vmatrix} -1 & 3 & 4 \\ 2 & 1 & 0 \\ 0 & -3 & -2 \end{vmatrix} + 0$$

$$= 2 \cdot (-1) \begin{vmatrix} 3 & 4 \\ -3 & -2 \end{vmatrix} + 1 \cdot (+1) \begin{vmatrix} -1 & 4 \\ 0 & -2 \end{vmatrix}$$

$$= -2(-6+12) + (2-0) = \boxed{-10}$$

（2） $\begin{vmatrix} -1 & 3 & 4 \\ 2 & 1 & 0 \\ 0 & -3 & -2 \end{vmatrix}$

$$= 4 \cdot (-1)^{1+3} \begin{vmatrix} -1 & 3 & 4 \\ 2 & 1 & 0 \\ 0 & -3 & -2 \end{vmatrix} + 0 + (-2) \cdot (-1)^{3+3} \begin{vmatrix} -1 & 3 & 4 \\ 2 & 1 & 0 \\ 0 & -3 & -2 \end{vmatrix}$$

$$= 4 \cdot (+1) \begin{vmatrix} 2 & 1 \\ 0 & -3 \end{vmatrix} + (-2) \cdot (+1) \begin{vmatrix} -1 & 3 \\ 2 & 1 \end{vmatrix}$$

$$= 4(-6-0) - 2(-1-6) = \boxed{-10}$$

（3） 与行列式 $= (-1) \cdot 1 \cdot (-2) + 3 \cdot 0 \cdot 0 + 4 \cdot 2 \cdot (-3) - 4 \cdot 1 \cdot 0 - 3 \cdot 2 \cdot (-2)$
$ - (-1) \cdot 0 \cdot (-3)$

$$= 2 + 0 - 24 - 0 + 12 - 0 = \boxed{-10}$$

練習問題 1.26 (p.61)

各自好きな行または列で展開してよい。展開する所を ⬭ または ◯ で示す。

(1) $\begin{vmatrix} 4 & 0 & 5 & 1 \\ 0 & -2 & 3 & 0 \\ -3 & 0 & 1 & -1 \\ 0 & 3 & 2 & 0 \end{vmatrix} = 0 + (-2)\cdot(-1)^{2+2} \begin{vmatrix} 4 & 0 & 5 & 1 \\ 0 & -2 & 3 & 0 \\ -3 & 0 & 1 & -1 \\ 0 & 3 & 2 & 0 \end{vmatrix}$

$\qquad\qquad\qquad\qquad + 3\cdot(-1)^{2+3} \begin{vmatrix} 4 & 0 & 5 & 1 \\ 0 & -2 & 3 & 0 \\ -3 & 0 & 1 & -1 \\ 0 & 3 & 2 & 0 \end{vmatrix} + 0$

$\qquad = (-2)\cdot(+1) \begin{vmatrix} 4 & 5 & 1 \\ -3 & 1 & -1 \\ 0 & 2 & 0 \end{vmatrix} + 3\cdot(-1) \begin{vmatrix} 4 & 0 & 1 \\ -3 & 0 & -1 \\ 0 & 3 & 0 \end{vmatrix}$

$\qquad = -2\left\{ 0 + 2\cdot(-1)^{3+2} \begin{vmatrix} 4 & 5 & 1 \\ -3 & 1 & -1 \\ 0 & 2 & 0 \end{vmatrix} + 0 \right\}$

$\qquad\qquad -3\left\{ 0 + 0 + 3\cdot(-1)^{3+2} \begin{vmatrix} 4 & 0 & 1 \\ -3 & 0 & -1 \\ 0 & 3 & 0 \end{vmatrix} \right\}$

$\qquad = (-2)\cdot 2\cdot(-1) \begin{vmatrix} 4 & 1 \\ -3 & -1 \end{vmatrix} - 3\cdot 3\cdot(-1) \begin{vmatrix} 4 & 1 \\ -3 & -1 \end{vmatrix}$

$\qquad = 4(-4+3) + 9(-4+3) = \boxed{-13}$

(2) $\begin{vmatrix} 3 & 4 & 1 & -5 \\ -8 & 1 & -2 & 4 \\ 0 & 0 & 4 & 0 \\ 1 & 0 & 8 & 0 \end{vmatrix} = 0 + 0 + 4\cdot(-1)^{3+3} \begin{vmatrix} 3 & 4 & -5 \\ -8 & 1 & 4 \\ 1 & 0 & 0 \end{vmatrix} + 0$

$\qquad\qquad = 4\cdot 1\cdot(-1)^{3+1} \begin{vmatrix} 4 & -5 \\ 1 & 4 \end{vmatrix}$

$\qquad\qquad = 4(16+5) = \boxed{84}$

練習問題 1.27 (p.65)

$$\begin{vmatrix} 2 & -5 & -1 \\ 1 & 0 & 3 \\ 1 & -3 & 2 \end{vmatrix} \underset{=}{③'+①'\times(-3)} \begin{vmatrix} 2 & -5 & -1+2\times(-3) \\ 1 & 0 & 3+1\times(-3) \\ 1 & -3 & 2+1\times(-3) \end{vmatrix} = \begin{vmatrix} 2 & -5 & -7 \\ 1 & 0 & 0 \\ 1 & -3 & -1 \end{vmatrix}$$

$$\underset{展開}{\overset{②で}{=}} 1\cdot(-1)^{2+1}\begin{vmatrix} -5 & -7 \\ -3 & -1 \end{vmatrix} + 0 + 0$$

$$= -\{(-5)\cdot(-1)-(-7)\cdot(-3)\} = \boxed{16}$$

練習問題 1.28 (p.67)

計算方法は無数にある。ここに書いてある方法はほんの一例にすぎない。

(1) 第1行に0を作るとすると，列変形して

$$\begin{vmatrix} 1 & -1 & -1 \\ -3 & 2 & 7 \\ 1 & -2 & 3 \end{vmatrix} \underset{③'+①'\times 1}{\overset{②'+①'\times 1}{=}} \begin{vmatrix} 1 & -1+1\times 1 & -1+1\times 1 \\ -3 & 2+(-3)\times 1 & 7+(-3)\times 1 \\ 1 & -2+1\times 1 & 3+1\times 1 \end{vmatrix}$$

$$= \begin{vmatrix} 1 & 0 & 0 \\ -3 & -1 & 4 \\ 1 & -1 & 4 \end{vmatrix} \underset{展開}{\overset{①で}{=}} 1\cdot(-1)^{1+1}\begin{vmatrix} -1 & 4 \\ -1 & 4 \end{vmatrix}$$

$$= (-1)\cdot 4 - 4\cdot(-1) = \boxed{0}$$

(2) "1" が1つもないが，共通因子を順にくくり出すと

$$\begin{vmatrix} -4 & -6 & 6 \\ 6 & 3 & 2 \\ 9 & 6 & 5 \end{vmatrix} \overset{①}{=} 2\begin{vmatrix} -2 & -3 & 3 \\ 6 & 3 & 2 \\ 9 & 6 & 5 \end{vmatrix} \overset{②'}{=} 2\cdot 3\begin{vmatrix} -2 & -1 & 3 \\ 6 & 1 & 2 \\ 9 & 2 & 5 \end{vmatrix}$$

第2列に0を作るとすると，行変形して

$$\underset{③+②\times(-2)}{\overset{①+②\times 1}{=}} 6\begin{vmatrix} -2+6\times 1 & -1+1\times 1 & 3+2\times 1 \\ 6 & 1 & 2 \\ 9+6\times(-2) & 2+1\times(-2) & 5+2\times(-2) \end{vmatrix}$$

$$= 6\begin{vmatrix} 4 & 0 & 5 \\ 6 & 1 & 2 \\ -3 & 0 & 1 \end{vmatrix}$$

$$\underset{展開}{\overset{②'で}{=}} 6\cdot 1\cdot(-1)^{2+2}\begin{vmatrix} 4 & 5 \\ -3 & 1 \end{vmatrix} = 6\{4\cdot 1 - 5\cdot(-3)\} = \boxed{114}$$

練習問題 1.29 (p.68)

数字をよく見て方針を立てよう。この解はほんの一例である。

まず，くくれるものをくくっておくと

$$\begin{vmatrix} 6 & 4 & 0 & -6 \\ 9 & -1 & -2 & 0 \\ -6 & 0 & 3 & 7 \\ 0 & -1 & 1 & 2 \end{vmatrix} = 3 \begin{vmatrix} 2 & 4 & 0 & -6 \\ 3 & -1 & -2 & 0 \\ -2 & 0 & 3 & 7 \\ 0 & -1 & 1 & 2 \end{vmatrix}$$

$$= 3 \cdot 2 \begin{vmatrix} 1 & 2 & 0 & -3 \\ 3 & -1 & -2 & 0 \\ -2 & 0 & 3 & 7 \\ 0 & -1 & 1 & 2 \end{vmatrix}$$

"0" のある所と "±1" のある所をにらんで，たとえば第4行に 0 を作っていくと

$$\underset{④'+③'\times(-2)}{\overset{②'+③'\times 1}{=}} 6 \begin{vmatrix} 1 & 2 & 0 & -3 \\ 3 & -3 & -2 & 4 \\ -2 & 3 & 3 & 1 \\ 0 & 0 & 1 & 0 \end{vmatrix}$$

$$\underset{展開}{\overset{④で}{=}} 6 \cdot 1 \cdot (-1)^{4+3} \begin{vmatrix} 1 & 2 & -3 \\ 3 & -3 & 4 \\ -2 & 3 & 1 \end{vmatrix}$$

"1" に注目して第1列に 0 を作っていくと

$$\underset{③+①\times 2}{\overset{②+①\times(-3)}{=}} -6 \begin{vmatrix} 1 & 2 & -3 \\ 0 & -9 & 13 \\ 0 & 7 & -5 \end{vmatrix}$$

$$\underset{展開}{\overset{①'で}{=}} -6 \cdot 1 \cdot (-1)^{1+1} \begin{vmatrix} -9 & 13 \\ 7 & -5 \end{vmatrix}$$

$$= -6\{(-9) \cdot (-5) - 13 \cdot 7\} = \boxed{276}$$

> サラスの公式は3次の行列にしか使えないので注意して！この問題が出来れば，行列式はほぼ卒業だよ。

練習問題 1.30 (p.72)

方程式を行列を使って表わすと

$$\begin{bmatrix} 5 & -3 \\ 3 & 2 \end{bmatrix} \begin{bmatrix} x \\ y \end{bmatrix} = \begin{bmatrix} 2 \\ -1 \end{bmatrix}$$

係数行列を A とおくと

$$|A| = \begin{vmatrix} 5 & -3 \\ 3 & 2 \end{vmatrix}$$
$$= 5 \cdot 2 - (-3) \cdot 3 = 19 \neq 0$$

ゆえに，ただ 1 組の解が存在する。
クラメールの公式

$$x = \frac{|A_x|}{|A|}, \quad y = \frac{|A_y|}{|A|}$$

の分子を計算すると

$$|A_x| = \begin{vmatrix} 2 & -3 \\ -1 & 2 \end{vmatrix}$$

（x の係数を定数項と入れかえる）

$$= 2 \cdot 2 - (-3) \cdot (-1) = 1$$

$$|A_y| = \begin{vmatrix} 5 & 2 \\ 3 & -1 \end{vmatrix}$$

（y の係数を定数項と入れかえる）

$$= 5 \cdot (-1) - 2 \cdot 3 = -11$$

これらより

$$x = \frac{1}{19}, \quad y = \frac{-11}{19} = -\frac{11}{19}$$

$$\therefore \quad x = \frac{1}{19}, \quad y = -\frac{11}{19}$$

練習問題 1.31 (p.73)

方程式を行列を使って表わすと

$$\begin{bmatrix} 2 & -4 & -1 \\ 2 & 5 & 1 \\ 1 & 1 & 3 \end{bmatrix} \begin{bmatrix} x \\ y \\ z \end{bmatrix} = \begin{bmatrix} 3 \\ 0 \\ 9 \end{bmatrix}$$

係数行列 A の行列式 $|A|$ をサラスの公式で求めると

$$|A| = \begin{vmatrix} 2 & -4 & -1 \\ 2 & 5 & 1 \\ 1 & 1 & 3 \end{vmatrix}$$
$$= 2 \cdot 5 \cdot 3 + (-4) \cdot 1 \cdot 1 + (-1) \cdot 2 \cdot 1$$
$$\quad - (-1) \cdot 5 \cdot 1 - (-4) \cdot 2 \cdot 3 - 2 \cdot 1 \cdot 1$$
$$= 51$$

$|A| \neq 0$ なので，ただ 1 組の解が存在する。

z の値を求めたいので，A の第 3 列を定数項でおきかえた行列を A_z とすると

$$|A_z| = \begin{vmatrix} 2 & -4 & 3 \\ 2 & 5 & 0 \\ 1 & 1 & 9 \end{vmatrix}$$
$$= 2 \cdot 5 \cdot 9 + (-4) \cdot 0 \cdot 1 + 3 \cdot 2 \cdot 1$$
$$\quad - 3 \cdot 5 \cdot 1 - (-4) \cdot 2 \cdot 9 - 2 \cdot 0 \cdot 1$$
$$= 153$$

クラメールの公式に代入すると

$$z = \frac{|A_z|}{|A|} = \frac{153}{51} = 3$$

練習問題 1.32 (p.77)

$g(\boldsymbol{e}_1) = B\boldsymbol{e}_1$
$$= \begin{bmatrix} 1 & 1 & 0 \\ 1 & 0 & 1 \\ 0 & 1 & 1 \end{bmatrix} \begin{bmatrix} 1 \\ 0 \\ 0 \end{bmatrix} = \begin{bmatrix} 1\cdot1+1\cdot0+0\cdot0 \\ 1\cdot1+0\cdot0+1\cdot0 \\ 0\cdot1+1\cdot0+1\cdot0 \end{bmatrix} = \begin{bmatrix} 1 \\ 1 \\ 0 \end{bmatrix}$$

$g(\boldsymbol{e}_2) = B\boldsymbol{e}_2$
$$= \begin{bmatrix} 1 & 1 & 0 \\ 1 & 0 & 1 \\ 0 & 1 & 1 \end{bmatrix} \begin{bmatrix} 0 \\ 1 \\ 0 \end{bmatrix} = \begin{bmatrix} 1\cdot0+1\cdot1+0\cdot0 \\ 1\cdot0+0\cdot1+1\cdot0 \\ 0\cdot0+1\cdot1+1\cdot0 \end{bmatrix} = \begin{bmatrix} 1 \\ 0 \\ 1 \end{bmatrix}$$

$g(\boldsymbol{e}_3) = B\boldsymbol{e}_3$
$$= \begin{bmatrix} 1 & 1 & 0 \\ 1 & 0 & 1 \\ 0 & 1 & 1 \end{bmatrix} \begin{bmatrix} 0 \\ 0 \\ 1 \end{bmatrix} = \begin{bmatrix} 1\cdot0+1\cdot0+0\cdot1 \\ 1\cdot0+0\cdot0+1\cdot1 \\ 0\cdot0+1\cdot0+1\cdot1 \end{bmatrix} = \begin{bmatrix} 0 \\ 1 \\ 1 \end{bmatrix}$$

$g(\boldsymbol{b}) = B\boldsymbol{b}$
$$= \begin{bmatrix} 1 & 1 & 0 \\ 1 & 0 & 1 \\ 0 & 1 & 1 \end{bmatrix} \begin{bmatrix} 4 \\ -5 \\ 3 \end{bmatrix} = \begin{bmatrix} 1\cdot4+1\cdot(-5)+0\cdot3 \\ 1\cdot4+0\cdot(-5)+1\cdot3 \\ 0\cdot4+1\cdot(-5)+1\cdot3 \end{bmatrix} = \begin{bmatrix} -1 \\ 7 \\ -2 \end{bmatrix}$$

> 右頁の図を見てごらん。
> $\boldsymbol{e}_1, \boldsymbol{e}_2, \boldsymbol{e}_3$ を1次変換した先の3つの
> ベクトル $g(\boldsymbol{e}_1), g(\boldsymbol{e}_2), g(\boldsymbol{e}_3)$ によって作られる
> 平行六面体の体積は行列式
> $$|B| = |g(\boldsymbol{e}_1) \ g(\boldsymbol{e}_2) \ g(\boldsymbol{e}_3)|$$
> の値の絶対値に等しくなっているんだ。

練習問題 1.33 (p.80)

固有方程式を作って解を求める。

(1) $|xE-B| = \begin{vmatrix} x-4 & 3 \\ 1 & x-2 \end{vmatrix}$
$= (x-4)(x-2)-3\cdot 1$
$= x^2-6x+5$
$= (x-5)(x-1)=0$

これより B の固有値は 5 と 1。

(2) $|xE-C| = \begin{vmatrix} x-5 & -(-2) \\ -3 & x-0 \end{vmatrix}$
$= \begin{vmatrix} x-5 & 2 \\ -3 & x \end{vmatrix}$
$= (x-5)x-2\cdot(-3)$
$= x^2-5x+6$
$= (x-2)(x-3)=0$

これより C の固有値は 2 と 3。

練習問題 1.34 (p.81)

$\lambda=5$ に属する固有ベクトル $\boldsymbol{v}=\begin{bmatrix} x_1 \\ x_2 \end{bmatrix}$ を求める。$B\boldsymbol{v}=5\boldsymbol{v}$ より

$$\begin{bmatrix} 4 & -3 \\ -1 & 2 \end{bmatrix}\begin{bmatrix} x_1 \\ x_2 \end{bmatrix} = 5\begin{bmatrix} x_1 \\ x_2 \end{bmatrix}$$

これより

$$\begin{cases} 4x_1-3x_2=5x_1 \\ -x_1+2x_2=5x_2 \end{cases} \rightarrow \begin{cases} -x_1-3x_2=0 \\ -x_1-3x_2=0 \end{cases}$$

解を求めると
$$x_1=-3t, \quad x_2=t$$

ゆえに $\lambda=5$ に属する固有ベクトルは

$$\boldsymbol{v} = \begin{bmatrix} -3t \\ t \end{bmatrix} = t\begin{bmatrix} -3 \\ 1 \end{bmatrix}$$

(t は 0 以外の任意の実数)

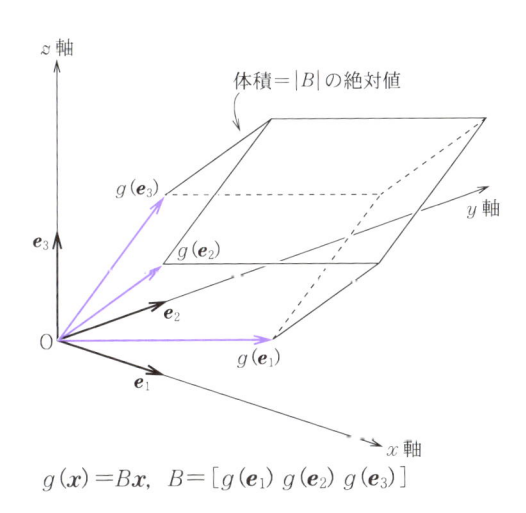

$$g(\boldsymbol{x})=B\boldsymbol{x}, \quad B=[g(\boldsymbol{e}_1)\ g(\boldsymbol{e}_2)\ g(\boldsymbol{e}_3)]$$

練習問題 1.35 (p.84)

（1） 固有方程式はなるべく因数をくくり出すように変形しよう。

$$|xE-B| = \begin{vmatrix} x-2 & -3 & -3 \\ -3 & x-2 & 3 \\ -3 & 3 & x-2 \end{vmatrix}$$

$$\stackrel{①'+②'\times 1}{=} \begin{vmatrix} x-5 & -3 & -3 \\ x-5 & x-2 & 3 \\ 0 & 3 & x-2 \end{vmatrix}$$

$$= (x-5) \begin{vmatrix} 1 & -3 & -3 \\ 1 & x-2 & 3 \\ 0 & 3 & x-2 \end{vmatrix}$$

$$\stackrel{②+①\times(-1)}{=} (x-5) \begin{vmatrix} 1 & -3 & -3 \\ 0 & x+1 & 6 \\ 0 & 3 & x-2 \end{vmatrix}$$

$$\stackrel{①'で}{\underset{展開}{=}} (x-5)\cdot 1\cdot (-1)^{1+1} \begin{vmatrix} x+1 & 6 \\ 3 & x-2 \end{vmatrix}$$

$$= (x-5)\{(x+1)(x-2)-6\cdot 3\}$$

$$= (x-5)(x^2-x-20) = (x-5)(x-5)(x+4)$$

$$= (x+4)(x-5)^2$$

ゆえに B の固有方程式は $(x+4)(x-5)^2=0$

（2） （1）の結果より B の固有値は -4 と 5

（3） ① $\lambda_1=-4$ に属する固有ベクトルを $\boldsymbol{v}_1 = \begin{bmatrix} x_1 \\ x_2 \\ x_3 \end{bmatrix}$ とおくと

$B\boldsymbol{v}_1 = -4\boldsymbol{v}_1$ より

$$\begin{bmatrix} 2 & 3 & 3 \\ 3 & 2 & -3 \\ 3 & -3 & 2 \end{bmatrix} \begin{bmatrix} x_1 \\ x_2 \\ x_3 \end{bmatrix} = -4 \begin{bmatrix} x_1 \\ x_2 \\ x_3 \end{bmatrix}$$

$$\rightarrow \begin{cases} 2x_1+3x_2+3x_3 = -4x_1 \\ 3x_1+2x_2-3x_3 = -4x_2 \\ 3x_1-3x_2+2x_3 = -4x_3 \end{cases}$$

$$\rightarrow \begin{cases} 6x_1+3x_2+3x_3=0 \\ 3x_1+6x_2-3x_3=0 \\ 3x_1-3x_2+6x_3=0 \end{cases} \xrightarrow{\text{右上の変形より}} \begin{cases} x_1 +x_3=0 \\ -x_2+x_3=0 \end{cases}$$

```
6   3   3  ×1/3
3   6  -3  ×1/3
3  -3   6  ×1/3
─────────────
2   1   1
1   2  -1
1  -1   2
─────────────
①   2  -1
2   1   1
1  -1   2
─────────────
1   2  -1
0  -3   3  ×1/3
0  -3   3  ×1/3
─────────────
1   2  -1
0  -1   1
0  -1   1
─────────────
1   2  -1
0  -1   1
0   0   0
─────────────
1   0   1
0  -1   1
0   0   0
```

自由度＝3－2＝1 なので
$$x_3 = t_1 \text{ とおくと } x_1 = -t_1, \quad x_2 = t_1$$
$$\therefore \boldsymbol{v}_1 = \begin{bmatrix} -t_1 \\ t_1 \\ t_1 \end{bmatrix} = t_1 \begin{bmatrix} -1 \\ 1 \\ 1 \end{bmatrix} \quad (t_1 \text{ は 0 でない任意実数})$$

② $\lambda_2 = 5$ に属する固有ベクトルを $\boldsymbol{v}_2 = \begin{bmatrix} y_1 \\ y_2 \\ y_3 \end{bmatrix}$ とおくと

$B\boldsymbol{v}_2 = 5\boldsymbol{v}_2$ より

$$\begin{bmatrix} 2 & 3 & 3 \\ 3 & 2 & -3 \\ 3 & -3 & 2 \end{bmatrix} \begin{bmatrix} y_1 \\ y_2 \\ y_3 \end{bmatrix} - 5 \begin{bmatrix} y_1 \\ y_2 \\ y_3 \end{bmatrix} \rightarrow \begin{cases} 2y_1 + 3y_2 + 3y_3 = 5y_1 \\ 3y_1 + 2y_2 - 3y_3 = 5y_2 \\ 3y_1 - 3y_2 + 2y_3 = 5y_3 \end{cases}$$

$$\rightarrow \begin{cases} -3y_1 + 3y_2 + 3y_3 = 0 \\ 3y_1 - 3y_2 - 3y_3 = 0 \\ 3y_1 - 3y_2 - 3y_3 = 0 \end{cases} \xrightarrow{\text{右の変形より}} -y_1 + y_2 + y_3 = 0$$

$$\begin{array}{|rrr|} \hline -3 & 3 & 3 \\ 3 & -3 & -3 \\ 3 & -3 & -3 \\ \hline -3 & 3 & 3 \\ 0 & 0 & 0 \\ 0 & 0 & 0 \\ \hline -1 & 1 & 1 \\ 0 & 0 & 0 \\ 0 & 0 & 0 \\ \hline \end{array} \times \frac{1}{3}$$

自由度＝3－1＝2 なので
$$y_2 = t_2, \quad y_3 = t_3 \text{ とおくと } y_1 = t_2 + t_3$$
$$\therefore \boldsymbol{v}_2 = \begin{bmatrix} t_2 + t_3 \\ t_2 \\ t_3 \end{bmatrix} = \begin{bmatrix} t_2 \\ t_2 \\ 0 \end{bmatrix} + \begin{bmatrix} t_3 \\ 0 \\ t_3 \end{bmatrix}$$
$$= t_2 \begin{bmatrix} 1 \\ 1 \\ 0 \end{bmatrix} + t_3 \begin{bmatrix} 1 \\ 0 \\ 1 \end{bmatrix} \quad (t_2, t_3 \text{ は同時には 0 にならない任意実数})$$

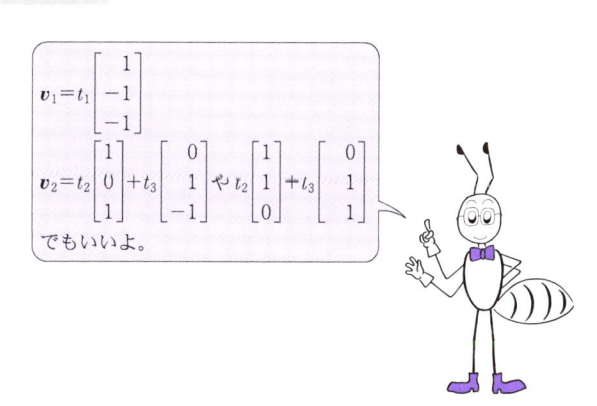

$\boldsymbol{v}_1 = t_1 \begin{bmatrix} 1 \\ -1 \\ -1 \end{bmatrix}$

$\boldsymbol{v}_2 = t_2 \begin{bmatrix} 1 \\ 0 \\ 1 \end{bmatrix} + t_3 \begin{bmatrix} 0 \\ 1 \\ -1 \end{bmatrix}$ や $t_2 \begin{bmatrix} 1 \\ 1 \\ 0 \end{bmatrix} + t_3 \begin{bmatrix} 0 \\ 1 \\ 1 \end{bmatrix}$

でもいいよ。

練習問題 1.36（p.89）

例題 1.36 と同様に求めてゆく。
（1） B の固有値 λ_1, λ_2 を求める。
B の固有方程式は
$$|xE-B|=\begin{vmatrix} x-3 & 2 \\ 1 & x-2 \end{vmatrix}$$
$$=(x-3)(x-2)-2\cdot 1$$
$$=x^2-5x+4=(x-1)(x-4)=0$$
これを解いて $\lambda_1=\boxed{1}$, $\lambda_2=\boxed{4}$。
（2） λ_1, λ_2 に属する固有ベクトルを1つずつ求める。
・$\lambda_1=1$ に属する固有ベクトルを
$$\boldsymbol{v}_1=\begin{bmatrix} x_1 \\ x_2 \end{bmatrix}$$ とおくと
$B\boldsymbol{v}_1=1\,\boldsymbol{v}_1$ より
$$\begin{bmatrix} 3 & -2 \\ -1 & 2 \end{bmatrix}\begin{bmatrix} x_1 \\ x_2 \end{bmatrix}=1\cdot\begin{bmatrix} x_1 \\ x_2 \end{bmatrix}$$
$$\to \begin{cases} 3x_1-2x_2=x_1 \\ -x_1+2x_2=x_2 \end{cases}$$
これより
$$\begin{cases} 2x_1-2x_2=0 \\ -x_1+x_2=0 \end{cases}$$
これを解いて（自由度＝1）$\boldsymbol{v}_1$ を求めると
$$\boldsymbol{v}_1=t_1\begin{bmatrix} 1 \\ 1 \end{bmatrix} \quad (t_1\neq 0)$$
$t_1=1$ とおくと
$$\boldsymbol{v}_1=\boxed{\begin{bmatrix} 1 \\ 1 \end{bmatrix}}$$

・$\lambda_2=4$ に属する固有ベクトルを
$$\boldsymbol{v}_2=\begin{bmatrix} y_1 \\ y_2 \end{bmatrix}$$ とおくと
$B\boldsymbol{v}_2=4\,\boldsymbol{v}_2$ より
$$\begin{bmatrix} 3 & -2 \\ -1 & 2 \end{bmatrix}\begin{bmatrix} y_1 \\ y_2 \end{bmatrix}=4\begin{bmatrix} y_1 \\ y_2 \end{bmatrix}$$
$$\to \begin{cases} 3y_1-2y_2=4y_1 \\ -y_1+2y_2=4y_2 \end{cases}$$
これより
$$\begin{cases} -y_1-2y_2=0 \\ -y_1-2y_2=0 \end{cases}$$
これを解いて（自由度＝1）$\boldsymbol{v}_2$ を求めると
$$\boldsymbol{v}_2=t_2\begin{bmatrix} -2 \\ 1 \end{bmatrix} \quad (t_2\neq 0)$$
$t_2=1$ とおくと
$$\boldsymbol{v}_2=\boxed{\begin{bmatrix} -2 \\ 1 \end{bmatrix}}$$

（3） $\boldsymbol{v}_1$, $\boldsymbol{v}_2$ を並べて P を作ると
$$P=[\boldsymbol{v}_1\ \ \boldsymbol{v}_2]=\boxed{\begin{bmatrix} 1 & -2 \\ 1 & 1 \end{bmatrix}}$$

（4） 右頁上の計算結果より
$$P^{-1}=\boxed{\begin{bmatrix} \dfrac{1}{3} & \dfrac{2}{3} \\ -\dfrac{1}{3} & \dfrac{1}{3} \end{bmatrix}}$$
$$=\dfrac{1}{3}\begin{bmatrix} 1 & 2 \\ -1 & 1 \end{bmatrix}$$

P	E	行基本変形
① −2 1 1	1 0 0 1	
1 −2 0 3	1 0 −1 1	②+①×(−1)
1 −2 0 ①	1 0 $-\frac{1}{3}$ $\frac{1}{3}$	②×$\frac{1}{3}$
1 0 0 1	$\frac{1}{3}$ $\frac{2}{3}$ $-\frac{1}{3}$ $\frac{1}{3}$	①+②×2
E	P^{-1}	

（5）$P^{-1}BP$ を計算して，固有値が対角線上に並ぶことを確認する。

$$P^{-1}BP = \frac{1}{3}\begin{bmatrix} 1 & 2 \\ -1 & 1 \end{bmatrix}\begin{bmatrix} 3 & -2 \\ -1 & 2 \end{bmatrix}\begin{bmatrix} 1 & -2 \\ 1 & 1 \end{bmatrix}$$

スカラーはそのままにして，はじめの2つの行列からかけてゆくと

$$= \frac{1}{3}\begin{bmatrix} 3-2 & -2+4 \\ -3-1 & 2+2 \end{bmatrix}\begin{bmatrix} 1 & -2 \\ 1 & 1 \end{bmatrix}$$

$$= \frac{1}{3}\begin{bmatrix} 1 & 2 \\ -4 & 4 \end{bmatrix}\begin{bmatrix} 1 & -2 \\ 1 & 1 \end{bmatrix}$$

$$= \frac{1}{3}\begin{bmatrix} 1+2 & -2+2 \\ -4+4 & 8+4 \end{bmatrix}$$

$$= \frac{1}{3}\begin{bmatrix} 3 & 0 \\ 0 & 12 \end{bmatrix}$$

スカラーを行列の中に入れると

$$P^{-1}BP = \begin{bmatrix} 1 & 0 \\ 0 & 4 \end{bmatrix}$$

以上より

行列 $B = \begin{bmatrix} 3 & -2 \\ -1 & 1 \end{bmatrix}$ は

$P = \begin{bmatrix} 1 & -2 \\ 1 & 1 \end{bmatrix}$ により

$P^{-1}BP = \begin{bmatrix} 1 & 0 \\ 0 & 4 \end{bmatrix}$ と対角化される。

（固有値の並べ方や固有ベクトルの選び方などにより，異なった P，$P^{-1}BP$ となる。解答はその一例である。）

行列について勉強してきたことを全部使う長い計算だった！

第 2 部　微分積分

練習問題 2.1 (p.95)

① 傾き -1, y 切片 3 の直線。下図①
② 傾きと y 切片がはっきりするように変形すると，
$$y = 2x - 4。$$
ゆえに，傾き 2，y 切片 -4 の直線。下図②
③ x が常に 2 ということなので y 軸に平行な直線。下図③
（このような関数は $y = f(x)$ とは表わせないが，関係式 $x + 0 \cdot y = 2$ で表わせる関数と解釈する。）
④ y が常に -4 ということなので x 軸に平行な直線。下図④

練習問題 2.2 (p.97)

① 原点を頂点とする下に凸な放物線。下図①
② 頂点は $(-2, -2)$。そこから $y = 2x^2$ の放物線を描けばよい。下図②
③ $-$ に気をつけて平方完成すると，
$$\begin{aligned} y &= -(x^2 - 6x) - 9 \\ &= -\{(x-3)^2 - 9\} - 9 \\ &= -(x-3)^2 \end{aligned}$$
ゆえに頂点は $(3, 0)$。そこから $y = -x^2$ の放物線を描けばよい。下図③
④ $y = \sqrt{x}$ の放物線を右に 1 平行移動したもの。下図④

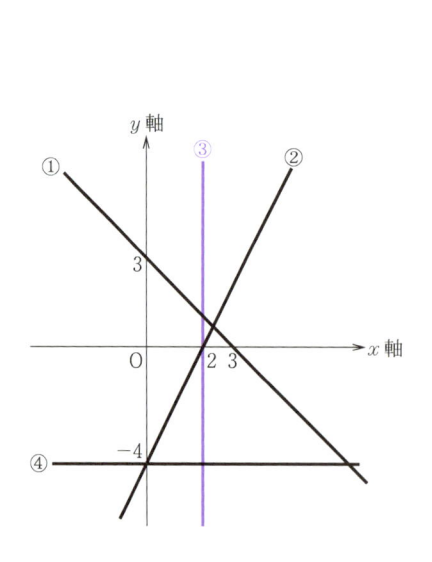

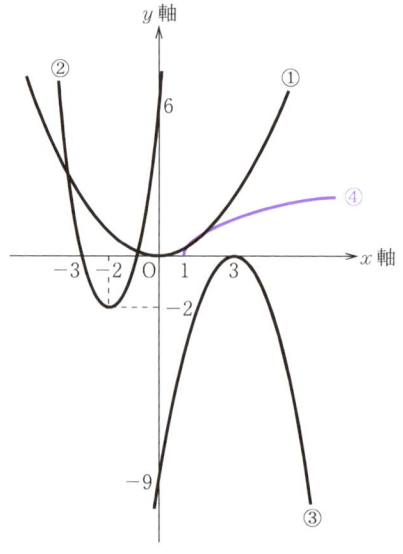

練習問題 2.3 (p.99)

① 中心 $(0,0)$，半径 3 の円。右①
② 中心 $(2,3)$，半径 1 の円。右②
③ y について平方完成すると
$$x^2+\{(y+1)^2-1\}=3$$
$$\therefore\quad x^2+(y+1)^2=4$$
ゆえに中心 $(0,-1)$，半径 2 の円。右③
④ $a=3,\ b=1$ のだ円。右④
⑤ $xy=3$ なので積を作って 3 になる点 (x,y) をつなぐと右下⑤の双曲線。
⑥ $a=3, b=2$ なので $y=\pm\dfrac{2}{3}x$ が漸近線の左右に分かれた双曲線。右下⑥
⑦ $a=1,\ b=1$ なので $y=\pm x$ が漸近線。右一番下⑦の上下に分かれた双曲線。

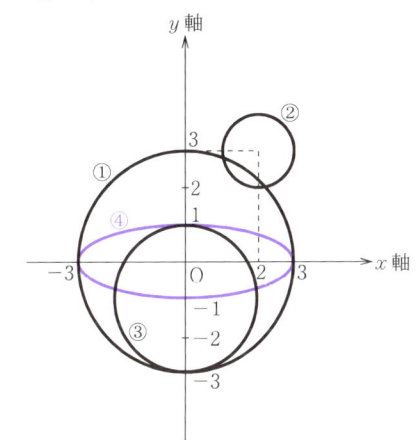

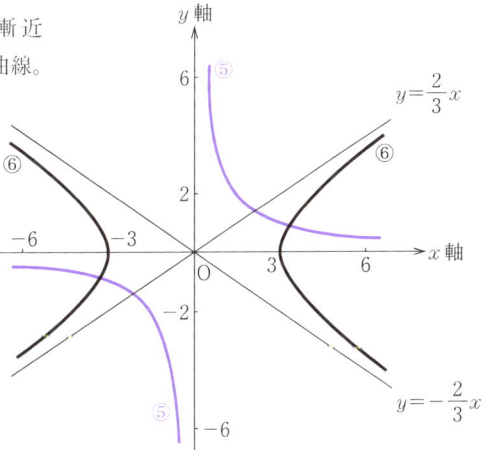

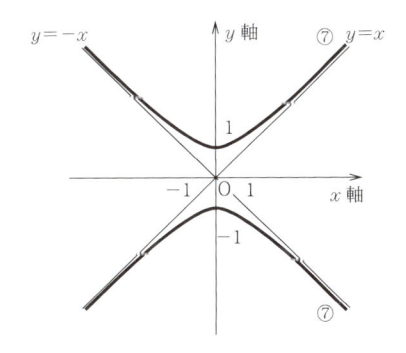

うまく描けたかな？

練習問題 2.4 (p.100)

$180° = \pi$(ラジアン) より

$$1° = \frac{\pi}{180}(\text{ラジアン}),$$

$$1(\text{ラジアン}) = \frac{180°}{\pi}$$

これを使って計算。

(1) $45° = 45 \times \dfrac{\pi}{180} = \boxed{\dfrac{\pi}{4}}$

(2) $105° = 105 \times \dfrac{\pi}{180} = \boxed{\dfrac{7}{12}\pi}$

(3) $\dfrac{3}{4}\pi = \dfrac{3}{4}\pi \times \dfrac{180°}{\pi} = \boxed{135°}$

(4) $\dfrac{5}{3}\pi = \dfrac{5}{3}\pi \times \dfrac{180°}{\pi} = \boxed{300°}$

(5) $2\pi = 2\pi \times \dfrac{180°}{\pi} = \boxed{360°}$

練習問題 2.5 (p.102)

2つの基本となる特別の直角三角形を見ながら求めよう。またラジアン単位にも慣れよう。

(1) $\cos\dfrac{\pi}{6} = \boxed{\dfrac{\sqrt{3}}{2}}$

(2) $\tan\dfrac{\pi}{6} = \boxed{\dfrac{1}{\sqrt{3}}}$

(3) $\sin\dfrac{\pi}{3} = \boxed{\dfrac{\sqrt{3}}{2}}$

(4) $\tan\dfrac{\pi}{3} = \dfrac{\sqrt{3}}{1} = \boxed{\sqrt{3}}$

(5) $\sin\dfrac{\pi}{4} = \boxed{\dfrac{1}{\sqrt{2}}}$

練習問題 2.6 (p.104)

(1) それぞれの角が作る直角三角形をしっかり描いて値を求めよう。

・$\theta = \dfrac{\pi}{4}$ のとき，これは普通の三角比と同じなので問題ない。

$$\cos\dfrac{\pi}{4} = \boxed{\dfrac{1}{\sqrt{2}}}$$

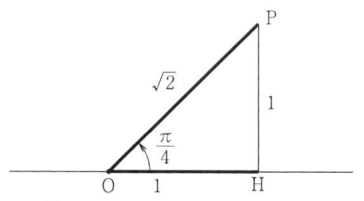

・$\theta = \dfrac{5}{6}\pi$ のとき，考える直角三角形は下のようになる。

$$\therefore \sin\dfrac{5}{6}\pi = \boxed{\dfrac{1}{2}}$$

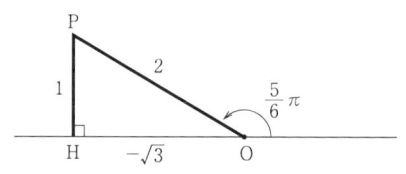

・$\theta = -\dfrac{\pi}{6}$ のとき，下のような直角三角形を考えることにより

$$\tan\left(-\dfrac{\pi}{6}\right) = \dfrac{-1}{\sqrt{3}}$$

$$= \boxed{-\dfrac{1}{\sqrt{3}}}$$

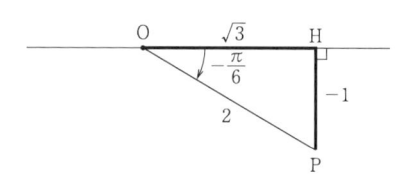

(2) ・$\theta = 0$ のとき，下のようなぺちゃんこの三角形を考えることにより

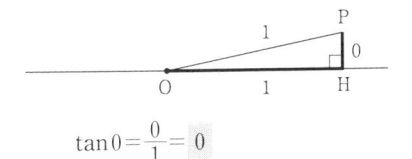

$$\tan 0 = \frac{0}{1} = \boxed{0}$$

・$\theta = \dfrac{\pi}{2}$ のとき，下のようなタテ長の三角形を考えることにより

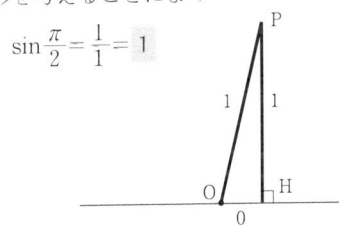

$$\sin \frac{\pi}{2} = \frac{1}{1} = \boxed{1}$$

・$\theta = \pi$ のとき下の三角形を考えることにより

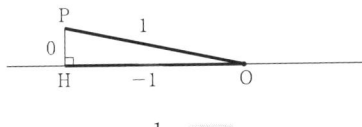

$$\cos \pi = \frac{-1}{1} = \boxed{-1}$$

・$\theta = -\dfrac{\pi}{2}$ のとき下の三角形を考えて

$$\sin\left(-\frac{\pi}{2}\right) = \frac{-1}{1} = \boxed{-1}$$

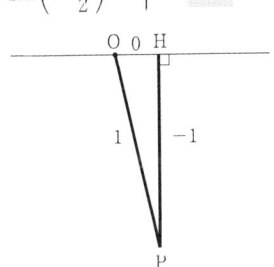

練習問題 2.7 (p.107)

（1） $105° = 60° + 45°$ と分解すると，加法定理を使って

$$\cos 105° = \cos(60° + 45°)$$
$$= \cos 60° \cos 45° - \sin 60° \sin 45°$$
$$= \frac{1}{2} \cdot \frac{1}{\sqrt{2}} - \frac{\sqrt{3}}{2} \cdot \frac{1}{\sqrt{2}}$$
$$= \frac{1 - \sqrt{3}}{2\sqrt{2}} = \frac{(1 - \sqrt{3}) \cdot \sqrt{2}}{2\sqrt{2} \cdot \sqrt{2}}$$
$$= \boxed{\frac{\sqrt{2} - \sqrt{6}}{4}}$$

（2） $75° = 45° + 30°$ と分解して，加法定理を使うと

$$\tan 75° = \tan(45° + 30°)$$
$$= \frac{\tan 45° + \tan 30°}{1 - \tan 45° \tan 30°}$$
$$= \frac{1 + \dfrac{1}{\sqrt{3}}}{1 - 1 \cdot \dfrac{1}{\sqrt{3}}}$$

分母，分子に $\sqrt{3}$ をかけて，さらに有理化すると

$$= \frac{\sqrt{3} + 1}{\sqrt{3} - 1} = \frac{(\sqrt{3} + 1)^2}{(\sqrt{3} - 1)(\sqrt{3} + 1)}$$
$$= \frac{(\sqrt{3})^2 + 2\sqrt{3} + 1^2}{(\sqrt{3})^2 - 1^2}$$
$$= \frac{3 + 2\sqrt{3} + 1}{3 - 1}$$
$$= \frac{4 + 2\sqrt{3}}{2} = \frac{2(2 + \sqrt{3})}{2}$$
$$= \boxed{2 + \sqrt{3}}$$

練習問題 2.8 (p.109)

以下に示す解法もほんの一例である。

(1) $\left(\dfrac{b^2}{a}\right)^2 (ab^2)^{-3} \underset{\text{(iii)}}{\overset{\text{(vi)}}{=}} \left(\dfrac{b^4}{a^2}\right)(a^{-3}b^{-6})$

$= \left(\dfrac{a^{-3}}{a^2}\right)(b^4 b^{-6}) \underset{\text{(i)}}{\overset{\text{(iv)}}{=}} a^{-3-2} b^{4-6}$

$= \boxed{a^{-5} b^{-2}}$

(2) $\dfrac{\sqrt{a^2 b^5} \sqrt[3]{a^2 b}}{\sqrt[6]{ab}} \overset{\text{定義}}{=} \dfrac{(a^2 b^5)^{\frac{1}{2}} (a^2 b)^{\frac{1}{3}}}{(ab)^{\frac{1}{6}}}$

$\underset{\text{(ii)}}{\overset{\text{(iii)}}{=}} \dfrac{(a^1 b^{\frac{5}{2}})(a^{\frac{2}{3}} b^{\frac{1}{3}})}{a^{\frac{1}{6}} b^{\frac{1}{6}}}$

$\underset{\text{(iv)}}{\overset{\text{(i)}}{=}} a^{1+\frac{2}{3}-\frac{1}{6}} b^{\frac{5}{2}+\frac{1}{3}-\frac{1}{6}}$

$= \boxed{a^{\frac{3}{2}} b^{\frac{8}{3}}}$

定義
$$a^{\frac{m}{n}} = \sqrt[n]{a^m}$$

指数法則
(i) $a^p a^q = a^{p+q}$
(ii) $(a^p)^q = a^{pq}$
(iii) $(ab)^p = a^p b^p$
(iv) $\dfrac{a^p}{a^q} = a^{p-q}$
(v) $\left(\dfrac{1}{a^p}\right)^q = \dfrac{1}{a^{pq}}$
(vi) $\left(\dfrac{a}{b}\right)^p = \dfrac{a^p}{b^p}$

練習問題 2.9 (p.112)

指数の表示と対数の表示の関係をよく頭にたたきこんでおこう。

おきかえなくても大丈夫ならそのまま変形してよい。

(1) $p+2 = p'$ とおくと
$q+5 = a^{p'} \iff p' = \log_a(q+5)$
$\iff p+2 = \log_a(q+5)$
$\iff \boxed{p = \log_a(q+5) - 2}$

(2) $3p+1 = p'$ とおくと
$3q-1 = 2^{p'} \iff p' = \log_2(3q-1)$
$\iff 3p+1 = \log_2(3q-1)$
$\iff 3p = \log_2(3q-1) - 1$
$\iff \boxed{p = \dfrac{1}{3}\{\log_2(3q-1) - 1\}}$

(注) 底と真数の条件は自動的につく。
(1) では $a>0$, $a \neq 1$, $q+5>0$
(2) では $3q-1>0$

$p = \log_a q$ において
底の条件　$a>0, a \neq 1$
真数の条件　$q>0$

定義
$$q = a^p \iff p = \log_a p$$

練習問題 2.10 (p.114)

計算のやり方はいろいろある。次に示すのはその一例にすぎない。

(1) 与式 $\overset{(i)}{\underset{(ii)}{=}} \log_3 \dfrac{27 \cdot 2\sqrt{6}}{\sqrt{3} \cdot 6\sqrt{2}}$

$= \log_3 9 = \log_3 3^2$

$\overset{(iii)}{=} 2\log_3 3 = 2 \cdot 1 = \boxed{2}$

(2) 底の変換公式を使って底を 2 にすると、

$与式 = \dfrac{\log_2 6}{\log_2 4} - \log_2 8\sqrt{3}$

$= \dfrac{\log_2 6}{\log_2 2^2} - \log_2 8\sqrt{3}$

$\overset{(iii)}{=} \dfrac{\log_2 6}{2\log_2 2} - \log_2 2^3 \cdot 3^{\frac{1}{2}}$

$\overset{(i)}{=} \dfrac{\log_2 2 \cdot 3}{2 \cdot 1} - (\log_2 2^3 + \log_2 3^{\frac{1}{2}})$

$\overset{(i)}{\underset{(iii)}{=}} \dfrac{1}{2}(\log_2 2 + \log_2 3)$
$\qquad\qquad - \left(3\log_2 2 + \dfrac{1}{2}\log_2 3\right)$

$= \dfrac{1}{2}(1 + \log_2 3) - \left(3 \cdot 1 + \dfrac{1}{2}\log_2 3\right)$

$= \boxed{-\dfrac{5}{2}}$

―― 定義 ――
(i) $\log_a pq = \log_a p + \log_a q$
(ii) $\log_a \dfrac{p}{q} = \log_a p - \log_a q$
$\qquad \log_a \dfrac{1}{q} = -\log_a q$
(iii) $\log_a q^r = r\log_a q$

―― 底の変換 ――
$\log_p q = \dfrac{\log_a q}{\log_a p}$

練習問題 2.11 (p.117)

(1) 定理の式に代入して
$2(x-1) - 1(y-4) + 2(z-2) = 0$
$\therefore \boxed{2x - y + 2z = 2}$

(2) $(1, 1, 0)$ を通ることより
$q_1(x-1) + q_2(y-1) + q_3(z-0) = 0 \cdots ※$
とかける。

$(0, 1, 1)$ を通るので、
$x=0,\ y=1,\ z=1$ を※に代入して
$-q_1 + 0 + q_3 = 0 \cdots ①$

$(1, 0, 1)$ を通るので、
$x=1,\ y=0,\ z=1$ を※に代入して
$0 - q_2 + q_3 = 0 \cdots ②$

①②より $q_2 = q_3,\ q_1 = q_3$

※に代入して
$q_3(x-1) + q_3(y-1) + q_3 z = 0$
$\therefore (x-1) + (y-1) + z = 0$
$\boxed{x + y + z = 2}$

(下図参照)

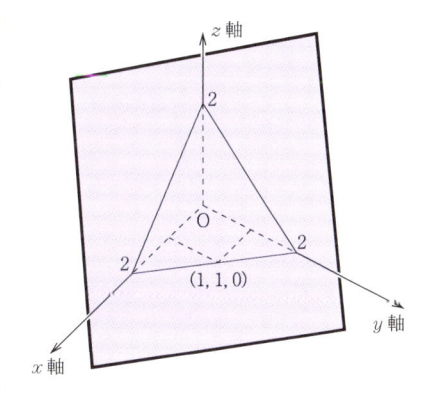

練習問題 2.12 (p.120)

$f(x)=x^3$ とおく。微分係数の定義において $a=1$ とすると

$$f'(1) = \lim_{h \to 0} \frac{f(1+h)-f(1)}{h}$$
$$= \lim_{h \to 0} \frac{(1+h)^3-1^3}{h}$$
$$= \lim_{h \to 0} \frac{(1+3h+3h^2+h^3)-1}{h}$$
$$= \lim_{h \to 0} \frac{3h+3h^2+h^3}{h}$$
$$= \lim_{h \to 0} \frac{h(3+3h+h^2)}{h}$$
$$= \lim_{h \to 0} (3+3h+h^2) = \boxed{3}$$

$x=1$ における接線は，$(1, f(1))=(1,1)$ を通り，傾き $f'(1)=3$ の直線となるのでその方程式は

$$y-1=3(x-1)$$

これより

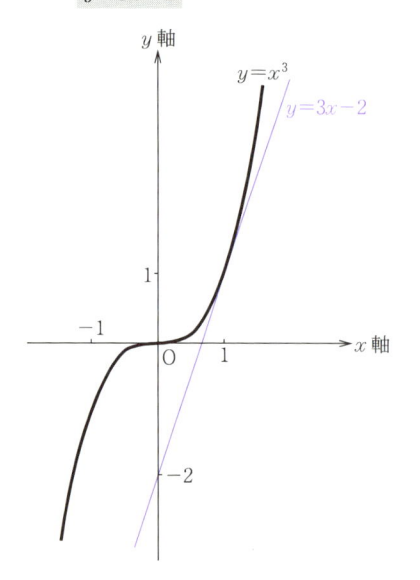

$$\boxed{y=3x-2}$$

練習問題 2.13 (p.122)

$f'(x)$ の定義に代入すると

（1） $f'(x) = \lim_{h \to 0} \dfrac{f(x+h)-f(x)}{h}$

$f(x)=3$ という関数は x が何であっても $f(x)$ の値は 3 ということなので

$$= \lim_{h \to 0} \frac{3-3}{h} = \lim_{h \to 0} \frac{0}{h}$$
$$= \lim_{h \to 0} 0 = \boxed{0}$$

（2） $f'(x) = \lim_{h \to 0} \dfrac{f(x+h)-f(x)}{h}$

$$= \lim_{h \to 0} \frac{(x+h)^3-x^3}{h}$$
$$= \lim_{h \to 0} \frac{(x^3+3x^2h+3xh^2+h^3)-x^3}{h}$$
$$= \lim_{h \to 0} \frac{3x^2h+3xh^2+h^3}{h}$$
$$= \lim_{h \to 0} \frac{h(3x^2+3xh+h^2)}{h}$$
$$= \lim_{h \to 0} (3x^2+3xh+h^2)$$
$$= \boxed{3x^2}$$

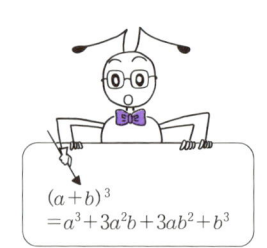

$(a+b)^3 = a^3+3a^2b+3ab^2+b^3$

練習問題 2.14 (p.124)

（1） $(5x^3-2)' = (5x^3)' - 2' = 5(x^3)' - 2' = 5\cdot 3x^2 - 0 = \boxed{15x^2}$

（2） $(1+x+2x^2-3x^3)' = 1' + x' + (2x^2)' - (3x^3)'$
$= 1' + x' + 2(x^2)' - 3(x^3)' = 0 + 1 + 2\cdot 2x - 3\cdot 3x^2 = \boxed{1+4x-9x^2}$

練習問題 2.15 (p.125)

各公式に従って計算すると

$\{(2x^3-x)(x^2+1)\}' = (2x^3-x)'(x^2+1) + (2x^3-x)(x^2+1)'$
$= \{(2x^3)' - x'\}(x^2+1) + (2x^3-x)\{(x^2)' + 1'\}$
$= (2\cdot 3x^2 - 1)(x^2+1) + (2x^3-x)(2x+0)$
$= (6x^2-1)(x^2+1) + (2x^3-x)\cdot 2x$
$= 6x^4 + 6x^2 - x^2 - 1 + 4x^4 - 2x^2$
$= \boxed{10x^4 + 3x^2 - 1}$

$\left(\dfrac{3x^2+2}{x^3-x+1}\right)' = \dfrac{(3x^2+2)'(x^3-x+1) - (3x^2+2)(x^3-x+1)'}{(x^3-x+1)^2}$
$= \dfrac{\{(3x^2)' + 2'\}(x^3-x+1) - (3x^2+2)\{(x^3)' - x' + 1'\}}{(x^3-x+1)^2}$
$= \dfrac{(3\cdot 2x + 0)(x^3-x+1) - (3x^2+2)(3x^2-1+0)}{(x^3-x+1)^2}$
$= \dfrac{6x(x^3-x+1) - (3x^2+2)(3x^2-1)}{(x^3-x+1)^2}$
$= \dfrac{6x^4 - 6x^2 + 6x - (9x^4 - 3x^2 + 6x^2 - 2)}{(x^3-x+1)^2}$
$= \dfrac{6x^4 - 6x^2 + 6x - 9x^4 + 3x^2 - 6x^2 + 2}{(x^3-x+1)^2}$
$= \boxed{\dfrac{-3x^4 - 9x^2 + 6x + 2}{(x^3-x+1)^2}}$

練習問題 2.16 (p.127)

（1） $u=5x^2-2x+3$ とおくと $y=u^3$ なので
$$y'=(u^3)'(5x^2-2x+3)'$$
$$=(3u^2)(5\cdot 2x-2\cdot 1+0)$$
u をもとにもどして
$$=3(5x^2-2x+3)^2(10x-2)$$
$$=3(5x^2-2x+3)^2\cdot 2(5x-1)$$
$$=\boxed{6(5x^2-2x+3)^2(5x-1)}$$

（2） $u=2x^3-x+2$ とおくと $y=u^2$ なので
$$\frac{dy}{dx}=\frac{dy}{du}\frac{du}{dx}$$
$$=(u^2)'(2x^3-x+2)'$$
$$=(2u)(2\cdot 3x^2-1+0)$$
$$=2u(6x^2-1)$$
u をもとにもどすと
$$=\boxed{2(2x^3-x+2)(6x^2-1)}$$

合成関数の微分公式に慣れてきたらいちいち u とおかなくてもいいよ。

$$x^m x^n = x^{m+n}$$
$$(x^m)^n = x^{mn}$$
$$\frac{x^n}{x^m} = x^{n-m}$$

練習問題 2.17 (p.129)

（1） 合成関数の微分公式を使って
$u=x^4-x^3+x^2-x+1$ とおくと $y=u^7$
$$\therefore\ y'=(u^7)'(x^4-x^3+x^2-x+1)'$$
$$=7u^6(4x^3-3x^2+2x^1-1+0)$$
u をもとにもどして
$$=\boxed{\begin{array}{l}7(x^4-x^3+x^2-x+1)^6\\ \cdot(4x^3-3x^2+2x-1)\end{array}}$$

（2） 商の微分公式を使って
$$y'=\frac{x'(x^5-2x^3+3)^2-x\{(x^5-2x^3+3)^2\}'}{\{(x^5-2x^3+3)^2\}^2}$$
ここで $\{(x^5-2x^3+3)^2\}'$ は合成関数の微分公式を使って求めるが，x^5-2x^3+3 を頭の中で u とおいて微分すると
$$\{(x^5-2x^3+3)^2\}'$$
$$=2(x^5-2x^3+3)^1(x^5-2x^3+3)'$$
$$=2(x^5-2x^3+3)(5x^4-2\cdot 3x^2+0)$$
$$=2(x^5-2x^3+3)(5x^4-6x^2)$$
よって
y' の分子の部分
$$=1\cdot(x^5-2x^3+3)^2$$
$$\quad-x\cdot 2(x^5-2x^3+3)(5x^4-6x^2)$$
$$=(x^5-2x^3+3)\times$$
$$\quad\{(x^5-2x^3+3)-2x(5x^4-6x^2)\}$$
$$=(x^5-2x^3+3)(-9x^5+10x^3+3)$$
$$\therefore y'=\frac{(x^5-2x^3+3)(-9x^5+10x^3+3)}{(x^5-2x^3+3)^4}$$
$$=\boxed{\frac{-9x^5+10x^3+3}{(x^5-2x^3+3)^3}}$$

練習問題 2.18 (p.132)

いろいろな公式を思い出しながら微分しよう。

(1) $y' = (2\cos x - \sin x)'$
$= 2(\cos x)' - (\sin x)'$
$= 2(-\sin x) - \cos x$
$= \boxed{-2\sin x - \cos x}$

(2) $y' = (x^2 \tan x)'$
$= (x^2)' \tan x + x^2 (\tan x)'$
$= 2x \tan x + x^2 \cdot \dfrac{1}{\cos^2 x}$
$= \boxed{2x \tan x + \dfrac{x^2}{\cos^2 x}}$

(3) $y' = (\sin 2x \cos 3x)'$
$= (\sin 2x)'(\cos 3x)$
$\quad + (\sin 2x)(\cos 3x)'$
$= 2\cos 2x \cdot \cos 3x$
$\quad + \sin 2x \cdot (-3\sin 3x)$
$= \boxed{2\cos 2x \cos 3x - 3\sin 2x \sin 3x}$

(4) $y' = \left(\dfrac{\sin x}{x}\right)'$
$= \dfrac{(\sin x)' x - \sin x \cdot x'}{x^2}$
$= \dfrac{\cos x \cdot x - \sin x \cdot 1}{x^2}$
$= \boxed{\dfrac{x\cos x - \sin x}{x^2}}$

練習問題 2.19 (p.135)

(1) $y' = 3(\log x)' - (e^{-x})'$
$= \dfrac{3}{x} - (-e^{-x}) = \boxed{\dfrac{3}{x} + e^{-x}}$

(2) 積の微分公式を使って
$y' = (x \log x)'$
$= x' \log x + x (\log x)'$
$= 1 \cdot \log x + x \cdot \dfrac{1}{x} = \boxed{\log x + 1}$

(3) 合成関数の微分公式を使う。
$u = x^2$ とおくと $y = e^u$
$\therefore y' = (e^u)'(x^2)' = e^u \cdot 2x$
$= \boxed{2xe^{x^2}}$

(4) $y' = \left(\dfrac{x}{\log x}\right)'$
$= \dfrac{x' \log x - x(\log x)'}{(\log x)^2}$
$= \dfrac{1 \cdot \log x - x \cdot \dfrac{1}{x}}{(\log x)^2}$
$= \boxed{\dfrac{\log x - 1}{(\log x)^2}}$

練習問題 2.20 (p.137)

指数を使った形に直してから微分しよう。

(1) $y=\dfrac{1}{x^{\frac{1}{2}}}=x^{-\frac{1}{2}}$ なので

$$y'=(x^{-\frac{1}{2}})'=-\dfrac{1}{2}x^{-\frac{1}{2}-1}=-\dfrac{1}{2}x^{-\frac{3}{2}}$$

$$=-\dfrac{1}{2}\dfrac{1}{x^{\frac{3}{2}}}=-\dfrac{1}{2}\dfrac{1}{\sqrt{x^3}}=\boxed{-\dfrac{1}{2x\sqrt{x}}}$$

(2) $y=(x-1)^{\frac{1}{2}}$ において

$u=x-1$ とおくと $y=u^{\frac{1}{2}}$

$$y'=(u^{\frac{1}{2}})'(x-1)'=\dfrac{1}{2}u^{\frac{1}{2}-1}\cdot 1$$

$$=\dfrac{1}{2}u^{-\frac{1}{2}}=\dfrac{1}{2}\dfrac{1}{u^{\frac{1}{2}}}=\dfrac{1}{2\sqrt{u}}$$

$$=\boxed{\dfrac{1}{2\sqrt{x-1}}}$$

(3) $y=(1-x^2)^{\frac{1}{2}}$ において

$u=1-x^2$ とおくと $y=u^{\frac{1}{2}}$

$$y'=(u^{\frac{1}{2}})'(1-x^2)'=\dfrac{1}{2}u^{\frac{1}{2}-1}\cdot(-2x)$$

$$=\dfrac{1}{2}u^{-\frac{1}{2}}\cdot(-2x)=-\dfrac{x}{u^{\frac{1}{2}}}$$

$$=-\dfrac{x}{\sqrt{u}}=\boxed{-\dfrac{x}{\sqrt{1-x^2}}}$$

$$\boxed{\begin{array}{l}x^{\frac{m}{n}}=\sqrt[n]{x^m}\\ x^{p+q}=x^p x^q\\ x^{-q}=\dfrac{1}{x^q}\end{array}}$$

練習問題 2.21 (p.140)

(1) 順に微分していくと

$$y'=(x^4-x^2)'=\boxed{4x^3-2x}$$

$$y''=(y')'=(4x^3-2x)'$$

$$=4\cdot 3x^2-2\cdot 1=\boxed{12x^2-2}$$

$$y'''=(y'')'=(12x^2-2)'$$

$$=12\cdot 2x-0=\boxed{24x}$$

(2) 指数を使った形に直して微分すると

$$y'=(x^{\frac{1}{2}})'=\boxed{\dfrac{1}{2}x^{-\frac{1}{2}}}\left(=\dfrac{1}{2\sqrt{x}}\right)$$

$$y''=(y')'=\left(\dfrac{1}{2}x^{-\frac{1}{2}}\right)'$$

$$=\dfrac{1}{2}\left(-\dfrac{1}{2}\right)x^{-\frac{3}{2}}$$

$$=\boxed{-\dfrac{1}{4}x^{-\frac{3}{2}}}\left(=-\dfrac{1}{4x\sqrt{x}}\right)$$

$$y'''=(y'')'=\left(-\dfrac{1}{4}x^{-\frac{3}{2}}\right)'$$

$$=-\dfrac{1}{4}\left(-\dfrac{3}{2}\right)x^{-\frac{5}{2}}$$

$$=\boxed{\dfrac{3}{8}x^{-\frac{5}{2}}}\left(=\dfrac{3}{8x^2\sqrt{x}}\right)$$

(3) 順に微分して

$$y'=(\sin 3x)'=\boxed{3\cos 3x}$$

$$y''=(y')'=(3\cos 3x)'$$

$$=3(-3\sin 3x)=\boxed{-9\sin 3x}$$

$$y'''=(y'')'=(-9\sin 3x)'$$

$$=-9\cdot 3\cos 3x=\boxed{-27\cos 3x}$$

$$\boxed{\begin{array}{l}(\sin ax)'=a\cos ax\\ (\cos ax)'=-a\sin ax\end{array}}$$

練習問題 2.22 (p.143)

（1） 4回微分してみると
$$y' = (\cos 3x)' = -3\sin 3x$$
$$y'' = (-3\sin 3x)' = -3^2 \cos 3x$$
$$y''' = (-3^2 \cos 3x)' = 3^3 \sin 3x$$
$$y^{(4)} = (3^3 \sin 3x)' = 3^4 \cos 3x$$
なので，符号と係数に注意して $y^{(n)}$ を求めると

$$y^{(n)} = \begin{cases} 3^n \cos 3x & (n=4m) \\ -3^n \sin 3x & (n=4m+1) \\ -3^n \cos 3x & (n=4m+2) \\ 3^n \sin 3x & (n=4m+3) \end{cases}$$
$$(m=0,1,2,3,\cdots)$$

（2） 微分するごとに (-1) が出るので
$$y^{(n)} = \boxed{(-1)^n e^{-x}}$$

（3） 指数を使った形に直して微分すると
$$y' = (x^{-\frac{1}{2}})' = -\frac{1}{2} x^{-\frac{3}{2}}$$
$$y'' = \left(-\frac{1}{2}\right)\left(-\frac{3}{2}\right) x^{-\frac{5}{2}}$$
$$y''' = \left(-\frac{1}{2}\right)\left(-\frac{3}{2}\right)\left(-\frac{5}{2}\right) x^{-\frac{7}{2}}$$
$$\vdots$$
$$y^{(n)} = \left(-\frac{1}{2}\right)\left(-\frac{3}{2}\right)\left(-\frac{5}{2}\right)$$
$$\cdots \left(-\frac{2n-1}{2}\right) x^{-\frac{2n+1}{2}}$$
$$= \frac{(-1)^n 1 \cdot 3 \cdot 5 \cdots (2n-1)}{2^n \sqrt{x^{2n+1}}}$$
$$= \boxed{\frac{(-1)^n 1 \cdot 3 \cdot 5 \cdots (2n-1)}{2^n x^n \sqrt{x}}}$$

練習問題 2.23 (p.147)

（1） e^x のマクローリン展開において，x のところに $2x$ を代入し，3次の項までとると
$$e^{2x} \fallingdotseq 1 + \frac{1}{1!}(2x) + \frac{1}{2!}(2x)^2 + \frac{1}{3!}(2x)^3$$
$$\therefore \quad e^{2x} \fallingdotseq \boxed{1 + 2x + 2x^2 + \frac{4}{3}x^3}$$

（2） $\cos x$ のマクローリン展開の3次の項まで取り出して計算すると
$$x\cos x \fallingdotseq x\left(1 - \frac{1}{2}x^2\right)$$
$$= x - \frac{1}{2}x^3$$
$$\therefore \quad x\cos x \fallingdotseq \boxed{x - \frac{1}{2}x^3}$$

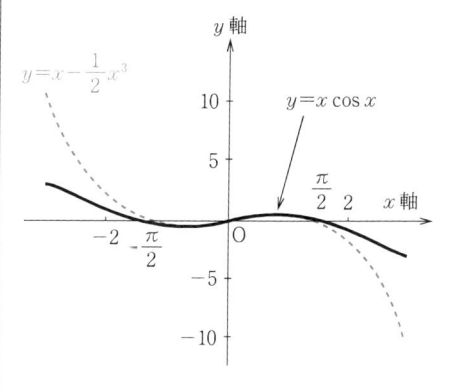

練習問題 2.24 (p.149)

$y = (1+x)^{-\frac{1}{2}}$ なので二項展開において $\alpha = -\frac{1}{2}$ におきかえ 3 次の項までとると

$$(1+x)^{-\frac{1}{2}} \fallingdotseq \binom{-\frac{1}{2}}{0} + \binom{-\frac{1}{2}}{1}x + \binom{-\frac{1}{2}}{2}x^2 + \binom{-\frac{1}{2}}{3}x^3$$

$(|x|<1)$

係数を計算すると

$$\binom{-\frac{1}{2}}{0} = 1, \quad \binom{-\frac{1}{2}}{1} = \frac{-\frac{1}{2}}{1!} = -\frac{1}{2}, \quad \binom{-\frac{1}{2}}{2} = \frac{-\frac{1}{2}\left(-\frac{1}{2}-1\right)}{2!} = \frac{3}{8}$$

$$\binom{-\frac{1}{2}}{3} = \frac{-\frac{1}{2}\left(-\frac{1}{2}-1\right)\left(-\frac{1}{2}-2\right)}{3!} = -\frac{5}{16}$$

$\therefore \quad (1+x)^{-\frac{1}{2}} \fallingdotseq 1 - \frac{1}{2}x + \frac{3}{8}x^2 - \frac{5}{16}x^3$

$\therefore \quad \dfrac{1}{\sqrt{1+x}} \fallingdotseq 1 - \dfrac{1}{2}x + \dfrac{3}{8}x^2 - \dfrac{5}{16}x^3 \quad (|x|<1)$

> ていねいに計算しないと間違えるよ。

$$\boxed{\begin{aligned}\binom{\alpha}{k} &= \frac{\alpha(\alpha-1)(\alpha-2)\cdots(\alpha-k+1)}{k!} \\ \binom{\alpha}{0} &= 1\end{aligned}}$$

練習問題 2.25 (p.154)

(1)　$y' = 3x^2 - 6x - 9 = 3(x^2 - 2x - 3) = 3(x-3)(x+1)$

　　　$y' = 0$ のとき $x = -1, 3$

　　$y'' = 6x - 6 = 6(x-1)$

　　　$y'' = 0$ のとき $x = 1$

y', y'' の符号の変化を調べて増減表を作ると、下表のようになる。

また $x \to \pm\infty$ のときは次のように変形して調べよう。

$$\lim_{x \to +\infty} y = \lim_{x \to +\infty} \left\{ x^3 \left(1 - \frac{3}{x} - \frac{9}{x^2} \right) + 1 \right\} = +\infty \cdot (1 - 0 - 0) + 1 = +\infty$$

$$\lim_{x \to -\infty} y = \lim_{x \to -\infty} \left\{ x^3 \left(1 - \frac{3}{x} - \frac{9}{x^2} \right) + 1 \right\} = -\infty \cdot (1 + 0 - 0) + 1 = -\infty$$

グラフは下図の通り。

$y = x^3 - 3x^2 - 9x + 1$ の増減表

x	$-\infty$	$\cdots$	-1	$\cdots$	1	$\cdots$	3	$\cdots$	$+\infty$
y'		$+$	0	$-$	$-$	$-$	0	$+$	
y''		$-$	$-$	$-$	0	$+$	$+$	$+$	
y	$-\infty$	⌒	6	⌒	-10	⌃	-26	⌣	$+\infty$

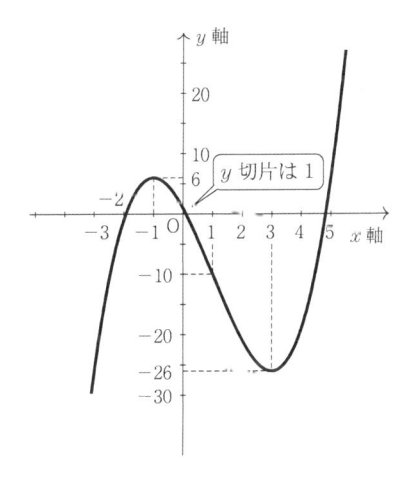

　　　　　　　　　極大　　　　　　　　　極小

（2） $y' = \dfrac{1}{4} \cdot 4x^3 - \dfrac{2}{3} \cdot 3x^2 = x^3 - 2x^2 = x^2(x-2)$

$y'=0$ のとき $x=0$（重解），2。$x=0$ の前後で y' の符号は変わらないので注意。

$y'' = 3x^2 - 2 \cdot 2x = 3x^2 - 4x = x(3x-4)$

$y''=0$ のとき，$x=0, \dfrac{4}{3}$。

> 単純に
> $+\infty - \infty = 0$
> $\pm\infty \cdot 0 = 0$
> としてはいけないよ。

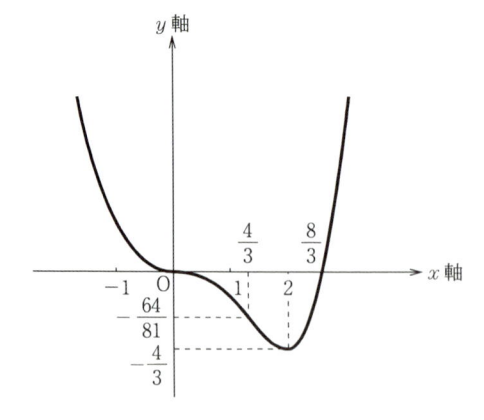

増減表を作ると下のようになる。

また $x \to \pm\infty$ のときは，

$$\lim_{x \to +\infty} y = \lim_{x \to +\infty} x^3 \left(\dfrac{1}{4}x - \dfrac{2}{3}\right) = (+\infty)(+\infty) = +\infty$$

$$\lim_{x \to -\infty} y = \lim_{x \to -\infty} x^3 \left(\dfrac{1}{4}x - \dfrac{2}{3}\right) = (-\infty)(-\infty) = +\infty$$

（前問（1）のように変形してもよい。）

グラフは下図の通り。

$y = \dfrac{1}{4}x^4 - \dfrac{2}{3}x^3$ の増減表

x	$-\infty$	$\cdots$	0	$\cdots$	$\dfrac{4}{3}$	$\cdots$	2	$\cdots$	$+\infty$
y'		$-$	0	$-$	$-$	$-$	0	$+$	
y''		$+$	0	$-$	0	$+$	$+$	$+$	
y	$+\infty$	↘	0	↘	$-\dfrac{64}{81}$	↘	$-\dfrac{4}{3}$	↗	$+\infty$

極小

練習問題 2.26 (p.156)

（1） y を定数と思って x で微分すると
$$z_x = 3 \cdot 2x - 2 \cdot 1 \cdot y + 0 = \boxed{6x - 2y}$$
x を定数と思って y で微分すると
$$z_y = 0 - 2x \cdot 1 + 3y^2 = \boxed{-2x + 3y^2}$$

（2） y を定数として x で微分すると
$$f_x(x, y) = 1 \cdot \sin y = \boxed{\sin y}$$
x を定数として y で微分すると
$$f_y(x, y) = x \cdot (\sin y)_y = \boxed{x \cos y}$$

（3） y を定数と思って x で微分すると
$$\frac{\partial f}{\partial x} = \frac{1}{y} \frac{\partial}{\partial x}(\log x)$$
$$= \frac{1}{y} \cdot \frac{1}{x} = \boxed{\frac{1}{xy}}$$
x を定数と思って y で微分すると
$$\frac{\partial f}{\partial y} = \log x \cdot \frac{\partial}{\partial y}\left(\frac{1}{y}\right)$$
$$= \log x \cdot \frac{\partial}{\partial y}(y^{-1})$$
$$= \log x \cdot (-1 \cdot y^{-2})$$
$$= \boxed{-\frac{\log x}{y^2}}$$

練習問題 2.27 (p.157)

（1） x を定数と思って y で微分すると
$$z_y = x \cdot \left(\frac{1}{x^2 + y^2}\right)_y = x\left\{-\frac{(x^2 + y^2)_y}{(x^2 + y^2)^2}\right\}$$
$$= x\left\{-\frac{0 + 2y}{(x^2 + y^2)^2}\right\} = \boxed{-\frac{2xy}{(x^2 + y^2)^2}}$$

（2） y を定数と思って x で微分すると
$$f_x(x, y) = 2(1 - x^2 - y^2)(1 - x^2 - y^2)_x$$
$$= 2(1 - x^2 - y^2)(0 - 2x - 0)$$
$$= \boxed{-4x(1 - x^2 - y^2)}$$

（3） x を定数と思って y で微分すると
$$\frac{\partial f}{\partial y} = e^{xy} \cdot \frac{\partial}{\partial y}(xy)$$
$$= e^{xy} \cdot x = \boxed{xe^{xy}}$$

練習問題 2.28 (p.159)

$$\frac{\partial^2 z}{\partial x^2} = \frac{\partial}{\partial x}\left(\frac{\partial z}{\partial x}\right)$$
$$= \frac{\partial}{\partial x}(6x + 4y - 0 + 0)$$
$$= \frac{\partial}{\partial x}(6x + 4y)$$
$$= 6 + 0 = \boxed{6}$$
$$\frac{\partial^2 z}{\partial y \partial x} = \frac{\partial}{\partial y}\left(\frac{\partial z}{\partial x}\right)$$
$$= \frac{\partial}{\partial y}(6x + 4y) = 0 + 4 = \boxed{4}$$
$$z_{y,x} = (z_y)_x = (0 + 4x - 6y^2 + 0)_x$$
$$= (4x - 6y^2)_x = 4 - 0 = \boxed{4}$$

練習問題 2.29 (p.161)

まず偏微分しよう。
$$z_x = 3x^2 + 3y$$
$$z_y = 3x + 3y^2$$
$z_x = z_y = 0$ とおくと
$$\begin{cases} 3x^2 + 3y = 0 \\ 3x + 3y^2 = 0 \end{cases} \to \begin{cases} x^2 + y = 0 \cdots ① \\ x + y^2 = 0 \cdots ② \end{cases}$$
①より $y = -x^2 \cdots ③$
②に代入して $x + (-x^2)^2 = 0$
$$x + x^4 = 0 \quad x(1+x^3) = 0$$
$$x(1+x)(1-x+x^2) = 0$$
$1 - x + x^2 \neq 0$ なので $x = 0, -1$
③に代入して
$\quad x = 0$ のとき $y = 0$
$\quad x = -1$ のとき $y = -1$
ゆえに停留点は
$$\boxed{(0, 0), \quad (-1, -1)}$$

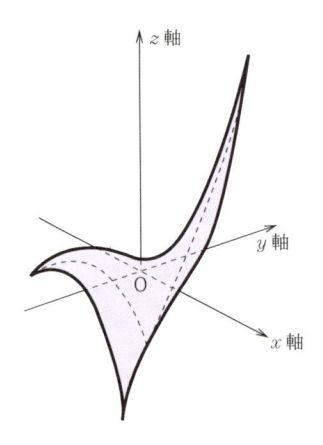

練習問題 2.30 (p.163)

(1) まず 2 次偏導関数までと $D(x, y)$ を求めておこう。
$$f_x(x, y) = 3x^2 + 3y,$$
$$f_y(x, y) = 3x + 3y^2,$$
$$f_{xx}(x, y) = 6x, \quad f_{xy}(x, y) = 3,$$
$$f_{yy}(x, y) = 6y,$$
$$D(x, y) = 3^2 - 6x \cdot 6y = 9 - 36xy$$

次に $f_x(x, y) = f_y(x, y) = 0$ より停留点を求めると、練習問題 2.29 で求めたように $(0, 0)$, $(-1, -1)$ の 2 つである。

これらが極値をとるかどうか判定する。
$(0, 0)$ のとき
$$D(0, 0) = 9 - 36 \cdot 0 = 9 > 0$$
ゆえにこの点は極値を与えない。
$(-1, -1)$ のとき
$$D(-1, -1) = 9 - 36(-1)(-1)$$
$$= -27 < 0$$
ゆえにこの点は極値を与える。
$f_{xx}(-1, -1) = 6 \cdot (-1) = -6 < 0$ より
$\quad f(-1, -1)$ は極大値
$$f(-1, -1) = (-1)^3 + 3(-1)(-1)$$
$$+ (-1)^3$$
$$= 1$$
以上より、
$$\boxed{(-1, -1) \text{ で極大値 } 1}$$
をとる。

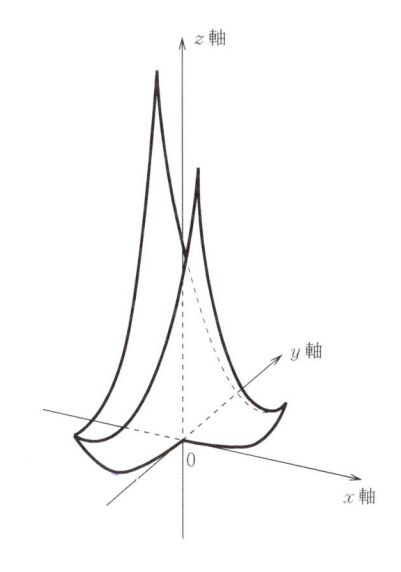

（2）2次偏導関数までと $D(x, y)$ を求めると，
$$f_x(x, y) = 4x^3 - 4y,$$
$$f_y(x, y) = -4x + 4y,$$
$$f_{xx}(x, y) = 12x^2,$$
$$f_{xy}(x, y) = -4, \quad f_{yy}(x, y) = 4$$
$$D(x, y) = (-4)^2 - 12x^2 \cdot 4$$
$$= 16 - 48x^2$$

次に $f_x(x, y) = f_y(x, y) = 0$ とおいて停留点を求める。
$$\begin{cases} 4x^3 - 4y = 0 \\ -4x + 4y = 0 \end{cases} より \begin{cases} x^3 - y = 0 \cdots ① \\ x - y = 0 \cdots ② \end{cases}$$

② より $y = x \cdots ③$
① に代入して $x^3 - x = 0$
$$\therefore \quad x(x+1)(x-1) = 0$$
$$x = 0, \ 1, \ -1$$

③ に代入して y を求めると
$$\begin{cases} x = 0 \\ y = 0 \end{cases} \begin{cases} x = 1 \\ y = 1 \end{cases} \begin{cases} x = -1 \\ y = -1 \end{cases}$$

ゆえに停留点は次の3つである。
$$(0, 0), \quad (1, 1), \quad (-1, -1)$$

これらが極値を与えるかどうか調べる。
$(0, 0)$ について
$$D(0, 0) = 16 - 48 \cdot 0^2 = 16 > 0$$
ゆえに極値を与えない。
$(1, 1)$ について
$$D(1, 1) = 16 - 48 \cdot 1^2 = -32 < 0$$
$$f_{xx}(1, 1) = 12 \cdot 1^2 = 12 > 0$$
ゆえに $f(1, 1)$ は極小値である。
$$f(1, 1) = 1^4 - 4 \cdot 1 \cdot 1 + 2 \cdot 1^2 = -1$$
$(-1, -1)$ について
$$D(-1, -1) = 16 - 48(-1)^2$$
$$= -32 < 0$$

$$f_{xx}(-1, -1) = 12 \cdot (-1)^2 = 12 > 0$$
ゆえに $f(-1, -1)$ は極小値である。
$$f(-1, -1) = (-1)^4 - 4(-1)(-1) + 2(-1)^2$$
$$= -1$$

以上より，
$(1, 1),\ (-1, -1)$ で極小値 -1
をとる。

練習問題 2.31 (p.167)

公式を見ながら計算しよう。分数計算をまちがえないように。

(1) $\int y\,dx$
$= \int \left(2x^3 + 3x + x^{-2} - \dfrac{4}{x}\right) dx$
$= \dfrac{2}{3+1} x^{3+1} + \dfrac{3}{1+1} x^{1+1}$
$\quad + \dfrac{1}{-2+1} x^{-2+1} - 4\log x + C$
$= \dfrac{2}{4} x^4 + \dfrac{3}{2} x^2 + \dfrac{1}{-1} x^{-1}$
$\quad - 4\log x + C$
$= \boxed{\dfrac{1}{2} x^4 + \dfrac{3}{2} x^2 - \dfrac{1}{x} - 4\log x + C}$

(2) $\int y\,dx = \int \left(\dfrac{1}{x} - 2x^{-\frac{1}{3}}\right) dx$
$= \log x - \dfrac{2}{-\frac{1}{3}+1} x^{-\frac{1}{3}+1} + C$
$= \log x - \dfrac{2}{\frac{2}{3}} x^{\frac{2}{3}} + C$
$= \log x - 2 \cdot \dfrac{3}{2} x^{\frac{2}{3}} + C$
$= \boxed{\log x - 3\sqrt[3]{x^2} + C}$

$$\int x^a\,dx = \dfrac{1}{a+1} x^{a+1} + C \quad (a \neq -1)$$
$$\int \dfrac{1}{x}\,dx = \log x + C \quad (x > 0)$$

練習問題 2.32 (p.168)

公式を確認しながら積分しよう。

(1) $\int y\,dx$
$= \int \left(\cos x + \dfrac{3}{\cos^2 x} - x^{-2}\right) dx$
$= \sin x + 3\tan x - \dfrac{1}{-2+1} x^{-2+1} + C$
$= \sin x + 3\tan x - \dfrac{1}{-1} x^{-1} + C$
$= \boxed{\sin x + 3\tan x + \dfrac{1}{x} + C}$

(2) $\int y\,dx = \int (3x^{\frac{1}{2}} - 4\sin x) dx$
$= \dfrac{3}{\frac{1}{2}+1} x^{\frac{1}{2}+1} - 4(-\cos x) + C$
$= \dfrac{3}{\frac{3}{2}} x^{\frac{3}{2}} + 4\cos x + C$
$= 3 \cdot \dfrac{2}{3} \sqrt{x^3} + 4\cos x + C$
$= 2\sqrt{x^3} + 4\cos x + C$
$= \boxed{2x\sqrt{x} + 4\cos x + C}$

練習問題 2.33 (p.169)

まどわされないように、よく式を見よう。

$$\int y\,dx = \int \left(ex^{-e} + e^x - e^3\right) dx$$

e も e^3 も定数なので

$= \dfrac{e}{-e+1} x^{-e+1} + e^x - e^3 x + C$
$= \boxed{\dfrac{e}{1-e} x^{1-e} + e^x - e^3 x + C}$

練習問題 2.34（p.171）

何を u とおくか考えて。

（1） $u=4x-1$ とおいて両辺を x で微分すると

$$\frac{du}{dx}=(4x-1)' \quad \therefore \quad \frac{du}{dx}=4$$

これより $dx=\frac{1}{4}du$

$$与式=\int \frac{1}{u}\cdot\frac{1}{4}du$$
$$=\frac{1}{4}\int \frac{1}{u}du$$
$$=\frac{1}{4}\log u+C$$

u をもとにもどすと

$$=\boxed{\frac{1}{4}\log(4x-1)+C}$$

（2） $u=3x+2$ とおいて両辺を x で微分すると

$$\frac{du}{dx}=(3x+2)' \quad \therefore \quad \frac{du}{dx}=3$$

これより $dx=\frac{1}{3}du$

$$与式=\int \cos u\cdot\frac{1}{3}du$$
$$=\frac{1}{3}\int \cos u\,du$$
$$=\frac{1}{3}\sin u+C$$

u をもとにもどすと

$$=\boxed{\frac{1}{3}\sin(3x+2)+C}$$

練習問題 2.35（p.172）

（1） $u=\cos x$ とおくと

$$\frac{du}{dx}=(\cos x)'=-\sin x$$
$$\therefore \quad \sin x\,dx=(-1)\,du$$

$$与式=\int \frac{1}{(\cos x)^2}\sin x\,dx$$
$$=\int \frac{1}{u^2}(-1)\,du$$
$$=-\int u^{-2}du$$
$$=-\frac{1}{-2+1}u^{-2+1}+C$$
$$=u^{-1}+C=\frac{1}{u}+C$$
$$=\boxed{\frac{1}{\cos x}+C}$$

（2） $u=x^2-1$ とおくと

$$\frac{du}{dx}=2x \quad \therefore \quad x\,dx=\frac{1}{2}du$$

$$与式=\int (x^2-1)^4\cdot x\,dx$$
$$=\int u^4\cdot\frac{1}{2}du$$
$$=\frac{1}{2}\cdot\frac{1}{5}u^5+C$$
$$=\boxed{\frac{1}{10}(x^2-1)^5+C}$$

（3） $u=\log x$ とおくと

$$\frac{du}{dx}=\frac{1}{x} \quad \therefore \quad \frac{1}{x}dx=du$$

$$与式=\int (\log x)^2\frac{1}{x}dx=\int u^2du$$
$$=\frac{1}{2+1}u^{2+1}+C=\frac{1}{3}u^3+C$$
$$=\boxed{\frac{1}{3}(\log x)^3+C}$$

練習問題 2.36 (p.173)

（1） 与式 $= \int (3x-1)^{-3} dx$

$= \dfrac{1}{3} \cdot \dfrac{1}{-3+1} (3x-1)^{-3+1} + C$

$= -\dfrac{1}{6}(3x-1)^{-2} + C$

$= \boxed{-\dfrac{1}{6(3x-1)^2} + C}$

（2） 与式 $= \boxed{\dfrac{1}{7}\log(7x+1) + C}$

（3） 与式 $= \dfrac{1}{\frac{1}{3}} e^{\frac{x}{3}} + C = \boxed{3e^{\frac{x}{3}} + C}$

練習問題 2.37 (p.175)

（1） $f(x)=x, \ g'(x)=e^{2x}$ とおくと

$$x \xrightarrow{\text{微分}} 1$$
$$e^{2x} \xrightarrow{\text{積分}} \dfrac{1}{2}e^{2x}$$

なので

与式 $= x \cdot \dfrac{1}{2}e^{2x} - \int \dfrac{1}{2}e^{2x} \cdot 1 \, dx$

$= \dfrac{1}{2}xe^{2x} - \dfrac{1}{2}\int e^{2x} dx$

$= \dfrac{1}{2}xe^{2x} - \dfrac{1}{2} \cdot \dfrac{1}{2}e^{2x} + C$

$= \boxed{\dfrac{1}{2}xe^{2x} - \dfrac{1}{4}e^{2x} + C}$

（2） $f(x)=x, \ g'(x)=\cos x$ とおくと

$$x \xrightarrow{\text{微分}} 1$$
$$\cos x \xrightarrow{\text{積分}} \sin x$$

なので

与式 $= x\sin x - \int \sin x \cdot 1 dx$

$= x\sin x - \int \sin x \, dx$

$= x\sin x - (-\cos x) + C$

$= \boxed{x\sin x + \cos x + C}$

（3） $\log x$ の積分はすぐにはできないので $f(x)=\log x, \ g'(x)=x$ とおくと

$$\log x \xrightarrow{\text{微分}} \dfrac{1}{x}$$
$$x \xrightarrow{\text{積分}} \dfrac{1}{2}x^2$$

与式 $= \log x \cdot \dfrac{1}{2}x^2 - \int \dfrac{1}{2}x^2 \cdot \dfrac{1}{x} dx$

$= \dfrac{1}{2}x^2\log x - \dfrac{1}{2}\int x \, dx$

$= \dfrac{1}{2}x^2\log x - \dfrac{1}{2} \cdot \dfrac{1}{2}x^2 + C$

$= \boxed{\dfrac{1}{2}x^2\log x - \dfrac{1}{4}x^2 + C}$

練習問題 2.38 (p.180)

原始関数を求めてから値を代入する。原始関数は今までの不定積分において $C=0$ としておけばよい。

(1) 与式 $= [\log x]_1^3$
$= \log 3 - \log 1 = \log 3 - 0$
$= \boxed{\log 3}$

(2) 与式 $= [-e^{-x}]_0^1 = -e^{-1} - (-e^{-0})$
$= -e^{-1} + e^0 = -\dfrac{1}{e} + 1$
$= \boxed{1 - \dfrac{1}{e}}$

(3) 与式 $= \left[\dfrac{1}{2}\sin 2x\right]_{\pi/6}^{\pi/4}$
$= \dfrac{1}{2}\left\{\sin\left(2\cdot\dfrac{\pi}{4}\right) - \sin\left(2\cdot\dfrac{\pi}{6}\right)\right\}$
$= \dfrac{1}{2}\left(\sin\dfrac{\pi}{2} - \sin\dfrac{\pi}{3}\right)$
$= \boxed{\dfrac{1}{2}\left(1 - \dfrac{\sqrt{3}}{2}\right)}$

$$\sin\dfrac{\pi}{2} = 1$$
$$\cos\dfrac{\pi}{2} = 0$$

三角関数の値の求め方を忘れてしまったら p.102〜104 を見て。

練習問題 2.39 (p.181)

(1) $u = x - \dfrac{\pi}{6}$ とおいて両辺を x で微分すると $\dfrac{du}{dx} = 1$ ∴ $dx = du$

また

x	$0 \to \dfrac{\pi}{2}$
u	$-\dfrac{\pi}{6} \to \dfrac{\pi}{3}$

なので

与式 $= \displaystyle\int_{-\pi/6}^{\pi/3} \cos u \, du = [\sin u]_{-\pi/6}^{\pi/3}$
$= \sin\dfrac{\pi}{3} - \sin\left(-\dfrac{\pi}{6}\right)$
$= \dfrac{\sqrt{3}}{2} - \left(-\dfrac{1}{2}\right) = \boxed{\dfrac{\sqrt{3}}{2} + \dfrac{1}{2}}$

(2) $u = 1 + x^2$ とおいて両辺を x で微分すると $\dfrac{du}{dx} = 2x$ ∴ $x\,dx = \dfrac{1}{2}du$

また

x	$0 \to 1$
u	$1 \to 2$

なので

与式 $= \displaystyle\int_0^1 \sqrt{1+x^2}\, x\, dx$
$= \displaystyle\int_1^2 \sqrt{u}\, \dfrac{1}{2}du$
$= \dfrac{1}{2}\displaystyle\int_1^2 u^{\frac{1}{2}}du$
$= \dfrac{1}{2}\left[\dfrac{1}{\frac{1}{2}+1} u^{\frac{1}{2}+1}\right]_1^2$
$= \dfrac{1}{2}\left[\dfrac{2}{3} u^{\frac{3}{2}}\right]_1^2 = \dfrac{1}{3}(2^{\frac{3}{2}} - 1^{\frac{3}{2}})$
$= \dfrac{1}{3}(\sqrt{2^3} - 1)$
$= \boxed{\dfrac{1}{3}(2\sqrt{2} - 1)}$

練習問題 2.40 (p.182)

(1)

$x \xrightarrow{微分} 1$

$e^x \xrightarrow{積分} e^x$

$$与式 = [xe^x]_0^1 - \int_0^1 e^x \cdot 1 \, dx$$
$$= (1 \cdot e^1 - 0 \cdot e^0) - \int_0^1 e^x dx$$
$$= e - [e^x]_0^1 = e - (e^1 - e^0)$$
$$= e - e + 1 = \boxed{1}$$

(2)

$x \xrightarrow{微分} 1$

$\cos x \xrightarrow{積分} \sin x$

$$与式 = \left[x \cdot \sin x\right]_0^{\frac{\pi}{3}} - \int_0^{\frac{\pi}{3}} \sin x \cdot 1 \, dx$$
$$= \left[x \sin x\right]_0^{\frac{\pi}{3}} - \int_0^{\frac{\pi}{3}} \sin x \, dx$$
$$= \left(\frac{\pi}{3} \sin \frac{\pi}{3} - 0\right) - \left[-\cos x\right]_0^{\frac{\pi}{3}}$$
$$= \frac{\pi}{3} \cdot \frac{\sqrt{3}}{2} - \left(-\cos \frac{\pi}{3} + \cos 0\right)$$
$$= \frac{\sqrt{3}}{6}\pi - \left(-\frac{1}{2} + 1\right)$$
$$= \boxed{\frac{\sqrt{3}}{6}\pi - \frac{1}{2}}$$

練習問題 2.41 (p.184)

(1) 面積を求めたい部分は下のようになる。

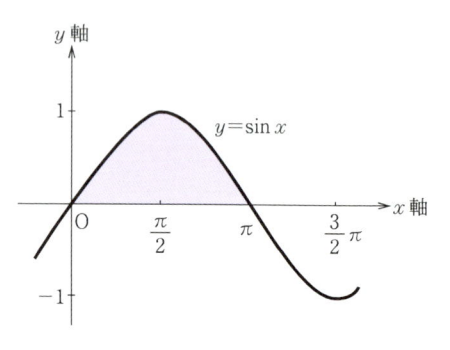

面積 S は

$$S = \int_0^\pi \sin x \, dx$$
$$= \left[-\cos x\right]_0^\pi$$
$$= -\cos \pi - (-\cos 0)$$
$$= -(-1) + 1$$
$$= \boxed{2}$$

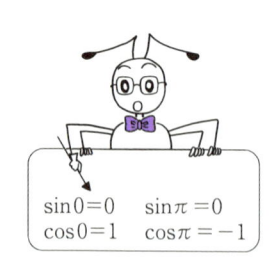

$\sin 0 = 0 \quad \sin \pi = 0$
$\cos 0 = 1 \quad \cos \pi = -1$

(2) まず2つの関数のグラフをかき,交点の x 座標を求めておこう。
$$y=-x^2+2x+3=-(x^2-2x-3)$$
$$=-(x-3)(x+1)$$
なので,この放物線は上に凸で $x=3$ と -1 で x 軸と交わる。

2つの関数の交点の x 座標を求めると
$$-x^2+2x+3=x+1$$
$$-x^2+x+2=0$$
$$x^2-x-2=0$$
$$(x+1)(x-2)=0$$

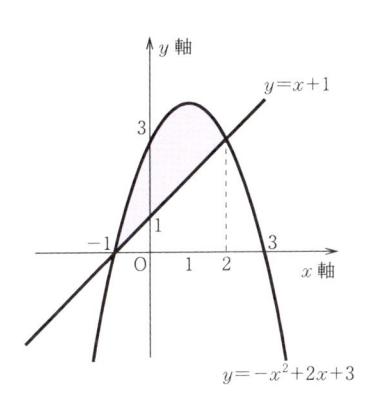

より $x=-1,\ 2$ なので,2つのグラフで囲まれた部分は右上のようになる。

$$\therefore\ S=\int_{-1}^{2}\{(-x^2+2x+3)-(x+1)\}dx=\int_{-1}^{2}(-x^2+x+2)\,dx$$
$$=\left[-\frac{1}{3}x^3+\frac{1}{2}x^2+2x\right]_{-1}^{2}=\left(-\frac{8}{3}+\frac{4}{2}+4\right)-\left(\frac{1}{3}+\frac{1}{2}-2\right)$$
$$=\underline{\frac{9}{2}}$$

第2部
微分と積分
おわり

索　引

〈ア行〉

(i,j) 成分	16
(i,j) 余因子	54
1 次変換	75
位置ベクトル	7, 10
1 変数関数	93
一般角	101
上に凸	153
x 成分	7, 10
x に関して偏微分可能	155
x に関する偏導関数	155
n 項列ベクトル空間	74
n 次導関数	140
n 次の行列式	50
円	98
大きさ	2

〈カ行〉

階数	35
階乗	142
階段行列	34
可逆な変形	28
拡大係数行列	26
加法定理	106
基本ベクトル	7, 10
平面上の　──	7
空間内の　──	10
逆行列	25
逆ベクトル	4
行基本変形	30
行ベクトル	74
行列	16
── の積	20
── の相等	18
── の対角化	85
行列式	50
── の値	50
n 次の　──	50
極限公式	130
三角関数の　──	130
指数関数，対数関数の　──	133
極限値	118
極小，極大	151, 160
1 変数関数の　──	151
2 変数関数の　──	160
極小値，極大値	151, 160
1 変数関数の　──	151
2 変数関数の　──	160
極値	151, 160
── の判定	162
空間ベクトル	10
区間	93
グラフ	93
クラメールの公式	71
係数行列	26
原始関数	164
減少	150
合成関数	126
── の微分公式	126
弧度（ラジアン）	100
固有値	78
固有ベクトル	78
固有方程式	79

〈サ行〉

差	5, 18
ベクトルの　──	5
行列の　──	18
サラスの公式	52
三角関数	103
── の加法定理	106

——の和,差を積に直す公式	106		ゼロ行列	22
三角比	102		ゼロベクトル	2
指数	108		漸近線	98
指数関数	110		線形変換	75
指数法則	109		増加	150
自然数	92		双曲線	98
自然対数	116		増減表	151
自然対数の底($=e$)	116		相等(行列の)	18

〈タ行〉

下に凸	153		第 i 行	16
実数	92		——による展開	56
始点	2		第 j 列	16
自明な解	42		——による展開	56
収束	118		対数	112
従属変数	93		自然——	116
終点	2		常用——	116
自由度	41		対数関数	115
常用対数	116		対数法則	113
剰余項	144		だ円	98
真数	112		多項式	128
垂直条件	14		縦ベクトル	74
スカラー	2		単位行列	24
スカラー積	13		単位ベクトル	2
スカラー倍	4, 18		値域	93
ベクトルの——	4		置換積分	170
行列の——	18		直線	95
正弦関数	103		底	
整式	128		指数関数の——	110
整数	92		対数の——	112
正接関数	103		対数関数の——	115
正則	25		自然対数の——	116
成分	16		定義域	93
成分表示	7, 10		定数倍と和,差の微分公式	123
平面ベクトルの——	7		定積分	176
空間ベクトルの——	10		定積分可能	177
正方行列	24		底の変換公式	113
積(行列の)	20		テイラー展開	144
積と商の微分公式	123		停留点	161
積分定数	165		展開	56
積分の平均値の定理	178			
z 成分	10			

索　引　**235**

導関数	*121*
動径	*101*
同次連立1次方程式	*42*
同値な変形	*28*
独立変数	*93*

〈ナ行〉

内積	*13*
二項定理	*148*
二項展開	*148*
2次曲線	*95*
2次導関数	*140*
2次偏導関数	*158*
2変数関数	*94*
ネピアの数（$=e$）	*111*

〈ハ行〉

掃き出し法	*35, 46*
発散	*118*
非同次連立1次方程式	*42*
微分可能	*119*
微分係数	*119*
微分公式	*123*
合成関数の――	*126*
積と商の――	*123*
定数倍と和，差の――	*123*
無理関数の――	*136*
微分積分学の基本定理	*179*
複素数	*92*
不定積分	*165*
部分積分	*174*
平均値の定理	*138*
平面	*117*
平面ベクトル	*7*
ベキ級数	*144*
ベキ級数展開	*144*
ベキ乗	*108*
ベクトル	*2*
位置――	*7, 10*
基本――	*7, 10*

逆――	*4*
行――	*74*
空間――	*10*
固有――	*78*
ゼロ――	*2*
縦――	*74*
単位――	*2*
平面――	*7*
横――	*74*
列――	*74*
偏導関数	*155*
2次――	*158*
偏微分	*155*
偏微分可能	*155*
放物線	*96*

〈マ行〉

マクローリン展開	*144*
向き	*2*
無限区間	*93*
無限大	*93*
無理関数の微分公式	*136*
無理数	*92*
面積	*183*

〈ヤ行〉

有向線分	*2*
有理式	*128*
有理数	*92*
余因子	*54*
余因子行列	*71*
余弦関数	*103*
横ベクトル	*74*

〈ラ行〉

ラジアン（弧度）	*100*
rank	*35*
リーマン和	*177*
領域	*94*
列ベクトル	*74*

連立1次方程式	26	行列の ——	18
ロルの定理	138	y 成分	7, 10
		y に関して偏微分可能	155
〈ワ行〉		y に関する偏導関数	155
和	4, 18	和，差を積に直す公式（三角関数の）	106
ベクトルの ——	4		

Memorandum

Memorandum

著者略歴

石村 園子（いしむら そのこ）

元 千葉工業大学教授

著　書　『やさしく学べる微分積分』（共立出版）
　　　　『やさしく学べる線形代数』（共立出版）
　　　　『やさしく学べる微分方程式』（共立出版）
　　　　『やさしく学べる統計学』（共立出版）
　　　　『やさしく学べる離散数学』（共立出版）
　　　　『やさしく学べるラプラス変換・フーリエ解析(増補版)』（共立出版）
　　　　『大学新入生のための数学入門(増補版)』（共立出版）
　　　　『大学新入生のための微分積分入門』（共立出版）
　　　　『大学新入生のための線形代数入門』（共立出版）
　　　　『工学系学生のための数学入門』（共立出版）
　　　　ほか

やさしく学べる基礎数学 ――線形代数・微分積分――	著　者　石村園子　©2001
	発行所　共立出版株式会社／南條光章 　　　　東京都文京区小日向4丁目6番19号 　　　　電話　東京(03)3947-2511番（代表） 　　　　郵便番号112-0006 　　　　振替口座 00110-2-57035番 　　　　URL　www.kyoritsu-pub.co.jp
2001年 9月15日 初版 1 刷発行 2025年 1月25日 初版58刷発行	印刷所　中央印刷株式会社 製本所　協栄製本
検印廃止 NDC 411.3, 413.3 ISBN 978-4-320-01683-5	NSPA　一般社団法人 　　　自然科学書協会 　　　会員 Printed in Japan

JCOPY ＜出版者著作権管理機構委託出版物＞
本書の無断複製は著作権法上での例外を除き禁じられています．複製される場合は，そのつど事前に，出版者著作権管理機構（TEL: 03-5244-5088，FAX: 03-5244-5089，e-mail: info@jcopy.or.jp）の許諾を得てください．

◆ **色彩効果の図解と本文の簡潔な解説により数学の諸概念を一目瞭然化！**

ドイツ Deutscher Taschenbuch Verlag 社の『dtv-Atlas事典シリーズ』は、見開き2ページで1つのテーマが完結するように構成されている。右ページに本文の簡潔で分り易い解説を記載し、かつ左ページにそのテーマの中心的な話題を図像化して表現し、本文と図解の相乗効果で理解をより深められるように工夫されている。これは、他の類書には見られない『dtv-Atlas 事典シリーズ』に共通する最大の特徴と言える。本書は、このシリーズの『dtv-Atlas Mathematik』と『dtv-Atlas Schulmathematik』の日本語翻訳版。

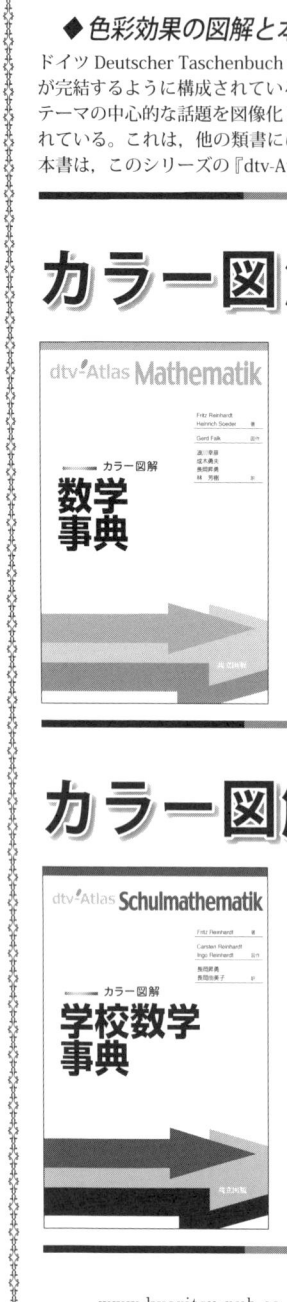

カラー図解 数学事典

Fritz Reinhardt・Heinrich Soeder [著]
Gerd Falk [図作]
浪川幸彦・成木勇夫・長岡昇勇・林　芳樹 [訳]

数学の最も重要な分野の諸概念を網羅的に収録し、その概略を分り易く提供。数学を理解するためには、繰り返し熟考し、計算し、図を書く必要があるが、本書のカラー図解ページはその助けとなる。

【主要目次】 まえがき／記号の索引／序章／数理論理学／集合論／関係と構造／数系の構成／代数学／数論／幾何学／解析幾何学／位相空間論／代数的位相幾何学／グラフ理論／実解析学の基礎／微分法／積分法／関数解析学／微分方程式論／微分幾何学／複素関数論／組合せ論／確率論と統計学／線形計画法／参考文献／索引／著者紹介／訳者あとがき／訳者紹介

■菊判・ソフト上製本・508頁・定価6,050円(税込)■

カラー図解 学校数学事典

Fritz Reinhardt [著]
Carsten Reinhardt・Ingo Reinhardt [図作]
長岡昇勇・長岡由美子 [訳]

『カラー図解 数学事典』の姉妹編として、日本の中学・高校・大学初年級に相当するドイツ・ギムナジウム第5学年から13学年で学ぶ学校数学の基礎概念を1冊に編纂。定義は青で印刷し、定理や重要な結果は緑色で網掛けし、幾何学では彩色がより効果を上げている。

【主要目次】 まえがき／記号一覧／図表頁凡例／短縮形一覧／学校数学の単元分野／集合論の表現／数集合／方程式と不等式／対応と関数／極限値概念／微分計算と積分計算／平面幾何学／空間幾何学／解析幾何学とベクトル計算／推測統計学／論理学／公式集／参考文献／索引／著者紹介／訳者あとがき／訳者紹介

■菊判・ソフト上製本・296頁・定価4,400円(税込)■

www.kyoritsu-pub.co.jp　　共立出版　　(価格は変更される場合がございます)

三角関数

度とラジアン $180° = \pi$（ラジアン）

定義
$\sin x = \dfrac{b}{r}$

$\cos x = \dfrac{a}{r}$

$\tan x = \dfrac{b}{a}$

基本性質

$\tan x = \dfrac{\sin x}{\cos x}$

$\sin^2 x + \cos^2 x = 1$

$1 + \tan^2 x = \dfrac{1}{\cos^2 x}$

$\begin{cases} \sin(-x) = -\sin x \\ \cos(-x) = \cos x \\ \tan(-x) = -\tan x \end{cases}$

指数関数

定義 $y = a^x \quad (a > 0,\ a \neq 1)$

$a^0 = 1, \quad a^{-n} = \dfrac{1}{a^n}, \quad a^{\frac{m}{n}} = \sqrt[n]{a^m}$

（n：自然数；m：整数）

$a^p = \lim\limits_{n \to \infty} a^{p_n} \quad$（$p$：無理数）

（$p = \lim\limits_{n \to \infty} p_n$, $\{p_n\}$：有理数列）

指数法則

$a^p a^q = a^{p+q}, \quad (a^p)^q = a^{pq}$

$\dfrac{a^p}{a^q} = a^{p-q}, \quad (ab)^p = a^p b^p$

対数関数

定義 $y = \log_a x \iff x = a^y$

$(x > 0,\ a > 0,\ a \neq 1)$

対数法則

$\log_a p + \log_a q = \log_a pq$

$\log_a p - \log_a q = \log_a \dfrac{p}{q}$

$\log_a p^q = q \log_a p$

各種公式

$\begin{cases} \sin(\alpha \pm \beta) = \sin\alpha \cos\beta \pm \cos\alpha \sin\beta \\ \cos(\alpha \pm \beta) = \cos\alpha \cos\beta \mp \sin\alpha \sin\beta \\ \tan(\alpha \pm \beta) = \dfrac{\tan\alpha \pm \tan\beta}{1 \mp \tan\alpha \tan\beta} \end{cases}$

$\begin{cases} \sin 2\theta = 2\sin\theta \cos\theta \\ \cos 2\theta = \cos^2\theta - \sin^2\theta \\ \qquad\quad = 2\cos^2\theta - 1 = 1 - 2\sin^2\theta \\ \tan 2\theta = \dfrac{2\tan\theta}{1 - \tan^2\theta} \end{cases}$

$\begin{cases} \sin\alpha + \sin\beta = 2\sin\dfrac{\alpha+\beta}{2}\cos\dfrac{\alpha-\beta}{2} \\ \sin\alpha - \sin\beta = 2\cos\dfrac{\alpha+\beta}{2}\sin\dfrac{\alpha-\beta}{2} \\ \cos\alpha + \cos\beta = 2\cos\dfrac{\alpha+\beta}{2}\cos\dfrac{\alpha-\beta}{2} \\ \cos\alpha - \cos\beta = -2\sin\dfrac{\alpha+\beta}{2}\sin\dfrac{\alpha-\beta}{2} \end{cases}$

微分公式

$C' = 0 \ (C：実数) \qquad (e^x)' = e^x$

$(x^a)' = a x^{a-1} \qquad (\log x)' = \dfrac{1}{x}$

$(\sin x)' = \cos x$
$(\cos x)' = -\sin x \qquad (\tan x)' = \dfrac{1}{\cos^2 x}$

不定積分公式

$\displaystyle \int x^a dx = \dfrac{1}{a+1} x^{a+1} + C \quad (a \neq -1)$

$\displaystyle \int \dfrac{1}{x} dx = \log x + C, \quad \int e^x dx = e^x + C$
$(x > 0)$

$\displaystyle \int \sin x\, dx = -\cos x + C$

$\displaystyle \int \cos x\, dx = \sin x + C$

$\displaystyle \int \dfrac{1}{\cos^2 x} dx = \tan x + C$